全国各类职业学校水利水电专业规划教材

国家级示范学校示范专业规划教材

风电场运行与维护

主 编　高海涛　李 彬

中国商业出版社

图书在版编目(CIP)数据

风电场运行与维护/ 高海涛，李彬主编. —北京：
中国商业出版社，2014.7
ISBN 978 - 7 - 5044 - 8428 - 4

Ⅰ.①风… Ⅱ.①高…②李… Ⅲ.①风力发电 - 发
电厂 - 运行②风力发电 - 发电厂 - 维修 Ⅳ.①TM614

中国版本图书馆 CIP 数据核字(2014)第 060051 号

责任编辑:蔡 凯

中国商业出版社出版发行

010 - 63180647   www.c - cbook.com

(100053   北京广安门内报国寺 1 号)

新华书店总店北京发行所经销

北京市书林印刷有限公司印刷

* * * * *

开本:787×1092 毫米 1/16 印张:16 字数:300 千字
2014 年 7 月第 1 版 2014 年 7 月第 1 次印刷

定价:36.80 元

* * * *

(如有印装质量问题可更换)

前　言

当今，风能的开发利用正经历着前所未有的规模和速度，风力发电的经济效应和社会效应已经凸显。为加强风电专业的快速发展，适应我校课程改革的要求，针对风电行业的岗位需求，以及学生所掌握的技能知识，我们以现场工作过程为导向的现代职业教育课程改革理念，结合新疆的风电分布和地域特点组织编写本书，使我校风力发电工程专业的办学特色得以凸显，专业教学特点得以充分体现，学生的职业素质得到快速提高。

内容编写充分考虑现行风力发电场运行维护工作工岗位技能和风力发电场运行与维护学习领域(课程)的关系。专业核心技能方向课是专业技术岗位专业知识的综合体现，是在风电场机电设备运行与维护专业课程完整的一个学习领域，以职业任务和现场工作过程为导向，充分调动学生主体性的学习和实践。重视学生校内知识学习与实际工作的一致性，教材在内容、目标和考核要求等方面形成一个完整的系统，加强学习与实训的针对性，强调理实一体教学模式。根据技术领域和职业岗位的任职要求，参照相关的职业资格标准，设置课程体系和选择教学内容;采用项目教学法，分任务实施，加强综合技能的培养训练，处理好理论与实践运用的关系，多介绍现场工作出现的问题，陈述性知识和过程性知识相互融合，力争做到教师能适应，学生可接受，真正能实施;教材的内容和形式有利于学生的全面发展和长远发展。通过本教材的系统学习，进一步巩固学生对风力发电基本知识的掌握，使他们能够获得独立学习和自主学习的能力，构建一个"懂技术、能深造"的良好学习型人才培养模式，为终身学习创造条件。

本书由高海涛、李彬担任主编，在编写过程中由于时间仓促、水平有限，我们的主观愿望与实际成果之间难免存在差距，希望广大读者多提宝贵意见。

编者
2014 年 7 月

目　录

概述 ……………………………………………………………………………… (1)

学习情境一　风电场运行监控 ………………………………………………… (9)
　一、熟悉 SCADA 监控系统 …………………………………………………… (12)
　二、熟悉 WPSCS-1000 风电有功智能控制系统的操作 …………………… (19)
　三、学会使用金风中央监控系统软件 ……………………………………… (23)
　四、风功率预测系统 ………………………………………………………… (41)
　五、风电企业生产指标体系 ………………………………………………… (44)
　六、监控运行中的要求及注意事项 ………………………………………… (50)

学习情境二　风电场变电站正常运行 ……………………………………… (53)
　一、风电场 110kV 变电站电气运行 ………………………………………… (56)
　二、生产指挥系统运行 ……………………………………………………… (64)
　三、监控运行安全运行管理 ………………………………………………… (65)

学习情境三　风电场变电站倒闸操作 ……………………………………… (67)
　一、变电站倒闸操作过程 …………………………………………………… (70)
　二、变电站倒闸操作标准 …………………………………………………… (73)

学习情境四　风电场变电站巡检与维护 …………………………………… (80)
　一、工作前准备 ……………………………………………………………… (82)
　二、巡视与维护工作过程 …………………………………………………… (83)
　三、巡视工作的终结 ………………………………………………………… (93)

学习情境五　风电场配电线路巡检与维护 ………………………………… (95)
　一、风电场配电设备巡检和维护工作过程和标准 ………………………… (96)
　二、巡视过程中的安全注意事项 …………………………………………… (102)

学习情境六　风力发电机组试运行 ………………………………………… (107)
　一、风力发电机组试运行前的准备工作 …………………………………… (109)
　二、风力发电机组试运行的任务实施过程 ………………………………… (113)
　三、风力发电机组试运行完成后进行验收 ………………………………… (114)

四、验收注意事项 ……………………………………………………… (115)
五、风力发电机组试运行与验收试验报告 …………………………… (115)

学习情境七　风力发电机组正常运行 ……………………………… (119)
　　一、熟知风电机组正常运行状态与工作参数的安全范围 ………… (121)
　　二、正常开停机准备 ………………………………………………… (122)
　　三、风力发电机组正常开停机过程 ………………………………… (123)
　　四、风力发电机组运行的安全控制 ………………………………… (126)
　　五、风力发电机组的正常运行操作 ………………………………… (130)
　　六、风力发电机组的工作环境及基本润滑要求 …………………… (133)

学习情境八　风力发电机组异常运行 ……………………………… (142)
　　一、了解风力发电机组异常运行的原因 …………………………… (143)
　　二、异常运行的处理要求和过程 …………………………………… (144)

学习情境九　风力发电机组巡检与维护 …………………………… (149)
　　一、风力发电机组的巡检 …………………………………………… (150)
　　二、风力发电机组的维护 …………………………………………… (153)
　　三、风力发电机的维护 ……………………………………………… (164)
　　四、风力发电机组变桨系统的维护 ………………………………… (165)
　　五、风力发电机组偏航系统的维护 ………………………………… (175)
　　六、风力发电机组液压系统的维护 ………………………………… (177)
　　七、风力发电机组齿轮箱的故障维护 ……………………………… (185)
　　八、控制与安全系统的维护 ………………………………………… (190)

附录一　变桨距液压系统原理图 …………………………………… (215)
附录二　风力发电机安全手册 ……………………………………… (216)
附录三　风电场应具备的技术图纸和图表 ………………………… (230)
附录四　风电场工作具备的票种 …………………………………… (231)
附录五　风电场发电量每月报表 …………………………………… (235)
附录六　记录簿格式 ………………………………………………… (238)
附录七　风电场定期维护周期表 …………………………………… (241)
附录八　风电场各级人员岗位职责 ………………………………… (243)
附录九　风力发电场文明生产要求 ………………………………… (246)

结语　对国内风电场运营情况的反思 ……………………………… (247)

参考文献 ……………………………………………………………… (250)

概　述

随着风电产业的飞速发展和技术的不断进步,对风电行业现代化科学管理的要求也在不断提高,而如何科学管理风电场;如何安全、经济地运行和维护风电机组;如何提高设备健康水平和利用率、延长设备寿命,使设备创造最高的经济价值,已越来越引起行业人士的关注和重视。针对新疆区域风电场的特点,结合风电场运行中先进的方法及理念,科学、高效地进行风力发电场运行与维护,对风电场的经济和技术指标有至关重要的作用,也是风电场运营管理的核心工作。

风电场是集机械、电气、空气动力学、液压技术、计算机远程控制等为一体的综合高科技产品生产平台。学习一些机械、电工电子、液压和自动化技术的基础知识,对我们的学习很有帮助。风力发电机组各部分紧密联系,息息相关。风力机维护的好坏直接影响到发电量的多少和经济效益的高低;风力机本身性能的好坏,也要通过维护检修来保持,维护工作及时有效可以发现故障隐患,减少故障的发生,提高风机效率。随着科技的进步,风电事业的不断发展。风机也由原来的引进进口设备,发展到了如今自己生产、设计的国产化风机。伴随着风机种类和数量的增加,新机组的不断投运,旧机组的不断老化,风机的日常运行维护也是越来越重要。

一、风电场运行与维护学习领域(课程)的重点

介绍风电场机电设备的运行和维护的实用生产技术。主要包括三个方面的内容:①风电场运行;②风电机组的运行;③风电机组的维护及故障处理。

(一)风电场运行

风电场的运行是一个集成化的管理。风电场是由研发、制造、投资、运行等多个主体通过技术服务相互交叉、协作,共同围绕提高风电机组的发电量,设备的可靠性及降低人员和设备维护成本等开展工作,最终保证风电投资建设的回报,为社会持续不断地提供绿色、环保、优质的清洁能源。科学管理风场是保证风电机组经济、可靠运行的首要条件,而加强风电场的安全管理、人员管理和设备管理则是管理工作的重中之重。

1. 安全管理。安全是一切效益的前提。树立"安全第一、预防为主"的安全理念,为员工植入"防"的安全意识,使每位工作人员都能充分认识到安全在工作中的重要性和必要性,积极推动企业安全文化建设。加强"两票三制"的管理,以健全完善的规章制度、周密细致的防范措施、充分的安全技术和强大的安全投入,杜绝人身和设备事故,避免不必要的经济损失。

2. 人员管理。要把"以人为本"的工作理念贯穿于安全生产工作的始终,强调工作人员安全意识和工作行为的主动性,落实生产人员生产责任制,不断提升安全、生产工作中对"人"

的重视程度。加强对生产运行人员的培训，提高运行人员的专业技术水平，在抓好内部培训的同时，要求运行经验丰富的员工以"传、帮、带"的形式进行现场讲解，与其他风场进行技术交流和互动，找出提升员工工作技能的最有效方法。

3.设备管理。电力设备管理是指对发供电设备从安装、运行、管理等各个环节，全面保证安全发供电，全面加强质量管理和提高设备的可靠性，控制和减少机组非计划停运时间，提高设备的可用系数。

(二)风电机组的运行

1.要深入培养运行人员"主人翁"意识。运行过程中运行人员要时刻掌握着设备的运行状态及影响设备运行的各种因素，对风电机组的安全、经济运行直接负责，不仅要求运行人员具有综合性的技能，更要他们具有高度的责任感和"主人翁"意识。充分调动运行人员的工作积极性，强化技术监督，不断夯实安全生产基础，确保机组稳定运行。

2.提高运行分析能力。运行人员业务素质的高低是促进设备安全，经济运行的第一要素。首先，运行人员对设备运行状况要掌握，熟悉设备、熟记设备运行参数，要掌握生产管理的各类标准，清楚运行工作程序，提高监盘、巡视质量，加强培养运行人员及时发现问题的能力。运行人员应积极做好运行分析工作，掌握科学的运行分析方法，熟悉运行分析内容，既要对设备正常运行时做出正确的分析，一旦设备出现异常时，应能初步判断设备故障类型及其影响的范围，在第一时间对问题做出处理。定期开展风电场运行分析会，对于存在的问题提前找出应对的办法，避免故障的发生或扩大化。结合风电场实际，根据风资源的变化和发展的规律，不断地摸索风力机组变化和发展规律，增强对设备运行状况、未来自然环境和风资源状况的预测性。

3.结合实际，加强风力机组状态检测，增强故障诊断技术。运行人员要利用风力机组先进的监视和控制方法，及时观测和采集风力机组运行状态下各个部件电气、机械和物理数据，对发电机运行过程与状态下各个部件的运行参数进行对比分析，对机组运行情况进行调整以及非正常或事故状态下控制，在初始阶段，检测出机组缺陷，综合进行诊断和趋势分析，应有计划地安排检修，减少停机，避免事故发生，延长机组平均无故障时间和缩短平均修理时间，降低维修费用，提高可用系数。

(三)风电机组的维护及常规故障处理

风力发电机组的质量是决定风电场发电量和维护成本的重要因素，机组在运行过程中会产生不同程度的磨损、疲劳、变形或损伤，随着时间的延长，它们的运行状态会逐渐变差，性能也会逐渐下降。机组的检修与维护作为设备管理的重要环节是延长设备寿命，确保生产正常运行，防止事故发生的重要保证。首先要了解风电机组故障的特点和发生规律，从而制定科学、合理的检修维护方式及策略，才能对风电机组进行高效的检修与维护。

1.风电机组的故障特点。风电机组故障呈复杂多样性，故障发生受外界环境因素影响较大，尤其是骑龙山处于高寒地区，风电场场址海拔相对较高，初春、入冬季后风机叶片和风速仪极易结冰等现象，而且风力发电机大部分的重要部件都在机舱内，空间狭小且高空作业，必须借助专业工具和大型机械设备进行处理，导致了故障处理的局限性。通过监测风电机组故障的规律和变化趋势，从而制定正确的检修、维护方式，安排合理的检修方式和计划，从而有效地控制和降低故障发生率，减少不必要的经济损失。

2. 风电机组的检修方式。根据风力机的故障，可分为早期故障、偶发故障和耗损故障，针对不同的故障检修方式分为：500 小时维护、定期维护（即二、三类保养）和故障后维护（即事后维修）。早期故障也可以理解为"早期磨合期"，在此期间故障率较高，此故障主要因设计、制造上的缺陷所致，也可能由于运行人员维护不当造成。针对此问题，在风电机组 500 小时维护时应加强巡视，即时发现隐患即刻处理。当风电机组运行第一年，风电机组运行趋于平稳，运行人员应严格执行检修计划，做好风电机组的定期保养与维护工作，尤其是发电机、齿轮箱、偏航系统的维护。风电机组运行第二年，运行人员对风电机组检修与故障排查已基本掌握，这时需要对风电机组易损部件做好充裕准备，减少因设备更换导致的停机时间。风电机组运行第三年，风电机组进入故障的偶发期，运行人员必须针对不同的故障进行分析和维修处理，下大力气消除设备安全隐患，提高维护人员的消缺水平。风电机组运行第五年，风电机组将进入耗损期。风电机组的主要部件发电机轴承、液压系统的液压管、横梁、刚丝绳、刹车片、变桨距电机等产生磨损。在此期间，运检任务较为繁重，在加强巡检的同时，运行人员需不定期进行检修处理，避免小隐患演变成大事故。在设备使用后期，由于设备零部件受到磨损、疲劳、老化、腐蚀等不良因素影响，故障率将不断上升，笔者认为在风电机组已进入耗损故障期，部件进入快速劣化状态，维护管理除了做好常规保养外，可实施纠正性维修和技术改造，从而延长大修理周期，降低风电机组的故障率，提高风电机组运行的经济性。

3. 风力发电机维修策略的选择。在长时间的运行当中对不同机组的维修应该采取不同的维修策略，例如，液压系统的维护和电子模块是机组故障的多发区，尤其是在高寒、高湿度地区，需着重考虑液压系统及电子模块的维修综合成本。在所有因素中，时间是选择维修策略的首要之选，由于各个风电场的选址不同、风电机组的特点不同、大风天的时段不同等特征，各个风电场在制定维修计划时要充分用于小风季节统筹安排检修计划。同时为了保证风电机组达到最大出力，可以采取必要的技术手段，确保在风小或无风时进行设备消缺和故障处理，减少风电机组停运时间，避免电量损失，为公司创造更大的经济效益。

风电场的运营维护及风电场的故障处理，需要不断地探索和总结经验，在确保风力发电机组安全稳定运行的同时，要细化风电场管理流程，强化对标管理，积极推进风电机组设备的技术改造，才能制定出一套更加符合自己风电场的运行维护策略。

二、市场经济环境下的风电教育现状

鉴于在市场经济环境下，各生产企业间存在着激烈的竞争，各生产企业均将新设计、新材料、新工艺作为商业秘密对待。对于有关新设计、新材料、新工艺方面的内容了解不可能详尽，可能无法满足一些学习者的需求。一个产品的加工工艺方法往往不是唯一的，没有最好只有更好，只能起到抛砖引玉的作用。

三、风电场的发展情况

20 世纪 80 年代中期开始进入风力发电市场的定桨距风力发电机组，主要解决了风力发电机组的并网问题和运行的安全性与可靠性问题，采用了软并网技术、空气动力刹车技术、偏航与自动解缆技术，这些都是并网运行的风力发电机组需要解决的最基本的问题。由于功率输出是由桨叶自身的性能来限制的，桨叶的节距角在安装时已经固定；而发电机转速由电网频率限制。因此，只要在允许的风速范围内，定桨距风力发电机组的控制系统在运行过程中对由于风速变化引起输出能量的变化是不作任何控制的。这就大大简化了控制技术和相应的伺服传动技术,使得定桨距风力发电机组能够在较短时间内实现商业化运行。

20 世纪 90 年代开始,风力发电机组的可靠性已经大大提高,变桨距风力发电机组开始进入风力发电市场。采用全变桨距的风力发电机组,起动时可对转速进行控制,并网后可对功率进行控制,使风力机的起动性能和功率输出特性都有显著的改善。由风力发电机组的变桨距系统组成的闭环控制系统,使控制系统的水平提高到一个新的阶段。

由于变距风力发电机组在额定风速以下运行时的效果仍不理想,到了 20 世纪 90 年代中期,基于变距技术的各种变速风力发电机组开始进入风电场。变速风力发电机组的控制系统与定速风力发电机组的控制系统的根本区别在于,变速风力发电机组是把风速信号作为控制系统的输入变量来进行转速和功率控制的。变速风力发电机组的主要特点是:低于额定风速时,它能跟踪最佳功率曲线,使风力发电机组具有最高的风能转换效率;高于额定风速时,它增加了传动系统的柔性,使功率输出更加稳定。特别是解决了高次谐波与功率因数等问题后,使供电效率、质量有所提高。

随着计算机技术与先进的控制技术应用到风电领域,控制方式从基本单一的定桨距失速控制向变桨距和变速恒频控制方向发展。

目前的控制方法是:当风速变化时通过调节发电机电磁力矩或风力机浆距角使叶尖速比保持最佳值,实现风能的最大捕获。控制方法基于线性化模型实现最佳叶尖速比的跟踪,利用风速测量值进行反馈控制,或电功率反馈控制。但在随机扰动大、不确定因素多、非线性严重的风电系统,传统的控制方法会产生较大误差。因此近些年国内外都开展了这方面的研究。一些新的控制理论开始应用于风电机组控制系统。如采用模糊逻辑控制、神经网络智能控制、鲁棒控制等,使风机控制向更加智能方向发展。

资讯一:2010 年中国风电场重大新开工项目纵览(见附件一)

资讯二:"十二五"期间,风电的发展是国家重点鼓励、重点支持的领域。这也是未来重要的新兴产业。国家会给予更多的投入,采取更多的鼓励政策,推进风电发展,确保"十二五"非化石能源比重占比 11.4% 目标的实现。

2011 年 10 月 19 日,《中国风电发展路线图 2050》(以下简称《路线图》)正式发布,指出从 2011 年到 2050 年,风电带来的累计投资将达 12 万亿元。

《路线图》描绘了未来风电发展三个阶段的战略目标:

《中国风电发展路线图 2050》各阶段目标

时间段	发展策略	年新增容量 (万 kW)	累积容量 (亿 kW)	占总装机	占总发电量
2011 – 2020	陆上风电为主、近海(潮间带)风电示范为辅	1500	2	10%	5%
2021 – 2030	陆海并重	2000	4	15%	8.4%
2031 – 2050	全面发展	3000	10	26%	

第一个阶段,从 2011 年到 2020 年,风电发展以陆上风电为主、近海(潮间带)风电示范为辅,每年风电新增装机达 1500 万千瓦,累计装机达到 2 亿千瓦,风电占电力总装机的 10%,风电电量满足 5% 的电力需求。

第二个阶段,从 2021 年到 2030 年,在不考虑跨省区输电成本的前提下,风电的成本低于煤电,风电的发展重点是陆海并重,每年新增装机在2000万左右,累计装机达到4亿千瓦,在全国发电中的比例达到8.4%,在电源结构中的比例扩大到15%左右。

第三个阶段,从2031年到2050年,实现东中西部陆上风电和海上风电的全面发展,每年新增装机3000万千瓦,占全国新增装机的一半左右,风电装机总量达10亿千瓦,在电源结构中占26%,风电成为中国主力电源之一。

根据上述战略布局,到2050年风电开发当年投资可到4276亿元,累计投资可达12万亿元。

在风电补贴政策方面,风电需要的上网电价补贴将在未来十年内先逐渐上升,再逐渐下降,在2015年前后达到峰值,未来十年需要累积补贴2100多亿元;2020年前后陆上风电上网电价将达到与脱硫燃煤标杆电价持平的水平;2020年之后,风电补贴将主要投向海上风电。

对此,《路线图》特别强调,陆上风电与煤电的比较,如果考虑跨省区输电成本,风电的成本将仍高于煤电;若考虑煤电的资源环境成本,风电的全成本将低于煤电的全成本。

和煤电相比,风电的社会环境效益非常明显,从温室气体减排的角度来看,未来三个阶段的发展目标对应的减排量分别为3亿吨、6亿吨和15亿吨,风电带来的就业岗位达到72万人。

四、新疆风电产业发展情况

最新评估报告显示,新疆风能的总装机容量相当于4.5个三峡水电站(总投资954.6亿元人民币,安装32台单机容量为70万千瓦的水电机组,年均发电量847亿 kW·h,现为全世界最大的水力发电站)。

三峡水电站

我国陆地可开发风能为32.26亿千瓦,居世界首位,其中新疆陆上风能资源占全国总量的37%,仅次于内蒙古。调查表明,新疆风能虽然分布面积不是最大,但风能资源品质好,风频分布较合理,破坏性飓风十分少见,且风功率密度(与风向垂直的单位面积中风所具有的功率)是其他地区的2~3倍。

专家发现,新疆多数地区风速变化规律是以春季最大,夏季次之,冬季偏小。但北疆额尔齐斯河河谷西部、额敏县老风口地区和达坂城谷地冬春季风较大,夏秋季略小。而冬春季多风,可弥补枯水期水能资源的缺乏。因此,新疆风能发电具有得天独厚的优势。

目前,已经有13个风电场接入新疆电网,新疆正在建设大型风电基地,同时要在全疆形成完整的风电产业链。

新疆规划到2015年风电装机将达到850万千瓦(亚心网数据)。

新疆境内13座风力发电场:

1. 新疆达坂城风电场——亚洲最大。
2. 华能新疆三塘湖风电场——巴里坤县，华能新能源股份有限公司。
3. 大唐新疆三塘湖风电场——巴里坤县，大唐发电有限公司。
4. 新疆华电小草湖风电场——托克逊县县城北约25km。
5. 大唐新疆柴窝铺风电场。
6. 乌鲁木齐托里风电场。
7. 国电新疆阿拉山口乌兰达布森风电场。
8. 华能托克逊白杨河风电场二期49.5MW工程。
9. 塔城玛依塔斯风电场——塔城地区与国华能源投资有限公司签订合作开发。
10. 塔城老风口风电场。
11. 华电新疆哈密十三间房风电场有——是百里风区建设的首个风电场。新疆百里风区是指兰新铁路红旗坎站至了墩站间全长123公里的区间。
12. 新疆新华布尔津风电场。
13. 中广核新疆哈密烟墩风电场。

近年来风力发电机组的平均价格变化情况：

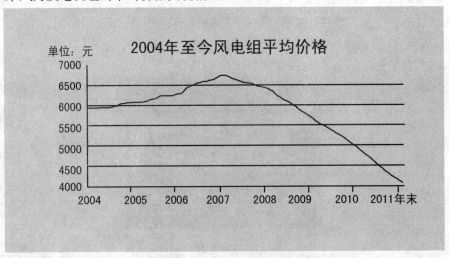

近年来风力发电机组的平均价格

我国各风电场中安装的风力发电机组的类型较多，主要有 Vestas、金凤、华锐、NEG/Micon、Nordex、Bouus、Tacke、Jacobs、Zond 等厂家的产品。机组单机容量从 55kW 到 2500kW 不等。各厂家采用部件不尽相同，无论是机械还是电控方面的部件相差很大。

目前，带齿轮箱风力发电机组主要有双馈式风力发电机组和全功率变频风力发电机组两种形式，其中双馈式风力发电机组市场份额超过90%。

常用的三种风力发电机：直驱永磁发电机、双馈发电机和异步感应发电机。

全球权威风能产业研究机构BTM最新发布的2009年全球风电产业报告显示，2009年全球新增风电装机1380万千瓦，在已装机的风力发电机组中，86%的风力发电机组采用带齿轮箱的风力发电机组。在全球前十大风电设备生产企业中，有 VESTAS、GE WIND、华锐风电、GAMESA、东汽、SUZLON、SIEMENS、REPOWER 等八家企业采用齿轮箱技术。在直驱风电产品中，约8.5%的机组采用电励磁直驱方式，而永磁直驱不足5%。目前，全球已并网运行的

800 多台海上风力发电机组,全部采用带齿轮箱的传动形式。

从目前国内的情况来看,带齿轮箱机组变桨变速双馈式风力发电机组的装机容量比例最大,代表厂家包括华锐风电、东汽、国电联合动力、明阳、上海电气和北重等,市场份额超过80%;直驱式变桨变速型风机也有一定装机容量,代表厂家包括金风科技、湘电风能等。

新疆风电场中主要机型是双馈感应风力发电机和直驱永磁同步风力发电机,前者主要由风轮机、齿轮箱、双馈异步发电机和变频器组成,后者主要由风轮机、永磁同步发电机和变频器组成。

双馈型风力发电机组与永磁直驱风力发电机组的综合比较:

近年来风能的开发利用已得到世界各国的高度重视,技术和设备的发展很快,风力发电机组由最初的恒速恒频型发展到变速恒频型,发电效率有了显著提高。

恒速恒频型发电机组以异步发电机为代表,目前我国的风电场还在采用此种发电机,其主要优点是结构简单、成本低、过载能力强以及运行可靠性高,但是发电机的功率因数较低,因此一般要在输出端安装可投切的并联电容器组提供无功补偿。

	双馈型风力发电机组	永磁直驱同步发电机组
电控系统价格	中	高
电控系统体积	中	大
电控系统维护成本	高	低
电控系统平均效率	较高	高
交流单元	CBT,单管额定电流小,技术难度大	CBT,单管额定电流大,技术难度小
交流容量	仅需要全功率的1/4	全功率逆变
交流系统稳定性	中	高
电网电压突然降低的影响	电机端电流迅速提高,电机招矩迅速增大	电流维持稳定,招矩保持不变
电机滑环	需每半年更换碳刷,2 年更换滑环	无碳刷,滑环
电压变化率	电压变化率高时需要进行电压过滤	无高电压变化
电机电缆的电磁释放	有,需要屏蔽线	无电磁释放
电机造价	低	高
电机尺寸	小	大
电机重量	轻	重
塔架内电缆工作电流类型	高频非正弦波,具有较大谐波分量,必须使用屏蔽电缆	正弦波
可承受瞬间电压范围	±10%	±10%,−85%
谐波畸变	难以控制,因为要随着电机转速的变化进行变频	容易控制,因为谐波频率稳定
50Hz/60Hz 之间的配置变化	交流滤波参数要调整,齿轮箱要改变变化	交流滤波参数要调整

变速恒频风力发电机组目前主要采用直接驱动的同步发电机和双馈感应电机。单机的额

定容量远大于一般的异步发电机,对风能的利用率较高;但是控制较复杂。

目前,国内风力发电机组的单机容量已从最初的几十千瓦发展为今天的几百千瓦甚至兆瓦级。风电场也由初期的数百千瓦装机容量发展为数万千瓦甚至数十万千瓦装机容量的大型风力发电场。随着风电场装机容量的逐渐增大,以及在电力网架中的比例不断升高,对大型风电场的科学运行、维护管理逐步成为一个新的课题。风电场运行维护管理工作的主要任务是通过科学的运行维护管理,来提高风力发电机组设备的可利用率及供电的可靠性,从而保证电场输出的电能质量符合国家电能质量的有关标准。风电场的维护主要是指风力发电机组的维护和场区内输变电设施的维护。风电场的企业性质及生产特点决定了运行维护管理工作必须以安全生产为基础,以科技进步为先导,以设备管理为重点,以全面提高人员素质为保证,努力提高企业的社会效益和经济效益。

五、建议学习方法

查阅大量的相关国家标准和出版物,阅读互联网上的相关文章,完成学校关于课程的实训和实习任务,加强自我学习能力,善于思考和总结。

学习情境一　风电场运行监控

【学习目标】

※ 1. 掌握风电场 SCADA 运行监控系统的运行与操作技能；

※ 2. 熟悉风电场运行工作的主要内容、技术要求；

※ 3. 了解风电场监控运行工作的注意事项；

※ 4. 熟练使用各种检测仪表和电工工具；

※ 5. 能对风电场运行数据进行检查和数据处理，能初步判断风电场运行的基本状况。

【相关知识】

随着风电场装机容量的逐渐增大，以及在电力网架中的比例不断升高，对大型风电场的科学运行、维护管理逐步成为一个新的课题。风电场运行维护管理工作的主要任务是通过科学的运行维护管理，来提高风力发电机组设备的可利用率及供电的可靠性，从而保证电场输出的电能质量符合国家电能质量的有关标准。风电场的企业性质及生产特点决定了运行维护管理工作必须以安全生产为基础，以科技进步为先导，以设备管理为重点，以全面提高人员素质为保证，努力提高企业的社会效益和经济效益。

1. 风电场 SCADA 监控系统

SCADA(Supervisor Control And Data Acquisition)系统，即数据采集和监控系统，它可以采集现场的数字量和模拟量并且可以对下位机所控制的现场进行现场或远端的实时监控，并提供必要的资料管理功能。

风电场 SCADA 通常指监视控制整个站点或分散在广袤地区的若干发电站点的集控系统，该系统软件用于在控制中心监视、控制、管理风力发电机组。LCO 以及 RCO 分别表示就地控制中心以及远程控制中心。当我们谈及 LCO 时，是指设置在风场站点的控制中心。对于 RCO，我们是指设置在其他地区的控制中心。我们的 SCADA 系统允许用户在就地控制中心以及远程控制中心监视、控制、管理风电机组或风场。

风电场中央监控系统由监控计算机(PC 机)、通信卡(CP5613)、PROFIBUS 通信电缆、总线连接器、光电转换器(OLM)、4 芯多膜光缆组成。通过与风电机组单机电气控制器(PLC)通信而获得数据，实现远程监控的目的。一般具有如下功能：系统功能 通信管理：系统自动与事先设定的风电机组建立通信连接，并具有通信中断后的自动重连接功能；监视功能：实时监视可控风电机组的运行状态及运行数据;绘制曲线:绘制风速——功率曲线、风速分布曲线、风速趋势曲线;远控功能:在中央控制室实现对风电机组的远程开机、停机、左/右偏航、复位等功能;数据管理:机组运行数据自动存储与维护,自动生成报表,支持数据查询,具有数据导出功能;修改参数:远程修改风电机组运行参数。故障报警与处理:风机故障报警(视觉报警和红色警示条报警)、故障数据保存、故障现场数据读取显示。

2. 风电场运行监控规程制度

规程制定包括安全工作规程、工作票制度、操作票制度、交接班制度、巡回检查制度、操作监护制度、消防规程等。

风电场的运行记录包括日 24 小时发电曲线、24 小时风速变化、日有功发电量、日无功发电量、日场用电量及综合场用电量等。

相关记录包括运行日志、运行年、月、日报表,气象记录(风向、风速、气温等),缺陷记录,故障记录,设备定期试验记录,培训工作记录等。

1)风电场值班制度:

1.1 风电场的值班方式,实行定期轮换值班制,值班人员编排由场长或副场长负责,未经允许不得调班。

1.2 风电场在值班时间内,均为 24 小时专人监盘;因倒闸操作、设备维护工作,也不可以全部离开主控制室,必须有一位值班人员坚守岗位,即在任何时候均能听到事故或异常运行音响信号和调度电话铃声。

1.3 在当班时间内,接调度指令,必须复诵,向调度汇报,必须准确无误,并作好记录,风电场的事故、障碍、异常运行处理及倒闸操作的调度联系,应进行录音。

1.4 值班人员值班期间,应遵守劳动纪律,坚守工作岗位,不得进行与值班无关的工作与活动,不得占用调度电话办理与值班无关的事。

1.5 当班值班人员应穿统一的工作服,佩戴值班标志,衣着整齐,不允许穿高跟鞋及拖鞋。

1.6 在当班时间内,值班人员必须按本制度要求做好运行维护工作。

1.7 脱离值班工作三个月及以上的人员,必须重新熟悉设备、系统及有关规程制度,经考试合格后,方能正式参加值班工作;对脱离值班工作不满三个月的人员,经熟悉设备及其系统后,即可正式恢复工作。

1.8 在值班时间内必须做好保卫、保密及安全生产工作:

A、局外人员进出风电场,必须遵守外来人员登记制度;

B、精神不正常的人员严禁进入风电场;

C、外单位来本站实习或施工的人员,须经风电场及公司领导同意;并由值班人员介绍安全注意事项后,方能按计划及规定的范围进行活动;

D、不准带小孩进入风电场;

E、由风电场内持出物件时,必须经风电场领导同意。

2)风电场交接班制度:

2.1 运行人员必须按规定的轮值表进行值班,如有特殊情况,必须经场长批准方可变更,交接班要严肃认真,一丝不苟,交班人要为接班人员创造有利条件。

2.2 接班人员应提前十五分钟到岗,做好接班准备工作,因故未到和迟到时,交班人要坚守岗位,不得离岗。

2.3 交班人员发现时接班人员精神不正常,如酗酒、重病、心情极端不好等,不能胜任工作时,应拒绝交班,并将情况报告场长或上级领导。

2.4 交接班内容:与风场有关的系统情况及负荷情况;风场设备运行方式;设备变更和异常情况处理经过;新发现的设备缺陷及缺陷的发展变化情况;继电保护自动装置及仪表、通讯设备的运行情况;设备检修、试验、安装等作业情况;及许可的工作票、使用中的接地数量编号位置等;上级的指示命令及领发文件、钥匙、工具、材料、备品备件使用和变动情况;当值已完成和未完成的工作及相关措施;辅助设施和环境卫生情况。

2.5 交接人员应共同到现场检查以下工作:核对模拟图板与设备实际位置相符,对上值操作的设备进行检查,交接班双方共同检查设备,发现异常情况及时提出,检查继电保护运行情况,对信号及自动装置按规定进行试验,查看设备检修工作情况及安全措施是否完备,直流系统和交流系统运行情况,当交班时发生事故应立即停止交班,由交班人员负责处理,接班人员协助。办理工作手续和倒闸操作时不得进行交接班;交接班必须做到交接两清,双方一致认为无问题后,在记录薄上双方签字即告结束。

3)风电场运行分析制度

3.1 分析设备运行异常现象如:放电、发热、异音、温度、油位、仪表指标异常、熔丝熔断、开关继电保护和自动装置误动等,特别要注意现象不明隐形异常。

3.2 分析设备绝缘降低,绝缘油变化或色谱分析等发现的问题。

3.3 分析设备运行方式和保护方式存在的问题及设备健康状况。

3.4 分析安全生产,执行规程制度情况和存在的问题。

3.5 分析检修、试验各种技术记录的有关情况。

3.6 分析安措、反措执行情况,维修与季节性事故预防情况。

3.7 分析无功补偿设备的运行和电压质量情况。

3.8 分析方法和时间:

(1)系统和设备发生异常现象由场长,技术人员负责及时召开专题分析会。

(2)参照前述分析内容,结合本所具体情况,进行定期分析,由场长主持,全场人员参加,每月至少进行一次。

(3)结合设备评级,每季度对每年设备进行一次综合分析,场长主持重点分析设备试验、检修、运行、缺陷处理情况,并对设备进行定级。

(4)对运行分析中的问题要做好记录,并向上级部门汇报。

4)风电场运行维护值班员的基本素质要求

4.1 员工要热爱本职工作,工作态度积极主动,工作中乐于奉献、不怕吃苦。

4.2 经检查鉴定身体条件能够满足工作的需要,能够进行日常登高作业。

4.3 对各类风力发电机组的工作原理维护方法及运行程序熟练掌握,具备基本的机械及电气知识。

4.4 有一定的独立工作能力,能够独立对风力发电机组出现的常见故障进行判断处理,对一些突发故障有基本应变能力,能发现风力发电机组运行中存在的隐患,并能分析找出原因。

4.5 有一定计算机理论知识及运用能力,能够熟练操作常用办公自动化软件。能使用计算机打印工作所需的报告及表格,能独立完成的运行日志及有关质量记录的填写,具有基本的外语阅读和表达能力。

4.6 具有良好的工作习惯，认真严谨、安全操作、善始善终、爱护工具及其他维护用品。

4.7 掌握触电现场急救方法，能够正确使用消防器材。

4.8 勤学好问，积极学习业务知识，不断提高自身的综合素质。

【任务描述】

风电场运行监控是风电场运行值班员的例行基本工作任务，包括：

①按时收听和记录当地天气预报，作好风电场安全运行事故预想和对策。

②通过主控室计算机的屏幕监视风电机组桨距角、风速、输出功率、温度等各项运行参数变化和机组故障报警状态变化情况。

③根据计算机显示的风电机组运行参数，检查分析各项参数变化情况，出现异常情况应通过计算机屏幕对该机组进行连续监视，并根据变化情况作出必要处理。同时在运行日志上写明原因，进行故障记录与统计。

本任务以金风 SCADA 系统和金风中央监控软件为例来介绍，该系统可实时对多个电场、多种机型实现远程数据采集和监控及各类信号报警。系统分为中央监控系统（指通过风电场通讯光缆在风电场监控室实现的监控系统）和远程监控系统（指通过 Internet 实现的监控系统）。

【任务实施】

风电场运行工作的主要内容包括两个部分，分别是风力发电机组的运行和场区升压变电站及相关输变电设施的运行。工作中应按照 DL/T666 - 1999《风力发电场运行规程》的标准执行。

一、SCADA 监控系统

1. SCADA 监控系统组成

监控与数据采集 SCADA(Supervisory Control And Data Acquisition)系统，又称计算机四遥（遥调、遥控、遥测、遥信）系统。由前置适配器、中央监控系统、远程监控系统、代理服务器、远程数据中心组成，如下表：

序号	组成模块	描述
1	SCADA 前置适配器 protocol adapter	协议规约转换，数据缓存，数据预处理，完成与 PLC 的通讯，数据采集，对中控和 SCADA 提供数据接口
2	SCADA 中央监控系统 Central control system	风机就地中央监控系统
3	SCADA 远程监控系统 Remote control system	风机监控，状态监测，载荷检测，功率检测，电网监测，气象数据及分析图表
4	SCADA 代理服务器 Proxy server	电场实时数据远传，分析数据同步，远程访问代理
5	SCADA 远程数据中心 Remote data center	电场通讯，电场实时及分析数据汇集，数据集中

2. SCADA 监控系统功能

SCADA 系统能为不同用户定制不同的功能。针对投资商：风场发电量监测、项目投资受益；针对运营商：风机运行状态检测、风资源情况、风机可利用率、风机产能状况、可以按任意时段统计功率曲线。

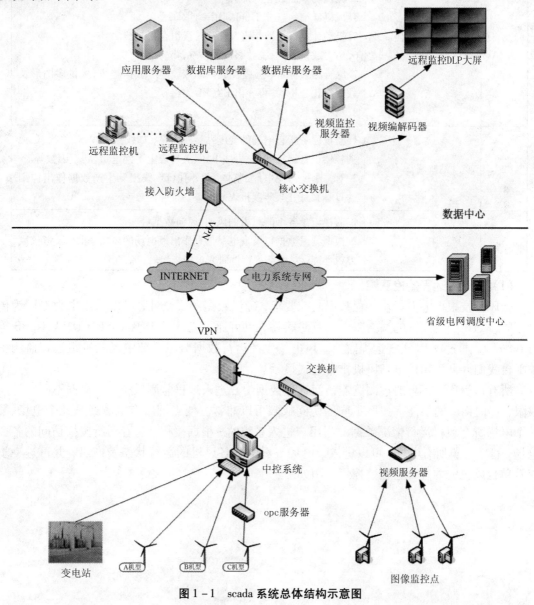

图 1-1 scada 系统总体结构示意图

序号	功能	描述
1	风力发电机组监测	1. 分级权限实时监控风机 2. 缺陷报警跟踪分析 3. 风机功率曲线、趋势图等 4. 风机详细信息显示、可利用率计算 5. 自动计算日、月、年报及任意时段组合报表 6. 历史数据查询、统计、分析 7. 综合图表分析，远程生成各图表，显示数据趋势，提供多图形及数据对比分析，并可导出 EXCEL 表格 8. 风机控制
2	变电站监测	1. 监视记录所有电场的变电站运行信息，如线路接线、开关状态、无功补偿设备运行状态、母线电压、关口表上下网电量、功率因数等。 2. 对整个风力发电厂、整体上下网电量、线损等生产数据作出详细的日、周、月、季、年度报表
3	测风监测	1. 监视记录各个测风塔的风速、风向数据 2. 根据测风数据以及发电量信息作出风电场的风功率曲线，考核风力机性能，对前期可行性研究报告作出后评估

(1) SCADA 远程监控系统

金风科技根据电力行业远程数据监控要求，确保数据的安全性，可以采用电力专网为传输介质。如果配有完善的网络路由器及防火墙，也可通过光纤、ISDN、ADSL、CDMA、GPRS 等上 Internet，通过 VPN 实现远程监控。风电场生产运行数据监视系统中风电机组远程监测系统平台我们计划采用风电场风机排布方式显示。

所有远程用户都可通过浏览器访问远程数据中心进入远程监测系统，并根据不同的访问权限，查询相应的功能。按照不同的访问权限可以非常方便查询所有电场或某几个电场、某一个电场所有风机运行情况数据。当用户进入系统时，根据授权，能看到所授权访问的各个电场，可以总览所有电场，可以进入某电场查看电场各风机的运行状态及产量，并可进一步查看单台风机的内容。远程监控示意图如下：

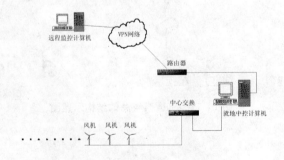

图 1-2　远程监控示意图

(2) OPC 协议

依据客户需求可提供 OPC 接口。为了避免开放数据过多对中央监控系统的软硬件带来的超量增长负荷，从而会影响招标人的实际生产、检修、调度、计划等工作，投标人目前可开放风速、风向、发电量、有功功率、无功功率、功率因数这 6 个参数。

(3)箱变监控

SCADA 系统可根据招标人的需求对箱式变压器运行状态进行监控(费用另行计算)投标人依据历来的项目经验，推荐箱变监控方案如下：

变压器监控信号

序号	名称	信号类型	备注
1	箱变油面温度	PT100	
2	箱变轻瓦斯保护信号	DI	
3	箱变重瓦斯保护信号	DI	
4	箱变高压侧负荷开关状态信号	DI	
5	箱变高压侧熔断器状态信号	DI	
6	箱变低压侧开关状态信号	DI	
7	箱变门状态信号	DI	
8	箱变故障信号	DI	

如 GW1500kW 风力机采用工业以太网(Ethernet)的通讯方式，风力机端通讯接口为 RJ45 电气接口。就地通讯网络是通过电缆、光缆等介质将风机进行物理连接，对于介质的选择依据风电场的地理环境、风机的数量、风机之间的距离、风机与中央监控室的距离、项目的投资以及对通讯速率的基本要求制定(推荐以单模光缆为传输介质)。网络结构推荐环形结构。具体的连接方式需要确定风机的排布位置、及结合现场施工的便捷性制定。

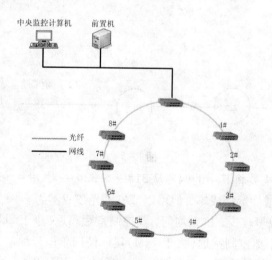

图 1 - 3

环型网络是指依次将各网络结点连接后，将链路首尾结点也连接的网络。环型网络是总线型网络的改进，它使数据传输的物理链路有 2 个方向，当一条链路出问题时，会启用另一条链路，如下图。

1) 光缆(光纤)选型要求

敷设方式:需要确定光缆采用架空还是直埋方式。架空可选 ADSS 型光缆,直埋可选 GY-TA53 型光缆。

光纤芯数:根据网络需要,可选用用 4 芯或 8 新光缆。

光缆芯数采用四芯时,要求按下图的方式进行布线(以某风场 5 台兆瓦风机为例)。

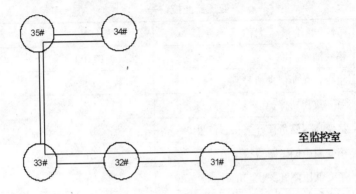

图 1－4

采用四芯光缆时,需要从最后一台风机处再拉一根光缆去中控室。光缆芯数采用 8 芯,要求按下图的方式进行布线。

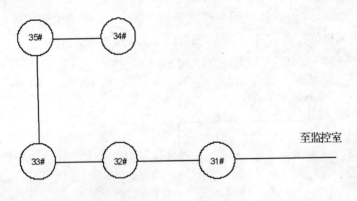

图 1－5

采用八芯光缆时,需要将其中的四芯从 31#－＞32#－＞33#－＞35#－＞34#－＞监控室全部熔接起来,这样将增加熔接成本,但可以节省了光缆成本。

单多模光缆:风机数量较少,排布均匀,离控制室距离近(小于 2kM)可选多模光缆;风机数量较多,排布不均匀,离控制室远(大于 2kM)建议使用单模光缆。

光纤接头:需要和光纤转换器接口类型一致,通常为 SC、ST、FC 型接头,推荐采用是 ST 型接头。

光缆预留:现场的每个通讯端(机组)都需要盘至少 15m 作为余量。

从监控系统的稳定性和通讯速率考虑,一台监控机通讯环路不多于 7 路,每条线路上风机数量不多于 15 台。

2）光纤以太网交换机选型技术要求

光纤以太网交换机是以太网数据传输中最重要的网络设备，该设备运行的好坏，直接影响了网络的质量，因此设备的选型要求至关重要，建议按照以下要求进行选型：

1．产品设计及元器件选用上满足工业现场需要。

2．机械环境适应性（耐振动、冲击）、气候环境适应性（工作温度 −35 ～ +75；耐腐蚀、防尘、防水），满足要求。

3．符合 IEEE 802.3 标准、电磁安全认证、工业控制设备认证等。

4．支持工业级环网协议，链路故障恢复时间小于 300 毫秒。

5．电源为宽电压，工作电压在 18VDC ～ 36VDC，双冗余设计，有过载保护功能。

6．安装方式采用导轨式。

7．散热方式为无风扇外壳散热。

8．外壳材料为高强度和金外壳。

9．电口自行调整直行或交叉线，可选双共或半双工。

10．有 LED 灯显示电源/连接、活动状态/速率。

3）可组成光纤链网、环网、星型网、相切环。

4）应具备 4 ~ 6 个电口；2 对光口，SC 或 ST 型单模接口。点对点传输距离在 20KM。机组内光端机接线方式。

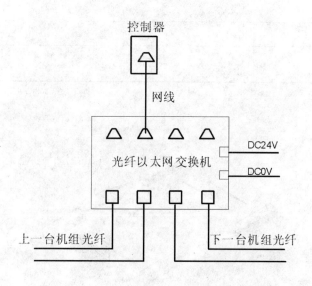

图 1 − 6

5)通讯材料

位置	名称	技术要求
风机处	以太网端口	RJ45 电口
	电源	24VDC
	网线	屏蔽五类双绞线 2 米
	光纤以太网交换机	2 个光口 6 个以太网口，单模，接头与尾纤一致.24VDC 供电，具备环网功能
	光纤尾纤	接头与交换机一致，单模 3 米
	终端盒	2 进 16 出、出尾纤、4×M6 螺栓固定，螺栓间距 85×220
中控处	中央监控机	主流商用机或工控机
	前置机	研华 P4/2GB/80×2GB
	监控软件	
	光纤以太网交换机	2 个光口 6 个以太网口，单模，接头与尾纤一致，24VDC 供电，具备环网功能。
	光纤尾纤	接头与交换机接口一致、单模 3 米
	终端盒	2 进 16 出、出尾纤、4×M6 螺栓固定，螺栓间距 85×220
	中控交换机	
	网线	屏蔽五类双绞线
	机柜	2 米
	电源	220VAC

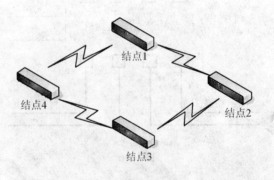

图 1-7

二、WPSCS – 1000 风电有功智能控制系统的操作

1. 开启 WPSCS – 1000 风电有功智能控制系统

在桌面上双击其快捷方式：

图 1 – 8

双击后会弹出如下界面：

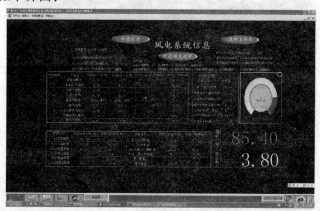

图 1 – 9

点击登录框，并根据需要选择用户登录系统：

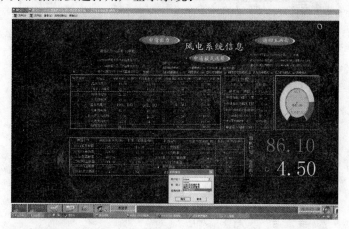

图 1 – 10

即可登录系统进行相关操作：

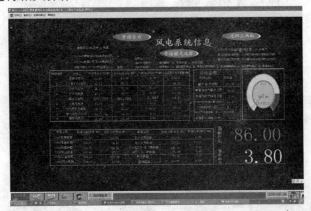

图 1－11

2.查看出力曲线

在系统信息界面中，点击返回主画面：

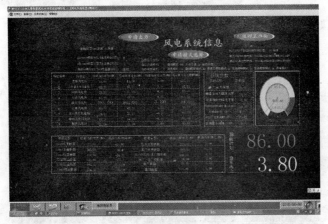

图 1－12

在主画面上点击出力曲线按钮：

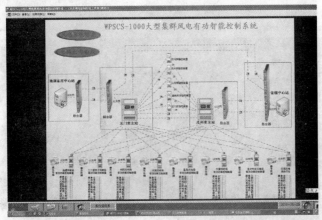

图 1－13

点击按钮后，就会进入电场出力曲线界面：

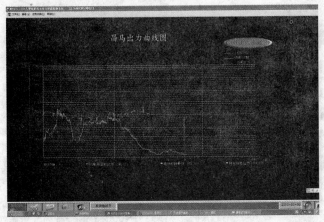

图 1 - 14

3. 查看日报表

在风电系统信息界面，点击系统应用框会弹出如下界面：

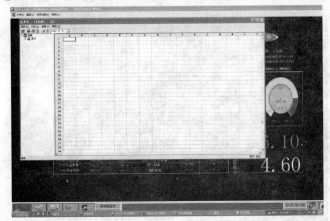

图 1 - 15

点击左方框中的文件目录：

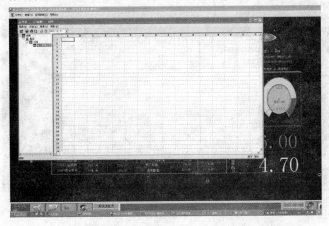

图 1 - 16

双击运行数据记录：

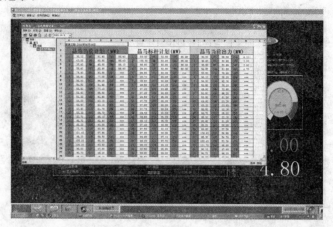

图 1-17

4. 查看历史事件

在风电系统信息界面，点击系统应用中的历史事件查询：

图 1-18

点击进入：

图 1-19

点击下方的装置动作：

图 1-20

双击自己需要查看的事件：

图 1-21

查看装置的异常，重复上述步骤，点击下方的装置事件：

图 1-22

三、中央监控系统软件的应用

以金风中央监控采用 C/S 结构为例，其使用数据库实现数据存储，通过实现各个风机主轮训方式实现风机数据的实时显示。通过实现各个风机单独查询方式获得选定风机的实时详细状态显示。通过实现命令下达方式实现对选定风机的就地控制。由于系统是就地控制系统是一个相对独立的自动化监控系统，它通过与风机适配器的结合获得风机的各实时数据并选择存入数据库中。通过分析处理、显示、统计等一系列的过程来完成对风电厂各个风机的自动化监控。在主界面的上方是系统菜单项和快捷图标按钮;中间部分是风机图标排布区和风机主要信息显示区;最下方从左到右依次为风电场名称,当前日期时间,当前使用系统用户。

风机图标:

红色:表示风机有故障(初始状态,当风机通讯连接未收到有效数据时)。

带×符号:表示此风机未收到有效数据(即风机通讯中断)。

文字:显示的信息包括风机号、风机状态、风速、功率。

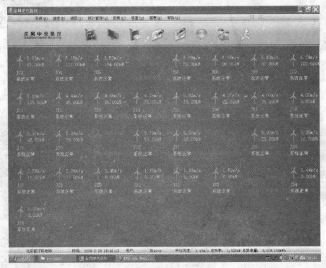

图 1-23

系统菜单:

在主界面的系统菜单下包含:本地用户和组、更改密码、注销、退出下拉选项。

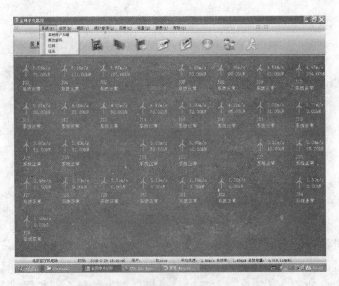

图 1-24

本地用户和组：

操作：选择"文件——本地用户和组"进入上图界面中。选择系统定义根节点后选择"本地用户"节点，右方详细信息框图中会出现用户已定义、添加的用户名称详细状况列表。选中需查看的用户，点击右键会出现选择菜单。点击相应的按钮操作即可。

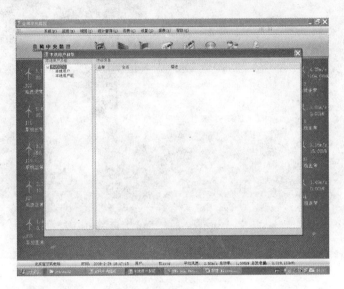

图 1－25

更改密码：

操作：在文件菜单下来选项中选择"更改密码"选项。进入"更改密码"界面后输入登录用户的原始密码及需修改的新密码与确认密码后，点击"确定"按钮即可。

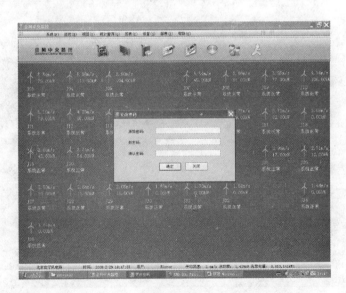

图 1－26

注销：

操作：在"文件"菜单下，点击"注销"按钮，则可进行注销操作。

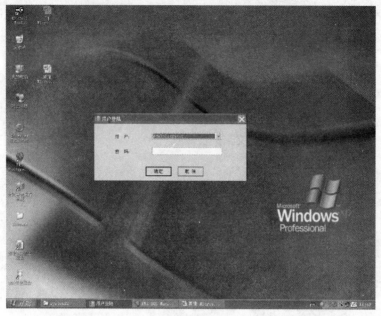

图 1 - 27

监控菜单：

在主界面的监控菜单下包含：风机时差查询、较时、风机监控。

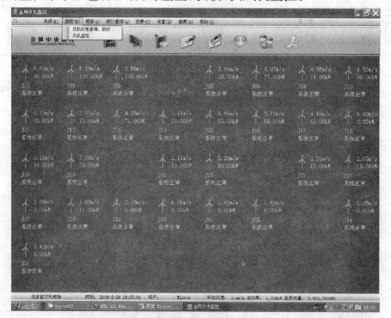

图 1 - 28

风机时差查询、较时：

操作：在"监控"菜单下，点击"风机时差查询、校时"按钮，进入风机时差查询、校时界面。点击"就是取就地时间"按钮即可。

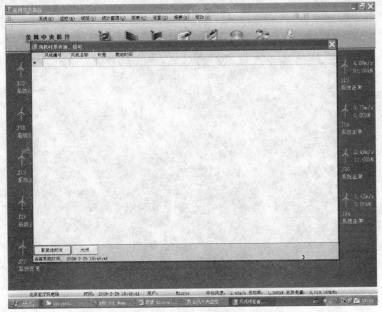

图 1 – 29

风机监控：

操作：在"监控"菜单下，点击"风机监控"按钮，进入风机监控界面。点击协议下拉列表，选择需发送命令的风机协议类型，则在下方列表框中可出现符合此种协议类型的风机列表。选择需发送命令的风机，选择需发送的控制命令，点击"发送"按钮即可。

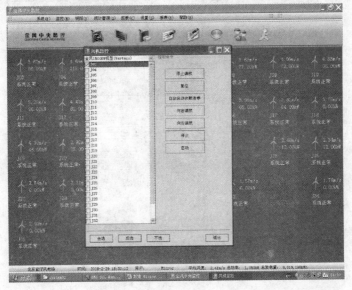

图 1 – 30

视图菜单：

操作：选择视图菜单点击菜单栏下的工具栏选项即可。或在工具栏上点击相应的图标即可。

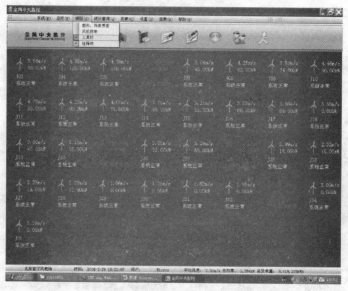

图 1-31

图形、列表界面

操作：选择视图菜单点击菜单栏下的图形、列表界面选项即可。或在工具栏上点击相应的图标即可。

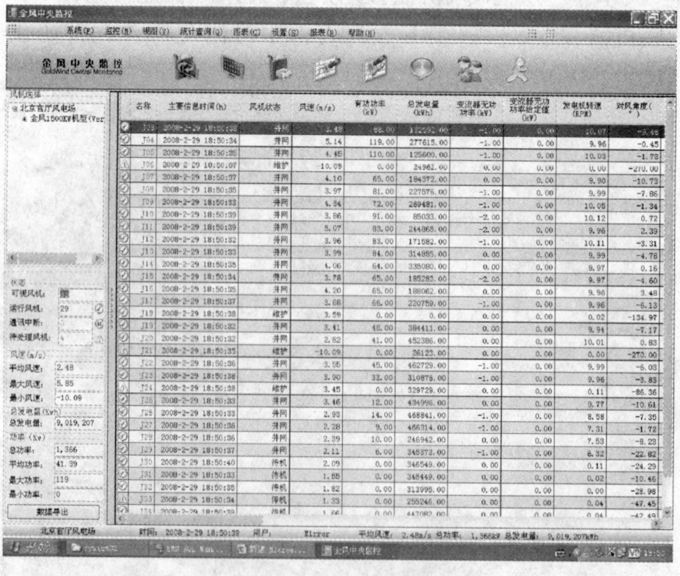

图 1-32

风机排布:

操作:点击菜单栏上视图——风机排布按钮即可。点击按钮,即可在主界面上手动调整风机图标的排列坐标。点击按钮',则可在手动调整风机坐标完毕后,将其调整后结果存储起来。点击按钮则可在手动调整风机坐标完毕后撤销其调整结果,将风机排列坐标恢复原状。

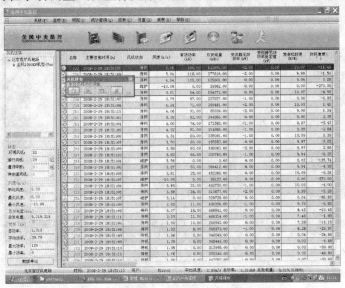

图 1-33

统计查询菜单:

在主界面的统计查询菜单下包含:历史状态日志查询,历史故障日志查询,历史故障统计。

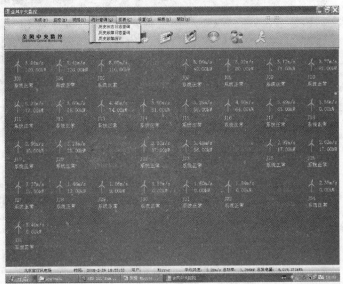

图 1-34

历史状态日志查询：

操作：选择统计查询菜单，点击其下的历史状态日志查询。选择需查看的风机后选定日期，点击统计即可。

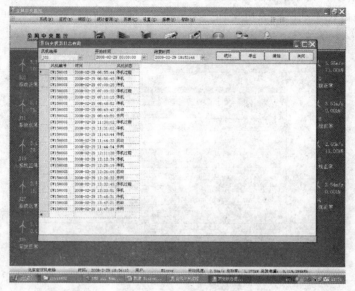

图 1-35

历史故障日志查询：

操作：选择统计查询菜单，点击其下的历史故障日志查询。选择需查看的风机后选定日期，点击统计即可。

图 1-36

历史故障统计:

操作:选择统计查询菜单,点击其下的历史故障统计。选择需查看的风机后选定日期,点击统计即可。

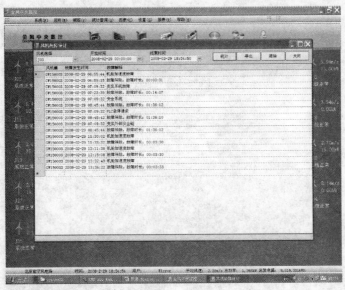

图 1 - 37

图表菜单:

在主界面的统计查询菜单下包含:功率曲线图、趋势图、关系对比图。

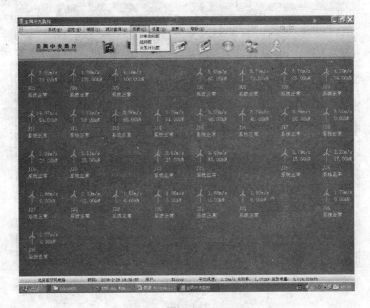

图 1 - 38

功率曲线图：

操作：点击数据图表菜单栏。选择其下的功率曲线图选项进入功率曲线显示界面。选择风机后选择开始时间与结束时间，点击统计即可。

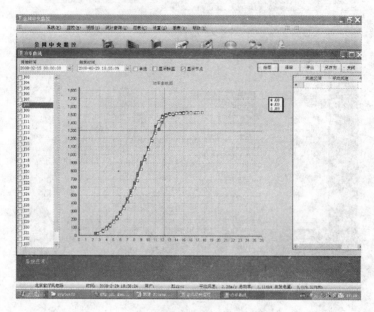

图 1-39

趋势图：

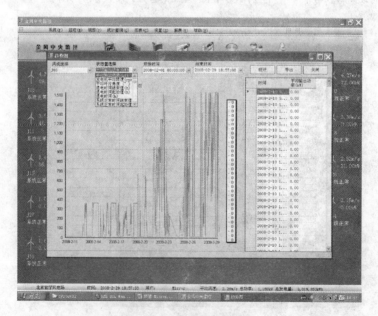

图 1-40

设置菜单：

在主界面的设置菜单下包含：风场设置、风机设置、前置机设置、报警参数设置、系统连接参数设置。

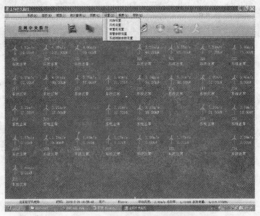

图 1－41

风场设置：

操作：点击设置菜单栏。选择其下的风场设置选项进入风场设置显示界面。

图 1－42

图 1－43

图 1-44

前置机设置：

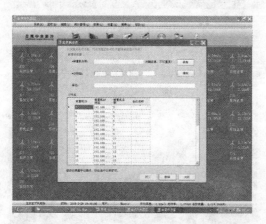

图 1-45

报警参数设置：

操作:点击"设置"菜单栏。选择其下的前置机设置选项，进入"报警参数设置"显示界面。（如图）所示，如果选择故障朗读报警，则选择语言文件即可，如果选择系统声音报警,则可以在报警参数选择里选择报警声音，单击视听，可以进行视听。设置完成后单击确定即可。

图 1-46

系统连接参数设置：

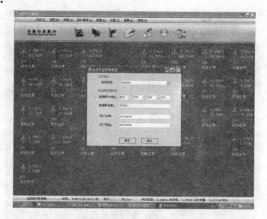

图 1 - 47

报表菜单：

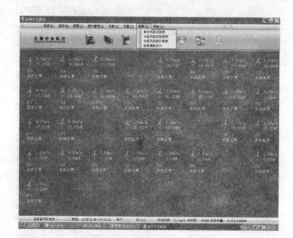

图 1 - 48

单台风机日报表：

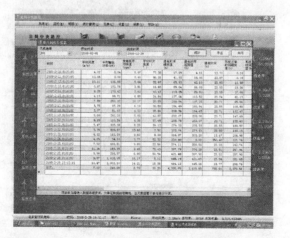

图 1 - 49

分组风机时段报表：

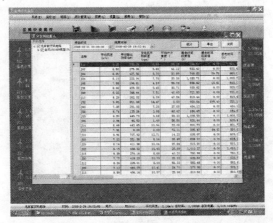

图 1 - 50

分组风机统计报表：

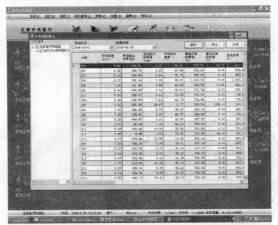

图 1 - 51

报表模板：

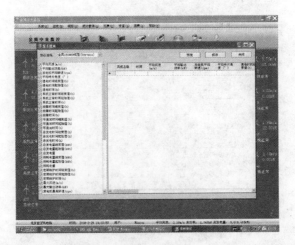

图 1 - 52

报表模板：

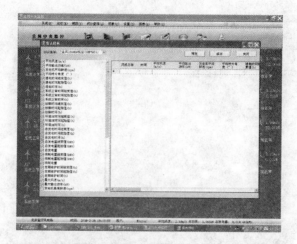

图 1 – 53

机组信息：

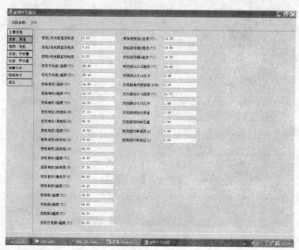

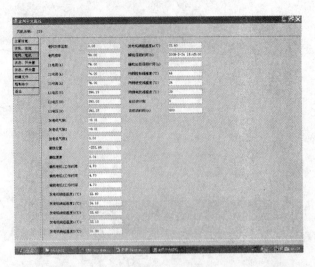

图 1-54

开关量信息：

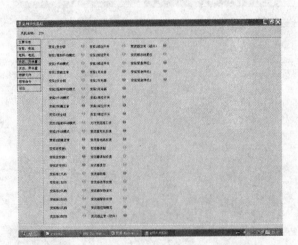

图 1-55

开关量信息：

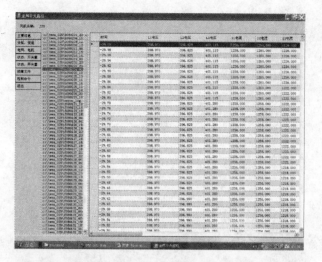

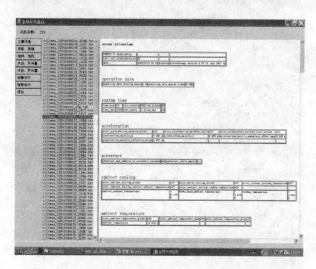

图 1-56

控制命令：

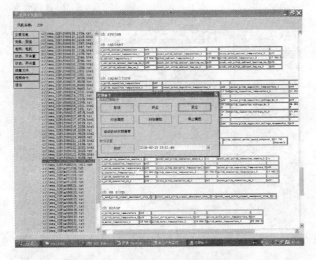

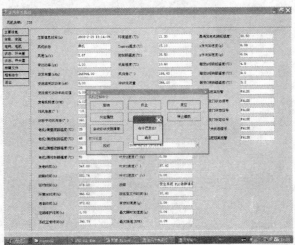

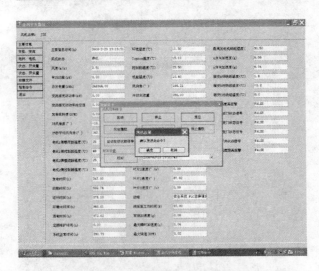

图 1-57

四、风功率预测系统

1. 风功率预测系统架构拓扑图

系统包括:实时测风塔系统、数值天气预报系统、网络安全隔离装置、内(外)网服务器、系统工作站(PC)、预测软件平台、通信管理系统(接口机、交换机)等组成。

风电功率预测系统需要配置两台服务器:数据服务器与应用服务器,数据服务器安装商业数据库系统,用于存储历史数据;应用服务器用于接收实时测风塔数据、数值天气预报数据和实时功率数据,同时,为保障系统的安全性,同时满足国网对风电安全性要求,对从外网接受的数值天气预报数据需加装反向网络隔离装置,以保证系统的安全性。

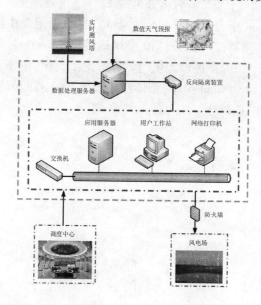

图 1-58

2. 实时测风塔系统

实时测风塔主要用于风电功率预测系统的超短期预测,为超短期预测提供实时测风数据;测风塔的数量需根据风场条件计算分析后确定,每座测风塔配套硬件设备包括气象数据传感器、数据采集设备、数据传输设备,如下图:

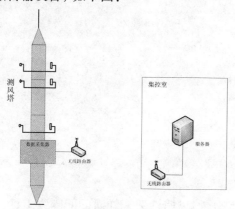

图 1-59

　　具体配套设备包括 3 台风速传感器、2 台风向传感器、1 台大气温度传感器、1 台大气湿度传感器和 1 台大气压力传感器及数据采集器和数据传输设备。测风塔高度不低于风机轮毂高度，大气温度传感器和大气压力传感器装在 8 米高度；风向传感器 10 米高度装一个，其他需根据项目具体情况确定安装高度；风速传感器在 10 米、30 米分别安装一台，其他需根据项目具体情况确定安装高度。

2.1 数据采集器

　　现场采用无线电台下载数据的功能；能完整地保存不低于 36 个月左右采集的数据量；在 −55℃ ~85℃ 的环境温度下可靠运行；远程数据采集系统保证传输数据的准确性，数据可实时观测，定时下载，采样精度 0.02%；数据通道共 12 个，可分别接入多达 10 个风速仪，6 个风向标（或大气温度计、大气压力计及其他传感器）。在数据记录中满足各传感器的数据记录，采样精度 ±0.02%；传感器接口，至少 10 个风速接口，16 个模拟量接口（风向、气温、气压等），8 个 IO 口，RS232 口；太阳能电源供电，80W 太阳能板，可长期不间断供电。通讯协议应支持多种协议至少包括 OPC、Modbus；箱体防护等级 IP67，防水、防尘、防沙、防紫外、放腐蚀；箱体结构安装盒应防水、防沙尘，蚀防腐。

2.2 风速传感器

测量范围:0 m/s ~75 m/s;

启动风速:0.78m/s;

精度:±0.1m/s;

误差范围:±1.5%;

适应温度:−50℃ ~85℃。

2.3 风向传感器

测量范围:0° ~360°;

精 确 度:±2.5°;

适应气温:−40℃ ~65℃。

2.4 大气温度传感器

测量范围:−40℃ −52.5℃;

精度:±1.1℃;

尺寸:100 x 15mmΦ;

防护等级:IP65;

防紫外辐射罩;

2.5 大气压力传感器

测量范围:15 −115kPa;

精度:±1.5kPa;

响应时间:15ms;

工作电压:7 −35VDC;

操作温度:−40℃ ~ +60℃

2.6 数据采集频次要求

　　数据存储时间间隔为 5 分钟;风速参数采样时间间隔为 1 秒，并自动计算和记录每 5 分钟的平均风速，每 5 分钟的风速标准偏差，每 5 分钟内最大风速、最小风速、阵风风速、阵风风速出现时间日期、当时风向;单位为 m/s;风向参数采样时间间隔为 1 秒,并自动计算和记录每 5 分钟的风向矢量平均值,每 5 分钟的风向标准偏差,每 5 分钟内最大风向、最小风向,单位为°;温度参数每 1 秒钟采样一次,记录每 5 分钟的平均值,每 5 分钟的温度标准偏差,每 5 分钟内最大、最小温度,单位为℃;湿度参数每 1 秒钟采样一次,记录每 5 分钟的平均值,每 5 分钟的湿度标准偏差,每 5 分钟内最大、最小湿度,单位为%;大气压力参数每 1 秒钟采样一次,记录每 5 分钟的平均值,每 5 分钟的气压标准偏差,每 5 分钟内最大、最小气压,单位 kPa。

2.7 数据传输

系统传输采集数使用无线传输,确保数据传输实时、稳定。中心站配有采集数据接收软件,用于数据收集,数据监控、采集器程序的编制,采集器的设置,数据的简单分析,处理,监控界面的制作以及网络服务和联网功能等。

3. 通信接口系统

风电功率预测系统具有灵活的通讯接口,支持以太网、RS232 和 RS485 等多种通讯方式,并可以和国内外众多风机运行后台系统、风电场升压站后台 SCADA 系统等建立数据交互,并支持各类标准协议和非标准规约,可与各地调、省调及风电功率预测集控系统建立数据通讯,其强大的接口主要体现在:支持国内外众多的标准协议,如:CDT91、Modbus、DL/645、IEC870 − 5 − 101/102/103/104 等;

支持本地和远程 OPC 方式通讯,兼容 1.0、2.0 规范;

支持各类非标准规约的定制开发;

支持以 ∗.txt、∗.ini、∗.xml 等各类文件的传输;

支持各种关系数据库的数据交互,如:Sybase、DB2、SQL server 和 Oricle 等,兼容各类表和视图。

4. 网络安全隔离装置

风电功率预测系统的信息交互在电网专用信息网络安全 II 或 III 区,因此,风电功率预测系统的信息网络结构与通信安全措施必须满足国家电监会令《电力二次系统安全防护规定》要求。因此风电功率预测系统在接收外部(数值天气预报)信息时,必须安装反向网络安全隔离装置。

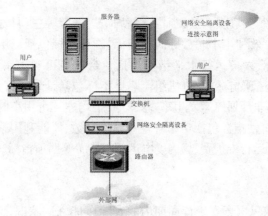

图 1 − 60　网络安全隔离设备连接示意图

5. 风电功率预测系统功能

风电功率预测系统包含综合查询模块、系统管理模块和登录控制 3 个模块，15 项功能，如下图：

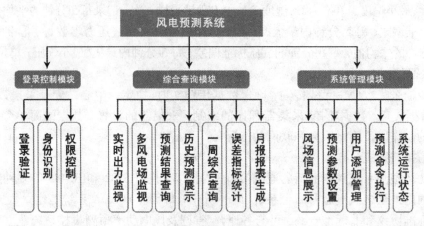

图 1-61　环境调研情况表

6. 系统性能

风电功率预测系统不受风电场数量限制。电功率预测应不受风电场机组检修和扩建限制，即风电场任何运行状态皆可进行功率预测。风电功率预测模型计算时间小于 5 分钟。

单个风电场短期预测月均方根误差小于 20%。超短期预测第 4 小时预测值月均方根误差小于 15%。系统硬件可靠性应大于 99%。系统月可用率应大于 99%。

五、风电企业生产指标体系

1. 生产指标体系

风电企业生产指标体系分七类二十六项指标为基本统计指标。七类指：风资源指标、电量指标、能耗指标、设备运行水平指标、风电机组可靠性指标、风电机组经济性指标、运行维护费用指标。

风资源指标包括平均风速、有效风时数、平均空气密度等三项指标；电量指标包括发电量、上网电量、购网电量、等效利用小时数等四项指标；能耗指标包括场用电量、场用电率、场损率、送出线损率等四项指标；设备运行水平指标包括单台风机可利用率、风电场风机平均可利用率、风电场可利用率等三项指标；风电机组可靠性指标包括计划停机系数、非计划停机系数、运行系数、非计划停运率、非计划停运发生率、暴露率、平均连续可用小时、平均无故障可用小时等八项指标；风电机组经济性指标包括功率特性一致性系数、风能利用系数等两项指标；运行维护费用指标包括单位容量运行维护费、场内度电运行维护费等两项指标。共计二十六项指标。

2. 生产指标释义

2.1 风能资源指标

本类指标用以反映风电场在统计周期内的实际风能资源状况。采用平均风速、有效风时数和平均空气密度三个指标加以综合表征。

2.1.1 平均风速

在给定时间内瞬时风速的平均值。由场内有代表性的测风塔（或若干测风塔）读取（取平均值)。测风高度应与风机轮毂高度相等或接近。

$$V = \frac{1}{n} \sum_{i}^{n} vi \quad 单位:m/s$$

平均风速是反映风电场风资源状况的重要数据。

2.1.2 有效风时数(有效风时率)

有效风时数是指在风电机组轮毂高度(或接近)处测得的、介于切入风速与切出风速之间的风速持续小时数的累计值。切入风速定为 3 米/秒,切出风速定为 25 米/秒。

$$T = \sum_{Un=Ui}^{Uo} T(U_n),\ 单位:小时$$

其中:T 为有效风时数,$T(U_n)$ 为出现 U_n 风速的小时数,Ui 为切入风速,Uo 为切出风速。

为了便于比较,引入有效风时率的概念,用以描述有效风出现的频度。

Kt = T/T0, T0 为相应统计期的日历小时数

有效风时数和有效风时率是反映风电场可利用风资源的重要数据。

2.1.3 平均空气密度

风电场所在处空气密度在统计周期内的平均值。

公式为:ρ = P/RT(kg/m3)其中:P 表示当地统计周期内的平均大气压,Pa;R 表示气体常数;T 表示统计周期内的平均气温。

平均空气密度反映了在相同风速下风功率密度的大小。

2.2 电量指标

本类指标用以反映风电场在统计周期内的出力和购网电情况,采用发电量、上网电量、购网电量和等效可利用小时数四个指标。

2.2.1 发电量

单机发电量:是指在风力发电机出口处计量的输出电能,一般从风机监控系统读取。

风电场发电量:是指每台风力发电机发电量的总和。

$$E = \sum_{i=1}^{N} Ei, \quad 单位:kWh$$

其中 Ei 为第 i 台风电机的发电量,N 为风电场风力发电机的总台数。

各风场电量统计以集电线路出口电度表计量的电量为准。各期项目的发电量就是该期项目各条集电线路出口处电度表统计的电量之和。

2.2.2 上网电量

风电场与电网的关口表计计量的风电场向电网输送的电能。单位:kWh

2.2.3 购网电量

风电场与对外的关口表计计量的电网向风电场输送的电能。单位:kWh

2.2.4 等效利用小时数

等效利用小时数也称作等效满负荷发电小时数。

风机等效利用小时数是指风机统计周期内的发电量折算到其满负荷运行条件下的发电小时数。

风机等效利用小时数 = 发电量/额定功率

风电场等效利用小时数是指风电场发电量折算到该场全部装机满负荷运行条件下的发电

小时数。

风电场等效利用小时数 = 风电场发电量/风电场装机容量

风场建设时期，风机不能全部一次性投入，各台风机实际投运时间存在差异，在计算风电场等效利用小时数时装机容量将按照实际折算后的容量来计算。即:风机折算装机容量 = 额定容量 * 本年度(或统计期)实际投产天数/本年度(或统计期)日历天数

例如:1号风机5MW投产日期为2011年1月5日，那么2011年1月的折算后累计装机容量 = 容量 * (31 - 5)/31 = 4.19355MW

2011年2月的折算后累计装机容量 = 容量 * (2月28日至1月5日实际天数)/(2月28日至1月1日实际天数) = 4.5762MW。

风场装机容量就是累计所属风机折算装机容量之和。

2.3 能耗指标

反映风电场电能消耗和损耗的指标，采用场用电量、场用电率、场损率和送出线损率四个指标。

2.3.1 场用电量

风电场场用电量指场用变压器计量指示的正常生产和生活用电量(不包含基建、技改用电量)。单位:kWh

2.3.2 场用电率

风电场场用电变压器计量指示的正常生产和生活用电量(不包含基建、技改用电量)占全场发电量的百分比。

场用电率 = 场用电量/全场发电量×100%

2.3.3 场损率

消耗在风电场内输变电系统和风机自用电的电量占全场发电量的百分比。

场损率 = (全场发电量 + 购网电量 - 主变高压侧送出电量 - 场用电量)/全场发电量×100%

2.3.4 送出线损率

消耗在风电场送出线的电量占全场发电量的百分比。

送出线损率 = (主变高压侧送出电量 - 上网电量)/全场发电量×100%

2.4 设备运行水平指标

反映风机设备运行可靠性的指标。采用单台风机可利用率、风电场风机平均可利用率和风电场可利用率三个指标。

2.4.1 单台风机可利用率

在统计周期内，除去风力发电机组因维修或故障未工作的时数后余下的时数与这一期间内总时数的比值，用百分比表示，用以反映风电机组运行的可靠性。

风机设备可利用率 = [(T - A)/T]×100%

其中，T表示统计时段的日历小时数，A表示因风机维修或故障未工作小时数。

停机小时数A不包括以下情况引起的停机时间:

(1)电网故障(电网参数在风电机技术规范范围之外)。

(2)气象条件(包括环境温度、覆冰等)超出机组的设计运行条件，而使设备进入保护停机的时间。

（3）不可抗力导致的停机。

（4）合理的例行维护时间（不超过 80 小时/台年）。

2.4.2　风电场风机平均可利用率

1）风电场只有一种型号的风电机组，风电场风机平均可利用率即为风电场所有风机可利用率的平均值。

2）风电场有多种机型的风机时，风电场机组平均可利用率应根据各种机型风机所占容量加权取平均后得出，计算公式如下：

$$K_P = \sum_{i=1}^{n} \frac{p_i}{p_z} \times K_i$$

式中：

KP——风电场机组的平均可利用率；

Ki——风电场第 i 种机型风电机组的平均可利用率；

Pi——风电场第 i 种机型风电机组的总容量；

PZ——风电场总装机容量；

n——为风电场机型种类数。

2.4.3　风电场可利用率

在统计周期内，除去因风电场内输变电设备故障导致风机停机和风力发电机组因维修或故障停机小时数后余下的时数与这一期间内总时数的比值，用百分比表示，用以反映包含风电机组和场内输变电设备运行的可靠性。

风电场可利用率 = [（T − A）/T] × 100%

其中，T 表示统计时段的日历小时数与风机台数的乘积，A 表示因风机维修或故障停机小时数和风电场输变电设备故障造成停机小时数之和。

A 中风机将以单台风机维修或故障时的实际停机小时数为基准进行统计，而输变电设备故障停机小时数将按照等效来计算。

例如：1 台风机停机 15 分钟，按照 0.25 小时计算，若 1 台主变接入 27 台风机，同样停用 15 分钟，将按照 6.75 小时计算（0.25 小时 × 27 台 = 6.75 小时）。

停机小时数 A 不包括以下情况引起的停机时间：

（1）气象条件（包括环境温度、覆冰等）超出机组的设计运行条件，而使设备进入保护停机的时间。

（2）不可抗力导致的停机。

（3）合理的例行维护时间（不超过 80 小时/台年）。

2.5　风电机组可靠性指标

2.5.1　计划停运系数（POF）

$$POF = \frac{计划停运小时}{统计期间小时} \times 100\%$$

其中计划停运指机组处于计划检修或维护的状态。计划停运小时指机组处于计划停运状态的小时数。

2.5.2　非计划停运系数（UOF）

$$UOF = \frac{非计划停运小时}{统计期间小时} \times 100\%$$

其中非计划停运指机组不可用而又不是计划停运的状态。非计划停运小时指机组处于非计划停运状态的小时数。

2.5.3 运行系数(SF)

$$SF = \frac{运行小时}{统计期间小时} \times 100\%$$

其中运行是指机组在电气上处于联接到电力系统的状态，或虽未联接到电力系统但在风速条件满足时，可以自动联接到电力系统的状态。运行小时指机组处于运行状态的小时数。

2.5.4 非计划停运率(UOR)

$$UOR = \frac{非计划停运小时}{非计划停运小时 + 运行小时} \times 100\%$$

2.5.5 非计划停运发生率(UOOR)(次/年)

$$UOOR = \frac{非计划停运次数}{可用小时} \times 8760$$

其中风电机组可用状态指机组处于能够执行预定功能的状态，而不论其是否在运行，也不论其提供了多少出力。可用小时指风机处于可用状态的小时数。

2.5.6 暴露率(EXR)

$$EXR = \frac{运行小时}{可用小时} \times 100\%$$

2.5.7 平均连续可用小时(CAH)(h)

$$CAH = \frac{可用小时}{计划停运次数 + 非计划停运次数}$$

2.5.8 平均无故障可用小时(MTBF)(h)

$$MTBF = \frac{可用小时}{强迫停运次数}$$

2.6. 风电机组经济性指标

2.6.1 功率特性一致性系数

根据风机所处位置风速和空气密度，观测风机输出功率与风机厂商提供的在相同噪声条件下的额定功率曲线规定功率进行比较，选取切入风速和额定风速间以 1m/s 为步长的若干个取样点进行计算功率特性一致性系数。

$$功率特性一致性系数 = \frac{\sum_{i=1}^{n} \frac{i 点曲线功率 - i 点实际功率}{i 点曲线功率}}{n} \times 100\%$$

其中 i 为取样点，n 为取样点个数。

如发现其功率特性不一致系数超过 5% 则应联系技术人员及时进行调整。

2.6.2 风能利用系数

风能利用系数的物理意义是风机的风轮能够从自然风能中吸取能量与风轮扫过面积内气流所具风能的百分比，表征了风机对风能利用的效率。风能利用系数 Cp 可用下式

$$C_P = \frac{P}{0.5\rho \times S \times V^3}$$

其中，

P——风机实际获得的轴功率(W)

ρ——空气密度(kg/m^3)

S——风轮旋扫面积(m^2)

V——上游风速(m/s)

2.7. 运行维护费指标

反映风电场运行维护费用实际发生情况的指标(不含场外送出线路费用)。运行维护费构成如下:材料费、检修费、外购动力费、人工费、交通运输费、保险费、租赁费、实验检验费、研究开发费及外委费。

运行维护费指标采用单位容量运行维护费和场内度电运行维护费两个指标加以表征。

2.7.1 单位容量运行维护费

是指风电场年度运行维护费与风电场装机容量之比,用以反映单位容量运行维护费用的高低。

单位容量运行维护费 = M/P 单位:元/kW

其中 M——年度运行维护费,元

P——风电场装机容量,kW

2.7.2 场内度电运行维护费

是指风电场年度运行维护费与年度发电量之比,用以反映风电场度电运行维护费用的高低。

场内度电运行维护费 = M/E

= M/(Te · P) 单位:元/kWh

其中:M——年度运行维护费,元

E——年度发电量,kWh

Te——风电场年利用小时数,小时(h)

P——风电场装机容量,kW

3. 生产运行指标统计

3.1 风电机组运行指标统计

风电机组应统计下列运行指标:风机可利用率、单机发电量、风机利用小时数、单位容量年运行维护成本、功率特性一致性系数、风能利用系数以及所有风机可靠性指标。

3.2 风电场运行指标统计

风电场应统计所有风能资源指标,包括平均风速、有效风时数、空气密度;所有电量指标,包括风场发电量、上网电量、购网电量、等效利用小时数;所有能耗指标,包括风场场用电量、场用电率、场损率、送出线损率(风电场上网电量计量点不在风场侧,可进行统计);所有设备运行水平指标,包括单机可利用率、风电场风机可利用率、风电场可利用率;运行维护费指标,包括单位容量运行维护费和场内度电运行维护费用(按年度进行统计)。

3.3 风电公司运行指标统计

风电公司应汇总统计所有风电场的电量指标,包括风场发电量、上网电量、购网电量、等效利用小时数;所有风电场能耗指标,包括风场场用电量、场用电率、场损率、送出线损率(风电场上网电量计量点不在风场侧,可进行统计);所有风电场设备运行水平指标,包括风电场风机可利用率、风电场可利用率;所有风电场运行维护费指标,包括单位容量运行维护费和场内度电运行维护费用(按年度进行统计)。

风电公司运行指标统计报表分为日、月、年度报表。年度报表中包括生产运行指标统计年报和风电公司所辖各风场基础数据统计年报。

3.4 分子公司运行指标统计

分子公司应汇总统计所有风电公司的电量指标,包括风场发电量、上网电量、购网电量、等效利用小时数;所有风电公司能耗指标,包括风场场用电量、场用电率、场损率、送出线损率(风电场上网电量计量点不在风场侧,可进行统计);所有风电公司设备运行水平指标,包括风电场风机可利用率、风电场可利用率;所有风电公司运行维护费指标,包括单位容量运行维护费和场内度电运行维护费用(按年度进行统计)。

附1:关于限电损失电量统计方法的说明

为使限电损失电量统计口径一致,降低该项指标与实际发生值之间的差异,合理评估因网架结构原因限电对发电量产生的影响,特编制限电损失电量统计方法的说明。

限电损失电量是指因网架结构的原因不能送出而损失的电量。

计算方法:(不限电时风场平均风速对应的风场实际发电能力 – 风场实际输出有功功率)×电网限电累计停机(或降低出力)时间。

以某风场 0:00 至 2:00 为例,列表计算如下:

××风厂				时间:201×年 ××月××日	
时间	风速（米/秒）	不限电时风速对应的风场实际发电能力（MW）	风场实际输出有功功率（MW）	调度限制出力值（MW）	限制负荷损失电量（万度）
0:00	10.8	40.50	10.00	10.00	1.52
0:30	10.6	36.78	10.00	10.00	1.34
1:00	10.3	34.10	10.00	10.00	1.2
1:30	10.1	34.00	10.00	10.00	1.2
2:00	9.8	31.10	10.00	10.00	1.05

六、监控运行中的要求及注意事项

1. 运行要求

工作人员对风机进行消缺后要在风机运行日志和设备档案中认真填写,以备查询。遇到气候恶劣时,外出启动风机,需要两人或两人以上同行,如果气候对人或车造成直接的安全威胁时,不得外出启动风机或处理故障。

遥控操作注意事项:当故障显示为手动停机或检修停机时;当故障显示为暂停性故障,但影响机组安全运行;遥控开机前,应与值班员核对是否有人在机组工作。

控制柜的检查操作顺序及注意事项。按下停机按钮,断开主开关,打开柜门,对保险及接触器热继电器进行检查,如需带电观察,则需合上柜门,后合主开关,身体各部位不得伸入柜内,检查完毕后,在停机状态下断开主开关,合上柜门,锁定,合上主开关,对各输入信号进行检查,正常后开机,并将风机恢复远控状态。

检查其他项目,例如:电缆装置、基础外观等。

操作完毕后的注意事项。就地操作完毕后，必须将遥控开关打至遥控位置，离开风机前，必须将塔架门锁锁好后，方可离开，如果在开启风机时，振动过大或声音异常，则必须将风机停机，检查后无法判定原因，汇报值班负责人，停机检查，待缺陷消除后再启动，如果同一故障在短时间内重复发生两次以上，则应认真检查机组是否确有隐性隐患。特殊情况下，可采用紧急停车按钮，风机运行人员应熟悉各种机组紧急按钮。

2. 装置投退

（1）装置投入跳闸运行步骤

1）检查装置接入电源无误后，合上 SCS－500W 风电场有功功率控制装置屏后装置电源空气开关 1ZK、合上每个 I/O 机箱、通讯机箱中的电源；

2）合上风电场有功功率控制装置屏后相应的线路电压空气开关；

3）检查装置无异常后，投入风电场有功功率控制装置屏上的"总功能压板"，如有主变检修，再依次投入相应的"主变检修压板"，如有通道检修投入"通道检修压板"。

4）检查风电场有功功率控制装置控制面板上指示灯显示正确（运行灯闪烁），无异常信号。

（2）装置投入信号运行步骤

1）检查装置接入电源无误后，合上 SCS－500W 风电场有功功率控制装置屏后装置电源空气开关 1ZK、合上每个 I/O 机箱、通讯机箱中的电源；

2）合上风电场有功功率控制装置屏后相应的线路电压空气开关；

3）检查装置无异常后，投入风电场有功功率控制装置屏上的"总功能压板"，如有主变检修，再依次投入相应的"主变检修压板"，如有通道检修投入"通道检修压板"，退出相应的"跳闸出口压板"。

4）检查风电场有功功率控制装置控制面板上指示灯显示正确（运行灯闪烁），无异常信号。

（3）装置退出运行步骤

1）退出风电场有功功率控制装置屏上"总功能压板"；

2）依次退出"跳闸出口压板"、"通道检修压板"、"主变检修压板"；

3）断开风电场有功功率控制装置屏后相应的线路电压空气开关；

4）断开每个 I/O 机箱、通讯机箱中的电源，断开风电场有功功率控制装置屏后装置电源空气开关 1ZK。

3. 装置其他运行注意事项

1）本装置显示的各量值单位如下：电压——kV；电流——A；有功——MW；无功——MVar；视在功率——MVA；频率——Hz；

2）本装置判别元件潮流方向以流出母线为正，流入母线为负，现场人员一定要根据实际情况接入电流回路，一但接反可能影响装置功能的判别；

3）装置正常运行时一定要将各 I/O 机箱中的滤波模件（SCM－831）上"K1""K2""K3"小开关拨到"运行"位置；

4）装置正常运行，应退出"允许自试"压板；除非装置做试验时，需要投入"允许自试"压板，由试验人员自行投入该压板；

5）线路及主变的检修压板一定要与实际运行情况一致；

6）正常情况下当装置发生故障时，打印机会实时打印动作事件，当打印机在打印策略表或定值时发生故障，等策略表或定值打印结束后装置将自动打印动作事件；

7)装置动作后应记录装置显示的状态，保留打印的结果，及时向调度部门汇报；

8)装置在运行期间发现有异常时应查清异常的原因，如现场人员处理不了或需更换备用插件时，应及时通知厂家派人到现场处理；

9)切勿带电拔插各插件；

10)装置进行年检试验时，应注意将本装置的出口压板及远方通道压板退出做试验，注意防止 PT 回路短路，CT 回路开路；

11)风电场有功功率控制装置的交流插件(SCM - 820)在输入电流回路中设计了防止 CT 开路端子，但为了可靠，建议在做好安全措施的情况下，才能拔出，以防 CT 回路开路；

12)若风电场有功功率控制柜的电流回路接在 CT 回路的末端，则当前级保护装置或故障录波器做电流回路试验时，将直接影响到本装置的运行状态，严重时会造成风电场有功功率控制装置动作出口，所以必须将装置的出口压板退出，断开所有与本装置有关的通信通道；若风电场有功功率控制装置不在 CT 回路的末端，则在装置的电流回路需短接或进行试验时，将影响后面的其他装置的运行状态，应注意对串在本装置电流回路后面的装置的影响；

13)装置做本地试验，应退出跳闸出口压板，断开与其它厂站的通道压板，避免误切机、切负荷。

装置做联调试验时，应确认对侧装置退出跳闸出口压板，避免误切机、切负荷。

【探索思考】

1.试分析当前国内与国外风电场监控系统的发展现状。

2.对 SCADA 系统的应用进行分析。

3.对风电场监控的主要功能进行描述。

4.对风电场运行监控的任务进行梳理，提出在运行过程中应该注意的要点内容。

学习情境二　风电场变电站正常运行

【学习目标】

※1.知识目标

①了解风电场变电站运行的主要内容；

②熟悉风电场变电站监控运行工作的内容；

③了解风电场变电站运行工作的安全注意事项；

④熟练掌握风电场变电站运行规程和相关制度的内容；

⑤掌握风电场变电站运行的技术要求及相关知识；

⑥了解风电场变电站运行的基本要求和主要技术指标。

※2.技能目标

①熟练掌握风电场变电站运行的操作技能；

②能够对进行风电场变电站进行日常运行操作；

③能够正确填写变电站运行记录和故障的分类统计和记录、表格等运行文件；

④熟练使用各种检测仪表和电工工具；

⑤能对风电场变电站运行数据进行检查和数据处理，判断风电场变电站运行的状况；

⑥熟练掌握风电场变电站运行时的特殊情况下的处理措施；

⑦掌握变电站运行的安全操作要领。

※3.情感目标

①具有踏实肯干、吃苦耐劳精神；

②具有敬岗爱业，团结协作精神；

③具有诚实守信，安全防范意识。

【相关知识】

风电场变电运行如倒闸操作及操作票、工作票管理等，必须执行部颁《电业安全工作规程》(发电场和变电所电气部分)，风电场还应执行电网公司颁发的《有人值班风电场安全管理制度》和《有人值班风电场操作的规定》。

1.操作票、工作票管理

1.1 按照《电业安全工作规程》、《电网调度规程》及其它有关管理标准和技术标准要求，对工作票、操作票进行严格管理。

1.2 操作票、工作票管理的内容应包括：相关工作标准的制定，安全责任制的落实及奖惩，两票执行全过程的监督管理，两票的审查和统计分析等。

1.3 必须加强操作票、工作票相关人员资质管理，在两票执行过程中严格按照有关规定对有权接受调度命令人、监护人、操作人、签发人、许可人、工作负责人等人员进行资质把关。

1.4 按照《电力系统调度管理规程》的要求使用统一格式的操作票、工作票。继电保护及安全自动装置安全措施票是保证现场工作安全的重要措施，作为工作票的补充部分。继保措施票不能代替工作票。继电保护及安全自动装置安全措施继票的票面格式、填写规范、使用范围、审核规定应遵守有关技术标准。

1.5 已执行、作废、已结束和未用的两票均应分别存放，不得遗失。已执行、作废、已结束的两票应保存三个月。

1.6 应加强工作票执行全过程的监督，每月对执行结果进行审核、分析，将两票执行情况和存在的问题及时反馈。

1.7 应按有关规定，对两票执行进行考核。

2. 风场设备缺陷管理制度

2.1 值班中发现设备缺陷，凡力所能及的值班负责人应立即组织当班人员进行处理，或采取补救措施，对于未能及时消除的缺陷，除采取补救措施外还应及时向上级汇报，要求组织处理。

2.2 对于暂时不影响安全运行的设备缺陷可列入检修计划中去处理，对于危极安全运行的设备缺陷应立即用电话汇报生产技术部及修试中心，以便及时组织抢修。

2.3 风电场领导一般每月检查一次设备缺陷记录簿，了解设备缺陷消除情况，并提出具体要求。

2.4 风电场应每季度进行一次设备评级，根据设备缺陷的具体情况，组织运行人员进行缺陷分析，分析生产缺陷的内在原因，掌握设备的运行规律，提高设备的健康水平。

2.5 每项设备缺陷均应填写缺陷内容，发现日期、发现人、站（所）领导批示以及缺陷消除、日期、处理情况。

3. 风场防误闭锁装置管理制度

3.1 高压开关设备安装闭锁装置是防止电气误操作有效的技术措施。根据几年来运行过程中出现的问题及掌握的情况，为加强闭锁装置的维护管理，特制定本办法。

3.1.1 闭锁装置维护分工如下：

（1）开关自配的程序锁由运行人员维护；

（2）检修专业负责电磁锁、机械锁、机械程序锁除开关把手以外的全部设备的检修；

（3）保护专业负责开关把手部分的检修。

3.1.2 对运行人员的要求：

（1）闭锁装置从投运开始未经公司领导批准不得擅自退运、拆除；

（2）正常操作必需按程序要求进行；

（3）程序锁的钥匙必需按程序要求对位，不得统一放入钥匙箱内。

3.1.3 闭锁装置属运行的电气设备。每日交接班必须检查，防止生锈。

3.2 新投开关设备必须加装闭锁装置，否则运行单位不得验收（配电开关柜必须具备五防功能）。开关闭锁的选型应由生产部参加确定，以实行开关，闭锁的全过程管理。

3.2.1 闭锁的选型应从如下方面（五防）考虑其配套性与灵活性：

a、防止带负荷分、合隔离开关；b、防止误分、误合断路器；c、防止带地线合闸；d、防止带电挂地线；e、防止误入带电间隔。

3.2.2 公司属各有人值班的风场所有开关设备都应加装闭锁装置；

3.2.3 凡应投入闭锁的开关设备因为检修、运行维护不当没有投入闭锁，发生瓶操作事故要追究领导的责任（具体考核办法见"事故、障碍、异常管理制度"）。

4. 风场消防管理制度

认真贯彻"安全第一、预防为主"防消结合的工作方针，杜绝各类火灾发生，特制定风场消防工作管理制度。

4.1 电气设备及其线路、电缆、变电站、油开关等注油设备，由于各种不安全因素，都可能发生火灾，造成发电设备的重大事故，可见防火工作的重要性。火力发电厂生产必须坚持"安全第一、预防为主"的工作方针，做好防火安全工作，制定相应有效的消防管理制度和防范措施，最大程度的减少火灾事故的发生。各级生产管理人员，必须认真贯彻执行国家有关消防工作规定，熟悉掌握各类消防器材的使用方法，熟记火警"119"呼号，以便发生火警立即扑救火灾和呼叫救援。

4.2 坚持"预防为主、防消结合"的原则，定期进行防火检查，及时消除火灾隐患，值班人员定期对变电站进行巡视检查，对主要电气设备进行重点检查，对变压器、油开关、电缆接头处、电缆的表面温度检查，变压器套管保持清洁，防止积垢造成闪络，套管各部位密封良好，检查套管引出线发热情况，防止因接触不良造成引线过热引起套管爆炸事故。

4.3 严禁在风场、电缆沟道动用明火，需要明火作业时，做好防范措施，工作地点配备一定数量的消防器材及黄沙，办理动火工作票，报主管领导批准后方可施工。

4.4 对变电设备进行定期检查，重点设备随时检查，值班人员在交接班时应进行全面检查，做好记录，办理交接手续。在春秋安全大检查时，重点检查消除注油设备渗漏现象，消除火情隐患，对变压器、油开关、油取样化验防止油质老化、绝缘降低造成意外事故。

4.5 变压器内配备足够消防器材和消防沙箱，对消防器材每两月进行检查，发现不合格及时更换，保证消防器材良好和足够数量，消防器材箱不能够做为它用。

4.6 严禁在风场内存放各种易燃易爆物品，严禁非工作人员进入风场，防止带火种引发意外事故，检修人员在检修设备后必须清理现场，棉沙、电缆外皮都是可燃物，不得存放在工作现场。

【任务描述】

风电运行人员必须按照《风电场变电站运行规程》对所辖风电场设备进行运行，主要任务是负责变电站所有设备的资产管理，并健全所有主要设备的台帐，以及重大消缺、检修和技术改造记录，并保存相应试验记录、报告等技术资料；运行设备的倒闸操作、轮换、巡视、测温以及各种记录、报表的上报，对站内所有设备的规范化管理及日常维护工作，负责负责变电站内运行设备一般缺陷的消除工作，并组织实施下发到变电站的改扩建和变电站环境治理项目的实施。

【任务实施】

一、风电场 110kV 变电站电气运行

图 2-1　风电场变电站

1.1 变压器投运及停运

1.1.1 投运变压器的操作规定

（1）新装或检修、换油后的变压器投运前的应首先静放 24h 无漏油且进行预防性试验合格，保护装置按要求整定并经联动试验合格（气体继电器应进行实际打气试验）方可。装有储油柜的变压器，投运前应排尽套管升高座、散热器及净油器等上部的残留空气。补加油时注意不同型号的变压器油不得混用。

（2）在投运变压器之前，应确认变压器及其保护装置在良好状态，具备带电运行条件。并注意外部有无异物、安全措施是否已拆除、临时接地线是否已拆除、分接开关位置是否正确、各阀门开闭是否正确、10kV 侧、10kV 侧断路器电流互感器及主变本体套管电流互感器的极性是否正确等。注意：变压器在低温投运时，应防止呼吸器结冰被堵。

（3）变压器在投运运行前以及长期停用后，均应测量线圈的绝缘电阻。测得的数据和当时的环境温度，油温应记入变压器技术档案内，测量时应使用 2000V 兆欧表。

（4）以下情况变压器投运前必须先定相：1）新装变压器或变压器大修后；2）变压器更换线圈或接线变更及改变接线组别；3）更换电缆或电缆头；4）与变压器连接的电压互感器进行检修后。

（5）变压器投运前，所有保护必须投入，重瓦斯保护必须投跳闸；有载调压开关档位应在调度所要求的档位；中性点接地刀闸必须先合上。

（6）变压器送电顺序为：先电源侧（高压侧），后负荷侧（低压侧）。即：母线侧隔离开关——线路侧隔离开关——高压侧断路器——低压侧断路器顺序进行。

（7）新装或检修后的变压器投运时，应进行 3～5 次的合闸冲击，每次间隔 5～15 分钟，第一次受电后持续时间应不少于 10 分钟。合闸冲击正常后，应空载试运行 24 小时，并取油样复试合格后方可带负荷运行，24 小时试运中应每小时巡检一次。

（8）投运后，主变中性点接地刀闸的运行方式根据调度规定执行，相应的主变保护也有所改变。中性点接地刀合上时主变零序电流保护Ⅰ、Ⅱ段投入，零序电压保护和间隙过流保护退出；中性点接地刀拉开时零序电压保护和间隙过流保护投入，零序电流保护Ⅰ、Ⅱ段退出。

（9）#1 主变运行中的允许的过激励磁倍数及时间如下表：

运行条件	满 载		空 载		
过激磁倍数	1.05	1.4	1.1	1.2	1.3
允许运行时间	连续	5 秒	连续	30 秒	10 秒

1.1.2 停运变压器的操作规定

（1）主变停运顺序为先一次设备，后二次设备。即先退出运行中主变，再退出相应二次测量保护装置。

（2）主变停运前，其中性点刀闸必须合上，主变停运后，再拉开所停主变的中性点刀闸。

（3）停运变压器必须使用断路器，空载运行时也应如此。停运顺序为：先负荷侧（低压侧），后电源侧（高压侧）。即：低压侧断路器——高压侧断路器——线路侧隔离开关——母线侧隔离开关顺序进行。

（4）主变停运后，根据工作票的要求布置其安全措施。

1.1.3 变压器瓦斯保护的运行

1.1.3.1 变压器在正常运行时，重瓦斯保护应投"跳闸"位置，有载调压装置瓦斯保护应投"跳闸"位置，未经总工批准不得将其退出运行。

1.1.3.2 变压器进行下列工作时，重瓦斯保护改投"信号"位置，工作结束后，待变压器中空气排尽，再将重瓦斯保护投入"跳闸"位置。

（1）在瓦斯继电器及其二次回路上有工作时。

（2）变压器在运行中加油、滤油、油箱底部放油及更换净油器的吸附剂时。

（3）当油位计上指示的油面有异常升高或油路有异常现象时，为查明原因，需要打开各个放气阀门或放油塞子或进行其他工作时。

（4）更换吸湿器内硅胶，检查畅通呼吸器时。

（5）开闭瓦斯继电器连接管上的阀门时。

1.1.3.3 因大量漏油而使变压器油位迅速下降时，禁止只将瓦斯保护改投信号，而必须迅速采取消除漏油的措施，必要时立即加油，禁止从变压器下部加油。

1.1.3.4 变压器重瓦斯与差动保护禁止同时退出运行。

1.1.3.5 在地震预报期间，应根据变压器的具体情况和瓦斯继电器的抗震性能来确定将重瓦斯保护投入跳闸或信号。

1.1.4 主变压器有载分接调压装置的运行

1.1.4.1 主变分接头的切换，应根据系统电压需要来决定，切换分接头位置应有上级调度的命令。

1.1.4.2 操作机构的机械传动部分应保持良好的润滑，定期检查油杯中是否缺油，使润滑油脂充分侵入。

1.1.4.3 分接开关中的油每年应有检修负责更换一次，油耐压值不低于20kV，油位在油表2/3处。

1.1.4.4 运行6个月至1年后，应有检修负责检查分接开关一次，以后可根据情况定期检查。

1.1.4.5 在运行或切换操作中，若发生电压、电流指示连续摆动，可能因切换开关或切换电阻烧伤引起，此时应停止变压器运行，通知检修处理。

1.1.4.6 分接开关操作过程中，须待当前挡位操作完成后方可进行下一挡位的操作

1.1.4.7 禁止在变压器过负荷情况下进行操作。

1.1.4.8 长期不调的分接开关，存在长期不用的分接位置的分接开关，应在有停电机会时，在最高和最低分接间操作几个循环。

1.1.4.9 操作机构门应关闭严密，以防止雨雪尘土的侵入。

1.1.5 主变其它部件的运行

1.1.5.1 呼吸器

(1)呼吸器在安装时注意把下罩密封胶垫拆除，以便于空气进入，并在罩底内注入绝缘油；

(2)运行中要注意，呼吸器是否真正起到了呼吸作用，油封中的油是否已低于规定最低油位，否则应加油。当呼吸器中的变色干燥剂的颜色由蓝色变成黑色后，应该换干燥剂。当油枕中的油位过高，或主变内有空气时，油枕的油可能经呼吸器的管道往外溢出。

1.1.5.2 油位表

(1)变压器油位表安装在储油柜上部，油柜中的密封隔膜为该油位表的感受元件，通过连杆、齿轮、磁偶等传动机构将被测液位用指针在度盘上指示出来，并通过发讯机构实施信号远传、限位报警。

(2)油位表盘上标有"1"至"10"均匀刻度，"10"为最高油位，"0"为最低油位，亦即高、低报警油位。

1.2 断路器运行

1.2.1 运行前检查项目

(1)变电站的所有高压开关均采用控制室远方电动操作，不允许带电压就地手动合闸，一般情况下也不允许带电压就地分闸，事故处理或紧急情况下经总工程师批准除外；

(2)断路器经检修恢复运行，操作前应检查所操作的断路器单元安全措施是否全部拆除，防误闭锁装置是否正常。检查断路器外无异常，引线连接完好；

(3)断路器检修报告，试验报告齐全，数据合格；

(4)断路器本体和各附件正常，各类表计、标示、信号等完善正确；

（5）断路器二次回路、辅助回路，交、直流电源均应正常。SF6气体压力正常，行程开关位置调试合格。弹簧机构的储能正常，且具备运行操作条件；

（6）断路器远、近分、合闸试验保护传动试验正常，小车开关推、拉灵活，闭锁装置完好；

（7）110kV惠风线停电操作步骤：详见110kV标准停电操作票。

1.2.2 正常合闸操作

（1）10kV断路器试验位置静态跳合闸正常，远方就地切换正常、保护传动试验正常；

（2）投入断路器保护装置电源、控制电源和储能电源、交流电源；

（3）检查断路器一次设备、二次回路均正常，无接线松动、脱落现象；

（4）合闸操作前，确认保护装置与保护压板投入、弹簧储能机构的储能正常、断路器绿灯亮，主控制室无故障告警；

（5）断路器合闸后，必须确认中控系统与现场信号一致符合实际情况（合闸指示位置、行程杆），并检查保护、电度表等信号正常；

（6）10kV线路送电的操作步骤：见标准操作票。

1.2.3 正常分闸操作

（1）分闸结束后主控室检查所分断路器信号、表计、负荷正常，二次回路无异常告警；

（2）当分闸操作不能时，应立即拉开其二次回路，并查找故障原因，排除故障后，再断开断路器；

（3）断路器分闸后，断路器所带表计均应指示为零，必须确认中控系统与现场信号一致符合实际情况（分合闸指示器、行程杆）；

（4）断路器正常运行时的分合闸操作只能用控制开关进行，严禁用手打动分、合闸铁芯进行分合闸操作；

（5）10kV线路停电的操作步骤：见标准操作票。

1.3 隔离开关运行

1.3.1 隔离开关正常运行

（1）隔离开关在正常运行中，应检查导电部位是否接触良好。瓷质部分是否有破损。每次开关切除短路故障后检查刀闸是否有变形，触头以及连接部位是否有烧伤痕迹、贴温蜡片是否变色等；

（2）操作隔离开关前，应检查相应的断路器确实断开后方能进行，合隔离开关前应检查该回路接地刀闸在分，无异常，无短路、接地线。防止带负荷拉、合刀闸的恶性事故发生，当误拉隔离开关，并已完全拉开时不准再合上，如触头刚分开即发现误拉应迅速再合上，当误合隔离开关时，在任何情况下不得将误合隔离开关再拉开；

（3）操作接地刀闸前（或装设接地线），应检查该设备单元回路的两侧隔离开关在分位，在操作母线或旁母接地刀闸之前，应检查母线或旁母所有隔离开关确在分位。除此之外，在合接地刀闸（装设接地线）前应进行验电；

（4）所有隔离开关在进行分、合闸操作后，均应现场检查分、合闸良好，合闸后应检查触头接触良好，无放电打火现象；

（5）在手动合闸时，应遵循"先慢后快"，分闸时，应"先快后慢"；操作后，隔离开关把手必须锁住。

1.3.2 隔离开关不能正常分、合闸时

出现隔离开关不能正常分、合闸时情况时,应分析其原因,禁止盲目强行操作,不同的故障原因应采取不同的处理方法。

(1)若防误装置失灵,应检查其操作程序及锁具是否正常。若其操作程序正确应停止其操作,汇报值班长或技术员,判断确系防误装置失灵,经值班长同意方可解除闭锁进行操作,或作为缺陷处理,正常后,方可操作;

(2)若隔离开关本身传动机械故障而不能操作时,汇报调度和部门相关负责人,做停电处理;

(3)在操作时,发现隔离开关动、静触头接触部分有抵触时,不应强行操作,此时应将其停用进行处理。

1.4 电流互感器运行

1.4.1 电流互感器参数

(1)110kV 主变出线与惠风线路电流互感器参数:

型号:LB6 - 110W2

最高工作电压:126kV   额定电压:110kV

额定一次电流:2×300/5(抽头 2×150/5)A   额定二次电流:5A

级次组合:10P30/10P30/10P30/0.5(0.5)/0.2S(0.2S)

额定输出:50/50/50/30930)/30(30) VA

功率因数:0.8   额定频率:50Hz

制造单位:阿塔其大一互感器有限公司

(2)主变零序电流互感器参数:

型号:LJW - 10

最高工作电压:12kV

额定一次电流:100A   额定二次电流:5A

级次组合:10P10   额定输出:50VA

功率因数:0.8   额定频率:50Hz

制造单位:阿塔其大一互感器有限公司

1.4.2 电流互感器的正常运行

(1)严禁运行中的电流互感器二次回路开路,二次侧有且仅有一点永久可靠接地;

(2)电流表计指示正常,接线紧固,接地良好;

(3)一次绕组串联于被测的一次电路,二次绕组与测量仪表或继电器的电流线圈串联,二次额定电流为5A;

(4)工作中严禁将回路的永久接地点断开;

(5)短路电流互感器二次绕组,应使用短路片或短路线,严禁用导线缠绕。

1.4.3 电流互感器在开路时的处理

(1)发现电流互感器二次开路,尽快在就近的试验端子上,将电流互感器二次短路,再检查处理开路点。短接时,应使用良好的短接线,穿绝缘靴,戴绝缘手套,然后分清故障属哪一组电流回路，开路的相别，对保护有无影响。汇报调度，退出可能误动的保护装置出口压板；

(2)若电流互感器严重损伤，应转移负荷停电处理；

(3)若短接时发现有火花，说明短接有效。故障点在短接点以下的回路中，可进一步查找；

(4)开路处不明显的查找方法：根据接线图检查控制盘、电流表、有功、无功表端子及保护盘端子排、继电器端子及遥测屏端子排有无开路；

(5)在故障范围内重点检查容易发生故障的端子及元件，或因检修工作时动过的部位；

(6)如接线端子等外部元件松动，接触不良，应立即处理；

(7)若不能自行处理的故障，应立即汇报部门、调度，倒运行方式转移负荷，停电检查处理；

(8)电流互感器二次回路开路引起着火时，应先切断电源后，使用灭火器进行灭火。

1.5 电压互感器

1.5.1 电压互感器参数

1. 110kV 母线 PT：

产品型号：WVB110 - 20H

一次额定电压：110/$\sqrt{3}$kV	额定频率：50Hz	
二次绕组(1)：额定电压：110/$\sqrt{3}$ V	额定容量：50VA	准确级次：0.2 级
二次绕组(2)：额定电压：110/$\sqrt{3}$ V	额定容量：100VA	准确级次：0.5 级
剩余电压绕组：额定电压：100 V	额定容量：150VA	准确级次：3P 级
标称电容：载波耦合电容器 0.02μF	C1：0.02842μF	C2：0.06750μF

2.110kV 线路 PT(单相)：

产品型号：WVL110 - 10H

一次额定电压：110/$\sqrt{3}$kV	额定频率：50Hz	
二次绕组(1)：额定电压：110/$\sqrt{3}$ V	额定容量：120VA	准确级次：0.2 级
零序电压绕组：额定电压：100 V	额定容量：100VA	准确级次：3P 级
标称电容：载波耦合电容器 0.01μF	C1：0.0125μF	C2：0.05μF

3.10kVPT 参数：

型号：JSJW - 10

额定电压：10.5kV　　　　　变比：10/$\sqrt{3}$/0.1/$\sqrt{3}$/0.1/$\sqrt{3}$/0.1/3

制造单位：大连第一互感器

1.5.2 电压互感器的正常运行

(1)电压互感器一、二次保险及快速开关应完好，仪表指示正常，接线紧固，接地良好；

(2)10kV 发生单相接地时，电压互感器连续运行的时间不得超过 2 小时；

(3)为防止谐振过电压，电压互感器一般不应与空母线同时投入运行。两组电压互感器二次回路不宜长期并列运行；

(4)母线电压互感器停运时，应先断开电压互感器二次开关、拉开电压互感器二次刀闸再拉开一次隔离开关。110kV 双母运行时，停用其中一段电压互感器的操作前应先合上电压互感器二次并列开关；

(5)若电压互感器二次失压，应首先退出带电压保护和自动装置；

(6)严禁电压互感器二次回路短路、接地。

1.5.3 电压互感器二次开关跳开或二次熔断器熔断的处理

(1)试送二次开关，若不成功，应汇报部门负责人处理；

(2)不准将Ⅰ母线电压互感器二次并列开关投入使Ⅰ、Ⅱ母线二次回路并列，防止引起另一母线二次失压；

当互感器着火时，应立即断开有关电源，将故障电压互感器隔离，再汇报调度，选用干式灭火器或干沙灭火。

1.6 并联电容器组

1.6.1 电容器参数：

名称:高压并联集合式电容器　　　型号:TBB10－3900/3900AKW　　一组

型号:TBB10－6000/6000AKW　　二组

回路电压:10kV　　　　　　　　额定电压:11/√3kV

额定频率:50Hz　　　　　　　　额定电流:204A

额定容量:3900kvar（一组），6000kvar（两组）

相数:3 相　　　　　　　　　　绝缘强度:42/75kV

温度类别：－40/A　　　　　　　接线方式:ⅠⅠⅠ

放电线圈技术参数：

系统标称电压:10kV　　　　　　一次绕组额定电压:11kV/√3

二次绕组额定电压:100V　　　　二次绕组额定负载:50VA

准确级:50VA/0.5 级　　　　　　额定频率:50HZ

1.6.2 电力电容器的正常运行

(1)三相电容器各相的容量应相等，三相电流相差不超过5%；

(2)外壳无鼓肚，运行中无异常响声，油箱无渗漏油现象；

(3)连接接头紧固无松动、发热等现象，套管和支持瓷瓶完好无裂纹和放电痕迹；

(4)不超过额定电压的10%时，允许连续运行；如超过10%，则停用。当母线电压低于考核上报值时应将电容器投入运行，高于考核电压时应将电容器退出运行；

(5)环境温度不允许超过40℃，24小时平均温度不得超过30℃，外壳温度最高不允许超过55℃；

(6)电容器不可带残留电荷而合闸，如在运行中发生跳闸，拉闸或合闸一次未成，必须经过5分钟充放电后，方可合闸。

1.6.3 电抗器

电抗器为串联式，作用是限制短路电流，与电容器串联或并联也可起到限制电网内高次谐波作用。型号:CKGKL－10－78/381.1－6,最大使用电流为其额定电流的1.35倍。

1.7 母线、绝缘子

1.7.1 母线的正常运行

母线正常运行时，支持绝缘子应完好无损，无放电现象，线间距离及对地距离符合规程规定，硬母线应平直，软母线驰度适当，无严重松股、散股及断股现象。

1.8 所用系统运行

1.8.1 所用变参数

1.1#所用变

型号:SC10 – 250/10kV

标准代号:GB6450 – 86　　　　　　频率50Hz

额定容量:250kVA　　　　　　　　冷却方式:AN/AF

额定电压:(10.5 ± 2 * 2.5)/0.4kV　　接线组别:DYn11

短路阻抗:Uk = 3.71%　　　　　　　制造厂家:浙江三变科技

2. 备用变

型号:S9 – M

标准代号:GB6450 – 86　　　　　　频率50Hz

额定容量:315kVA　　　　　　　　冷却方式:油浸自冷

额定电压:10.5 ± 2 × 2.5%/0.4kV　接线组别:DYn11　短路阻抗:Uk = 4%

1.8.2 所用系统的正常运行

(1)正常运行中#1 站用变运行,#2 站用变备用状态;

(2)所用系统备自投装置不投入运行,且两台站用变不得同时投入、并列运行;

(3)所用直流系统应配置两路电源供电;

(4)通讯、照明电源正常送电,其余负荷根据实际运行状况投退;

(5)正常运行情况下,所用变保护投入运行。

1.9 避雷器及防雷接地装置

1.9.1 避雷器参数

名称:交流复合外套无间隙金属氧化物避雷器

产品型号	避雷器			冲击电流残压			直流1mA参考电压	电流冲击耐受		重量	主要尺寸	
	系统电压	额定电压	持续运行电压	陡波残压5kA	雷电残压5kA	操作残压		2ms方波	4/10μs大电流		高度	伞径
	kV,有效值			kV(峰值),不大于			kV,不小于	A	KA(峰值)	Kg	mm	
HY5WS – 17/50	10	17	13.6	57.5	50.0	42.5	25.0	150	40	1.6	275	94

1.9.2 避雷器与接地装置运行

(1)每次雷电后及每月末检查避雷器,放电次数与泄流表示数要及时登记于《避雷器动作记录本》;

(2)避雷器投运前必须试验合格,现场应有合格试验报告,常年运行的避雷器应定期试验合格;

(3)应定期检查避雷器泄漏电流是否超过规定值,三相不平衡电流值超过正常值的30%或有增长趋势时,应立即汇报处理。雷电后,运行人员应检查避雷器动作情况,并做好记录;

(4)电气设备的接地引下线(接地线),应采用专用接地线直接接到地网,不准通过水泥架构内钢筋间接引下,接地线截面应符合规程要求;

（5）接地电阻不符合规定要求者，运行人员及各级人员巡视设备时，应穿绝缘靴；

（6）应特别注意变压器中性点的接地，其中带零序电流互感器者，应注意其接地极要符合上述要求；

（7）变电站接地电阻的测量周期应不超过6年一次。接地网的接地电阻应符合下列要求：110kV及以上变电站为0.5欧姆以下；独立避雷针不得大于10欧姆；集中接地电阻不得大于10欧姆；

1.10 电力电缆

1.10.1 电力电缆的正常运行注意事项

（1）电缆用于传输电流，在额定电压，正当环境气温等运行条件下，可长期、稳定地通过额定电流；

（2）电缆在正常工作状态时，相间及相对地间的绝缘应完好，高压电缆头应完好无损，电缆的发热不超过现场运行规定温度；

（3）若电缆停电时间较长（如一周以上），再投运时，应按规定用摇表测量绝缘电阻合格，才可送电；

（4）电缆停电后，在做安全措施之前要充分放电。

二、生产指挥系统运行

风电场运行管理工作的主要任务就是提高设备可利用率和供电可靠性，保证风电场的安全经济运行和工作人员的人身安全，保持输出电能符合电网质量标准，降低各种损耗。工作中必须以安全生产为基础，科技进步为先导，以整治设备为重点，以提高员工素质为保证，以经济效益为中心，全面扎实地做好各项工作。

生产指挥系统是风电场运行管理的重要环节，是实现场长负责制及总工程师为领导的技术负责制的组织措施。它的正常运转能有力地保证指挥有序，有章可循，层层负责，人尽其职；也是实现风电场生产稳定、安全，提高设备可利用率的重要手段；更是严格贯彻落实各项规章制度的有力保证。

风电场在国内作为一种新兴的发电企业形式，因其自身发展和生产性质的特点，还未形成一种统一的组织机构形式。就目前的已有形式来说，可用"小而全，少而精"来概括。这主要表现在：风力发电涉及专业较多，包括电力电子、机械制造、空气动力、工业控制、机电一体化等；人员规模相对较小，组织机构简单；专业水平要求高，员工必须有较高的专业知识、技术业务水平和必要的技能技巧、即动手能力，在工作中要采用比较先进的管理方法和手段才能较好地完成各项工作任务。为此生产指挥系统在机构设置上必须充分适应风力发电的行业特点，做到机构精干、指挥有力、工作高效。

生产指挥除了过去单一的行政命令以外，应当根据各风电场的实际情况，积极采用承包经营责任制等经济手段充分调动基层单位和员工的积极性，实现最佳的企业经济效益。

图 2-2

三、监控运行安全运行管理

安全管理是企业生产管理的重要组成部分，是一门综合性的系统科学。风电场因其所处行业的特点，安全管理涉及生产的全过程。必须坚持"安全生产，预防为主"的方针，这是电力生产性质决定的。因为没有安全就没有生产，就没有经济效益。安全工作要实现全员、全过程、全方位的管理和监督，要积极开展各项预防性的工作防止安全事故发生。工作中应按照标准执行风电场的安全管理工作的主要内容：

1. 根据现场实际，建立健全安全监察机构和安全网风电场应当设置专职的安全监察机构和专（兼）职安全员，负责各项安全工作的监督执行。同时安全生产需要全体员工共同参与，形成一个覆盖各生产岗位的安全网络组织，这是安全工作的组织保证。

2. 安全教育常抓不懈做到"全员教育、全面教育、全过程教育"，并掌握好教育的时间和方法，达到好的教育效果。对于新员工要切实落实三级安全教育制度，对已有员工定期进行安全规程的培训考核，考核合格后方可上岗工作。

3. 严肃认真地贯彻执行各项规章制度工作中应当严格执行 DL796-2001《风力发电场安全规程》，并结合风电生产的特点，建立符合生产需要，切实可行的"工作票制度"、"操作票制度"、"交接班制度"、"巡回检查制度"、"操作监护制度"、"维护检修制度"等制度，认真按照规程工作。

4. 建立和完善安全生产责任制。明确每个员工的安全职责，做到奖优、罚劣，以做好涉及安全的各项工作为手段，达到提高安全管理水平、消灭事故、保证安全的目的。

5. 事故调查要坚持"三不放过"。调查分析事故应当按照《电业生产事故调查规程》的要求，实事求是，严肃认真。切实做到事故原因不清不放过；事故责任者和各其他员工没有受到教育不放过；没有采取防范措施不放过。

6. 认真编制并完成安措、反措计划安全技术措施计划和反事故措施计划应包括事故对策、安全培训、安全检查及有关安全工作的上级指示等，对安全生产十分主要。应当结合电场生产实际做到针对性强、内容具体，将安全工作做在其他各项工作的前面。

风电场运行日志样表

201 年 月 日	星期 天气	
交接班终了 时间	安全运行无事故 天	
	安全运行无责任事故 天	
交班人：		
值班人：		
运行方式：		

备注:母线电压　　　　　电池电压
　　　整流电压　　　　　整流电流
今日工作：

学习情境三　风电场变电站倒闸操作

【学习目标】

※1．知识目标

①熟悉风电场 SCADA 运行监控系统的基础知识；

②熟悉风电场变电站倒闸操作的基本知识；

③熟悉风电场变电站倒闸操作的主要内容；

④熟悉风电场变电站倒闸操作的必备条件；

⑤熟知变电站倒闸操作票的填写要领；

⑥熟知风电场变电站倒闸操作的相关制度。

※2．技能目标

①能够独立进行变电站倒闸操作票填写；

②掌握风电场变电站倒闸操作的基本技能；

③熟练掌握工作票的填写和安全措施的布设；

④掌握调度指令的下达以及执行指令。

※3．情感目标

①培养严谨的工作作风和服从命令的精神；

②培养爱岗敬业、实事求是、互帮互学、团结协作的精神；

③具有诚实守信和强烈的安全防范意识。

【相关知识】

1. 风场倒闸操作制度

1.1 当值调度员根据下列情况分别将操作指令下达给本场当值值班员：

1.1.1 下达操作指令：停、限、送负荷；远方操作断路器改变运行方式；事故处理时的遥控操作；主变压器中性点接地刀闸的遥控操作；无功电压自动调节除外的无功补偿装置的投退和有载调压变压器分接开关的遥调；保护信号的远方复归等。

1.1.2 现场改变运行方式；检修预试、事故处理及遥控、遥调失灵情况下的现场操作；继电保护和自动装置定值修改和压板投退；需本场值班员在现场进行的操作等。

1.2 本场内的遥控、遥调操作必须按上级当值调度员的命令进行，操作时必须执行监护制度和操作票制度。

1.3 本场的现场操作应先在"电子五防"系统上进行摸拟预演，操作开始前和结束后均应告知上级当值调度员。

1.4 风电场内部各支路输电线路的停送电应由风电运行值班员向风电场申请，经风电场领导批准后按场内的停送电程序进行。

1.5 现场倒闸操作过程中发生系统或设备事故，以及产生疑问时，值班人员应立即停止现场操作，并向当值调度员汇报，弄清问题后，经调度同意，再继续进行操作。

1.6 计划性检修工作，应提前一周与上级调度进行协调，确定场内停电时间安排，并由运行值在风电场停电前提前二小时做好相关风力发电机组和各用电设备的停电工作。站内值班负责人应提前一天将倒闸操作预令与上级调度值班员进行沟通并做好准备，进行停电操作时安全、按时、准确地完成操作。

2. 倒闸操作定义与内容

定义：电气设备分为运行、备用（冷备用及热备用）、检修三种状态。将设备由一种状态转变为另一种状态、由一种运行方式转变到另一种运行方式的过程叫倒闸，所进行的一系列有序的操作就叫做倒闸操作。

内容：电气设备状态的转换、变更一次系统运行结线方式、继电保护定值调整、装置的起停用、二次回路切换、自动装置投切、切换试验等操作。

倒闸操作是变电运行的基本工作之一，也是重点之一，操作不当可能会导致设备事故，甚至危及电力系统的安全运行，所以倒闸操作必须严格执行操作票制和工作监护制。

发、收倒闸操作指令：倒闸操作应根据值班调度员或运行值班负责人的指令，受令人复诵无误后执行发布指令应准确、清晰、使用规范的调度术语和设备双重名称、即设备名称和编号。发令人和受令人应先互相通报单位和姓名，发布指令的全过程（包括对方复诵指令）和听取指令的报告时双方都要录音并做好记录。操作人员（包括监护人）应了解操作目的和操作顺序。对指令有疑问时应向发令人询问清楚无误后执行。

3. 倒闸操求作的基本要求

为了保证倒闸操作得以安全与规范的进行，必须严格遵守倒闸操作的基本要求：

（1）停电拉闸操作应按照断路器（开关）、负荷侧隔离开关（隔离开关）、电源侧隔离开关（隔离开关）的顺序依次进行，送电合闸操作应按照与上述相反的顺序进行。禁止带负荷拉合隔离开关（隔离开关）。

（2）开始操作前，应先在模拟图（或微机防误装置、微机监控装置）上进行核对性模拟预演，无误后，再进行操作。操作前应先核对系统方式、设备名称、编号和位置，操作中应认真执行监护复诵制度（单人操作时也应高声唱票），宜全过程录音。操作过程中应按照操作票填写的顺序逐项操作。每操作完一步，应检查无误后做一个"√"记号，全部操作完毕后进行复查。

（3）监护操作时，操作人在操作过程中不准有任何未经监护人同意的操作行为。

（4）操作中发生疑问时，应立即停止操作并向发令人报告。待发令人再行许可后，方可进行操作。不准擅自更改操作票，不准随意解除闭锁装置。解锁工具（钥匙）应封存保管，所有操作人员和检修人员禁止擅自使用解锁工具（钥匙）。若遇特殊情况需解锁操作，应经运行管理部门防误操作装置专责人到现场核实无误并签字后，由运行人员报告当值调度员，方能使用解锁工具（钥匙）。（单人操作、检修人员在倒闸操作过程中禁止解锁）。如需解锁，应待增派运行人员到现场，履行上述手续后处理。解锁工具(钥匙)使用后应及时封存。

(5)电气设备操作后的位置检查应以设备实际位置为准，无法看到实际位置时，可通过设备机械位置指示、电气指示、带电显示装置、仪表及各种遥测、遥信等信号的变化来判断。判断时，应有两个及以上的指示，且所有指示均已同时发生对应变化，才能确认该设备已操作到位。以上检查项目应填写在操作票中作为检查项。

(6)换流站直流系统应采用程序操作，程序操作不成功，在查明原因并经调度值班员许可后可进行遥控步进操作。

(7)用绝缘棒拉合隔离开关(隔离开关)、高压熔断器或经传动机构拉合断路器(开关)和隔离开关(隔离开关)，均应戴绝缘手套。雨天操作室外高压设备时，绝缘棒应有防雨罩，还应穿绝缘靴。接地网电阻不符合要求的，晴天也应穿绝缘靴。雷电时，一般不进行倒闸操作，禁止在就地进行进行倒闸操作。

(8)装卸高压熔断器，应戴护目眼镜和绝缘手套，必要时使用绝缘夹钳，并站在绝缘垫或绝缘台上。

(9)断路器(开关)遮断容量应满足电网要求。如遮断容量不够，应将操动机构(操作机构)用墙或金属板与该断路器(开关)隔开，应进行远方操作，重合闸装置应停用。

(10)电气设备停电后(包括事故停电)，在未拉开有关隔离开关(隔离开关)和做好安全措施前，不得触及设备或进入遮拦，以防突然来电。

(11)单人操作时不得进行登高或登杆操作。

(12)在发生人身触电事故时，可以不经许可，即行断开有关设备的电源，但事后应立即报告调度(或设备运行管理单位)和上级部门。

(13)同一直流系统两端换流站间发生系统通信故障时，两站间的操作应根据值班调度员的指令配合执行。

(14)双极直流输电系统单极停运检修时，禁止操作双极公共区域设备，禁止合上停运极中性线大地/金属回线隔离开关(隔离开关)。

(15)直流系统升降功率前应确认功率设定值不小于当前系统允许的最小功率，且不能超过当前系统允许的最大功率限制。

(16)手动切除交流滤波器(并联电容器)前，应检查系统有足够的备用数量，保证满足当前输送功率无功需求。

(17)交流滤波器(并联电容器)退出运行后再次投入运行前，应满足电容器放电时间要求。倒闸操作从有人值班变电站转变到无人值班变电站的难点并不完全是复杂的技术问题或是机构调整问题，也是传统模式下生产管理观念能否转变的问题。新模式下的变电倒闸操作，从某种程度上来说，是电力事业发展到现阶段后，在检修、实际操作、人员配置等方面暴露出的诸多问题的一种解决办法，也是对电力生产管理关系提出的新要求。因此，开展新模式下的变电倒闸操作工作将是电网发展的趋势。这在电网发展迅速、自动化程度高、人力资源紧张的地区显得尤为突出。新模式下的无人值班变电站设备倒闸操作，实际上是变电运行人员的职能作出相应的变化，改变了设备操作必须由运行专业人员进行的传统操作模式，优化了设备倒闸操作、检修等一系列工作流程。为适应无人值班变电站新型运行、管理模式的要求，必须对企业现行的规程制度做出相应的、科学合理的修订和完善。

【任务描述】

倒变电站倒闸操作是变电运行的重点、难点工作之一，是变电站工作中关键过程确认的具体体现，是电力系统正常运行的保证。变电站的倒闸操作的基本流程：调度通知工作——接令——填写操作票——模拟操作——实际操作——回令。整个操作过程应该严格按照规定的要求执行。倒闸操作具体工作任务包括：1. 电力线路的停、送电操作；2. 电力变压器的停、送电操作；3. 发电机的起动、并列和解列操作；4. 电网的合环与解环；5. 母线接线方式的改变；6. 中性点接地方式的改变；7. 继电保护自动装置使用状态的改变；8. 接地线的安装与拆除。

【任务实施】

一、变电站倒闸操作过程

1.1 变电站倒闸操作前由值长组织全体当值人员做好如下准备

1.1.1 明确操作任务和停电范围，并做好分工；

1.1.2 拟订操作顺序，确定挂地线部位、组数及应设的遮栏、标示牌。明确工作；

1.1.3 现场临近的带电部位，并订出相应措施；

1.1.4 考虑到保护和自动装置的相应变化，以及应断开的交、直流电源和防止电

1.1.5 分析操作过程中可能出现的问题和应采取的措施；

1.1.6 与调度联系后写出操作票草稿，由全体人员讨论通过，再由站长或值长审核批准；

1.1.7 预定的一般操作应按上述要求进行准备；

1.1.8 设备检修后，进行操作前应认真检查设备状况，以及一、二次设备的分合位置与工作前是否相符合。

1.2 变电站倒闸操作的接令

1.2.1 调度命令的接受，应由相关上级批准的人员进行，接令时主动报出变电站名称和接令人姓名，并问清楚下令人姓名、下令时间；

1.2.2 接令时应随听随记，接令完毕，应将记录的全部内容向下令人复诵一遍，并得到下令人认可；

1.2.3 接受调度命令时，应做好录音；

1.2.4 如果认为该命令不正确时，应向调度员报告，由调度员决定原调度命令是否执行。但当执行该项命令将威胁人身、设备安全或直接造成停电事故，则必须拒绝执行，并将拒绝执行命令的理由，报告调度员和风电场领导。

1.3 变电站倒闸操作的操作票填写

1.3.1 操作票由操作人填写；

1.3.2 "操作任务"栏应根据调度命令内容填写；

1.3.3 操作顺序应根据调度命令参照本站典型操作票和事先准备好的操作票草稿的内容进行填写；

1.3.4 操作票填写后，由操作人和监护人共同审核（必要时经值长审核），检查无误后由监护人和操作人分别签字，在开始操作时填入操作开始时间。

1.4 变电站倒闸操作的操作预演

1.4.1 操作预演前应结合调度命令核对当时的运行方式；

1.4.2 操作预演由监护人按操作票所列步骤逐项下令，由操作人复诵并模拟操作；

1.4.3 操作预演后应再次核对新运行方式与调度命令是否相符合。

1.5 变电站倒闸操作的过程监护

1.5.1 操作人和监护人一起到被操作设备处,指明设备名称和编号,监护人下达操作命令;操作人手指操作部位,复诵命令;

1.5.2 监护人审核复诵内容和手指部位正确后,下达"执行"令;

1.5.3 操作人执行操作;

1.5.4 监护人和操作人共同检查操作质量;

1.5.5 监护人在操作票本步骤前划执行勾"√",再进行下一步操作内容;

1.5.6 操作中发生疑问时,应立即停止操作并向值班调度员或值班负责人报告,弄清问题后,再进行操作。不准擅自更改操作票,不准随意解除闭锁装置。

倒闸操作票空表

发令人		受令人		发令时间:　年　月　日　时　分		
操作开始时间:　年　月　日　时　分				操作结束时间:　年　月　日　时　分		
（　）监护下操作		（　）单人操作		（　）检修人员操作		
操作任务						
操作	顺　序	操　作　项　目				模拟
备注:						
操作人签名:　　　　　　监护人签名:　　　　　　值班负责人签名:						

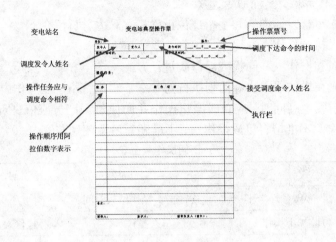

图 3－1　倒闸操作填表要点

1.5.7 由于设备原因不能操作时,应停止操作,检查原因,不能处理时应报告调度和生产管理部门。禁止使用非正常方法强行操作设备。

1.6 变电站倒闸操作的质量检查

1.6.1 操作完毕全面检查操作质量。

1.6.2 检查确认无问题后应在操作票上填入终了时间,并在最后一步下边加盖"已执行"章,报告调度员操作执行完毕。

1.7 倒闸操作流程图

调度员根据工作内容,首先在调度自动化系统上进行模拟操作;利用调度自动化系统的高级应用功能,评价操作的正确性和操作后系统的安全系数;根据操作情况,自动化系统自动生成操作票并进行核对检查;调度员把模拟生成的操作票传真到变电站;变电站操作人员根据现场情况审核操作票无误后,通过电话与调度员核对操作票内容和编号;操作人员戴好操作专用安全帽和对讲设备,在变电站一次系统图前进行模拟操作,之后到工器具室取操作工具和接地线。

操作过程中,调度员利用现场的固定摄像头及操作人员安全帽中携带的摄像头监视操作人员所到设备间隔是否正确,操作的设备是否和票中所列相符,操作结果是否正确;同时,操作人员利用实时对讲系统复述操作内容,得到调度员明示操作后再进行操作。录音系统和录像系统同期实时进行操作现场的影、音录制工作。操作完毕后,调度员和操作人员对操作票进行存档。根据倒闸操作的相应要求,绘制出对应的倒闸操作流程图。

1.停电倒闸操作流程图

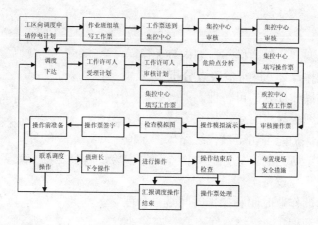

图3-2 停电倒闸操作流程图

2.送电倒闸操作流程图

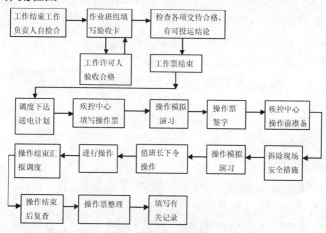

图3-3 送电倒闸操作流程图

二、变电站倒闸操作标准

2.1 受理调度下达的操作计划

2.1.1 当班值长或工作许可人受令。

2.1.2 与调度员互通变电站名、姓名。

2.1.3 准备好《操作记录簿》,并记录以下内容:

(1)下达操作计划时间。

(2)调度员姓名及受令人姓名。

(3)操作任务。

(4)系统运行方式。

(5)停送电时间。

(6)作业时间。

(7)工作负责人。

(8)操作指令号、指令项。

(9)综合令/逐项令。

2.1.4 受令人给调度员复诵操作计划内容无误。

2.2 审核研究操作计划，进行危险点分析

2.2.1 班长审核操作计划的可行性。

2.2.2 检查模拟图板与当时系统接线方式。

2.2.3 检查线路保护能否切至被代线路保护定值。

2.2.4 检查工作票所列的工作任务与操作计划中检修内容是否一致。

2.2.5 检查停电作业设备工作是否安全。

2.2.6 调度下达的作业时间和操作时间是否合理。

2.2.7 根据工作计划，确定接地线组数及安装地点。

2.2.8 根据操作计划，制定所需操作票的份数，制定操作方案。

2.2.9 操作计划有疑问时，联系调度询问清楚，并有根据地提出问题。

2.2.10 对操作中的危险点进行分析并填写《危险预知卡》。

2.2.11 班长指派值班员填写操作票，并根据工作任务，填写《检修项目表》。

2.3 填写操作票

2.3.1 由班长指派有权操作的值班员填写操作票。

2.3.2 操作人、监护人依据操作计划、工作任务、系统运行方式、保护使用方式和现场实际情况，根据研究确定的操作方案，由操作人填写操作票。

2.3.3 填写操作票要求：

(1)操作任务必须准确。

(2)填写操作票内的项目和内容依据《安规》2.3.3条。

(3)操作票应用钢笔或圆珠笔填写，一张票内错字不能超过两个字。

(4)操作票的填写术语应按《两票管理制度》执行。

(5)应联系调度的操作项目，在项目前盖"联系调度"章(需要联系调度的项目有：拉、合断路器及线路隔离开关，装、拆线路侧接地线，拉、合线路侧接地刀闸，投入、退出保护，拉、合运行开关的操作直流及调度下达逐项操作顺序的操作项目)。

(6)操作票填写一律用中文和阿拉伯数字。

(7)每张操作票只能填写一个操作任务。

(8)保护使用依据：

1)调度命令投入退出保护连接片和切换电压把手。

2)继电保护定值通知单。

3)保护连接片图。

(9)线路停电作业，继电保护定检时，将线路保护连接片全部退出。连接片的投入和退出必须填写操作票。

(10)切换电流互感器端子部件必须确定该回路开关在断开位置后再切换端子，防止保护误动或电流互感器开口。

(11)切换电压把手或电压回路前应退出代电压的保护连接片。

(12)拆除两组以上地线时：检查××号××号××号共××组确已拆除。

(13)拆除两组及以下地线分项检查。

2.4 审核操作票

2.4.1 操作票填写完成，操作人自检无问题后，交给操作监护人审查无问题后，再交给班长审查无问题后，最后交给站长审查(即四级审查)。

2.4.2 二操作票审核依据：操作计划；工作票内所列的工作计划；当时系统接线；保护连接片图及保护使用规定；保护定值通知单；工作现场条件；有关规程。

2.4.3 审票人在审票时发生疑问，必须询问清楚，严禁使用不合格的操作票。

2.5 模拟演习

2.5.1 班长组织全值人员进行模拟演习。

2.5.2 监护人唱票，操作人复诵，其他人员认真检查有无问题。

2.5.3 每演习完一项，监护人检查无问题后在操作票模拟演习栏内打蓝色"√"。

2.5.4 模拟演习结束后，全体人员对模拟图板进行检查应确无问题。

2.6 操作票签字

2.6.1 操作票模拟演习无问题后，进行操作票签字。

2.6.2 签字人员：操作人、监护人、值班长。

2.7 操作前准备

2.7.1 班长组织召开安全会议。主要内容是根据查找的危险点，制定严密的控制措施并落实责任人，通报全体值班人员。

2.7.2 工器具准备：

(1)由操作人、监护人负责准备安全绝缘靴、绝缘手套、安全帽、绝缘杆、验电器、操作棒、接地线、对讲机。

(2)装卸高压可熔性熔断器应准备护目镜、绝缘垫、专用工具。

(3)雨天操作应准备防雨罩。

(4)由值班长检查操作人、监护人服装是否合格，准备的工具是否合格。

(5)准备安全用具时必须检查电压等级是否合适，试验合格且在有效使用期内。

2.7.3 填写有关资料。

2.8 值班长联系调度操作

2.8.1 汇报调度操作准备工作全部结束，可以进行操作。

2.8.2 与调度员明确此次操作是"逐项令"还是"综合令"。

2.8.3 得到调度员可以操作的命令后，值班长命令监护人、操作人开始操作。

2.8.4 值班长与调度联系时，要认真记录；互通姓名；使用操作术语(设备用双重名称)；下令操作时间。

2.9 操作

2.9.1 断路器倒闸操作

(1)开关合闸送电前，必须检查是否满足下列条件：

1)开关经检修投运前，均应作外部检查并试操作正常；

2)开关合闸前，应检查相应刀闸和开关的位置；确认继电保护及自动装置已按规定投入，现场满足送电条件；

3)合闸弹簧已储能；

4)SF6 气体压力正常，检查合闸回路完好；

5)测控单元、开关汇控柜或机构箱内"远方/就地"选择开关均在远方位置；

6)继电保护已按规定投入，开关每次操作后，还应检查相应指示、信号、负荷等正确。开关投运前，应检查接地线是否全部拆除、防误闭锁装置是否正常。

（2）开关合闸后的检查：

1)红灯亮，机械指示应在合闸位置；

2)送电回路的电流、功率及计量是否显示正确；

3)弹簧操作机构，在合闸后应检查弹簧是否储能。

（3）断路器分闸后的检查

1)绿灯亮，机械指示在分闸位置；

2)检查各种数据显示正确；

3)开关每次分合闸后，都应到现场检查其机械指示位置是否正确；拐臂、传动杆位置是否正确，保证开关已正确分、合闸，同时检查开关本体有无异常；

4)开关分、合闸操作时，若远控失灵，应查明原因，必要时应通知检修人员协助处理。开关两侧均有电压时，不允许进行操作，合闸操作必须投入同期回路，特殊情况下经调度同意、公司总工批准，可以解除同期回路进行操作。

（4）断路器操作过程

1)控制开关的操作，应按分解动作进行，监护人唱票"断开（合上）XX1"，操作人复诵"断开（合上）XX1"监护人发出"对，执行"的命令，操作人答"是"后将开关控制把手切至预分（预合）位置，此时灯光指示发出闪光，操作人再次手指设备编号进行复诵"断开（合上）XX1"，监护人确认无误后发出"对，执行"的命令，操作人回答"是"后，才能将开关控制把手切至分闸（合闸）位置。

2)断合开关后监护人发出"检查 XX1 断开（合闸）位置"的命令，操作人复诵并查看表计、灯光、位置指示器以及机构指示（合闸或分闸）位置后，汇报监护人"检查 XX1 确已断开（合闸）"。

3)就地操作的开关进行断合操作时，监护人、操作人应避开开关遮栏网（柜门）站立。

4)两个开关互相替代的操作时，必须考虑操作开关在断合的过程中可能出现的非全相现象，因而操作过程中必须将运行开关可能误动的有关零序保护解除。

2.9.2 隔离开关操作

隔离开关的操作必须在断路器拉开后进行。

（1）监护人手持操作票，携带开锁钥匙，操作人拿安全工器具和绝缘手套，在核对设备编号、位置及实际运行状态后，操作人在监护人监护下，做好操作准备。

（2）操作人和监护人面向被操作设备的名称编号牌，由监护人按照操作票的顺序逐项唱票。操作人应手指设备名称编号，逐字复诵，监护人确认操作人复诵无误后，发出"对"的操作口令，并将钥匙交给操作人。

（3）操作人打开闭锁后，再次手指设备名称编号逐字复诵，监护人确认操作人复诵无误后，发出"对，执行"的操作口令，操作人答"是"后进行操作。

（4）监护人发出检查刀闸拉开（合闸）位置的命令后，操作人详细检查 A、B、C 三相刀闸的实际位置及接触情况，确认无误后汇报监护人"XXX刀闸三相确已拉开(合好)"。

(5)对带有闭锁销子的刀闸要详细检查刀闸闭锁销子确已插入，闭锁良好后将程序锁锁好，钥匙交还监护人。

(6)推刀闸时必须迅速果断，用力适当，防止用力过猛造成刀闸损坏。

(7)拉刀闸开始时应慢而谨慎，当刀片刚离开固定触头时应迅速，特别是切断较大空载电流，环路电流时，更应迅速果断，以便能够迅速消弧。

(8)按规程规定，隔离开关允许进行下列各项操作：

1)拉、合电压互感器和避雷器。

2)拉、合闭路开关的旁路电流。

3)拉、合空载母线连接在母线上设备的电容电流。

4)拉、合变压器中性的接地线，但当中性点上接有消弧线圈时，只有系统无接地故障时方可操作。

5)可以操作下列容量无负荷空载运行的变压器：

① 电压在10kV以下，变压器容量不超过320kVA。

② 电压在35kV以下，变压器容量不超过1000kVA。

6)可以操作电压为35kV以下，长度在5km以内的空载线路。

7)可操作电压在10kV，长度在5km以内的空载线路；但在及以下者应使用三联刀闸。

2.9.3 装拆接地线的操作

(1)验电前应先在有电设备上进行试验，确认验电器良好。验电部位的选择应远离设备支持瓷瓶防止造成接地、短路。

(2)在停电设备装设地线的部位逐相进行验电。

(3)装设接地线时，应先装地线的接地端，再装导体端，拆除时顺序相反。

2.9.4 二次设备的操作。继电保护和自动装置的操作投入或退出一集定值的改变，均应由调度发令进行操作。

(1)操作二次设备及检查表计指示时，应先核对盘头名称。

(2)二次回路保护压板操作时：

1)核对保护盘位置压板编号与压板对应位置，操作人和监护人确认无误后方可进行操作。

2)操作人站在绝缘垫上，手扶连接片或切换把手，执行监护复诵制度。

3)投入保护前测量连接片端子电压，正确无误后方可投入。

(3)装、取保险时，操作人应手指保险挂牌逐字进行复诵，监护人确认无误后方可进行操作。

2.9.5 拉、合熔断器的操作

(1)操作人应站在绝缘垫上，戴绝缘手套并使用专用工具。

(2)先拉开负荷开关，再拉开熔断器；拉熔断器时，先拉开中间相，后拉开边相。合时顺序相反。

(3)拉直流熔断器时，先拉正极，后拉负极。合时顺序相反。

2.9.6 倒母线的操作

(1)倒母线前，相应的母线保护改为互联方式，母联开关应在运行状态并断开操作电源。

(2)对运行的线路倒母线，热倒应先合后拉，冷倒应先拉后合。

（3）对多条线路的倒母线操作，应逐条线路倒换，不允许同时合上或拉开。若所倒母线的线路既有运行的又有热备用的，则先操作运行状态的设备，后操作热备用状态的设备。

2.9.7 同期并列装置合环操作

（1）相序、相位一致。

（2）频率差不大于0.5Hz。

（3）合环两侧电压差基本相等，220kV系统电压差不大于额定电压的20%。

（4）合环时，一般应经同期装置检定，功角差不大于30度。

2.9.8 主变停、送电的操作

（1）变压器充电或停电时，各侧中性点应保持在接地。变压器投入运行时，一般先从电源侧侧充电，后合上负荷侧断路器。当变压器停电时，操作顺序相反。

（2）向空载变压器充电时，充电断路器应有完备的继电保护，并保证有足够的灵敏度，同时应考虑励磁涌流对系统继电保护的影响，主变压器送电操作前，运行人员必须检查设备具备送电条件，冷却装置启动运行正常。

（3）主变压器停电操作完毕后，不得立即停止冷却装置运行，应在主变压器停电后继续运行30分钟。

（4）新装、大修滤油后的变压器，在施加电压前，静止时间不应少于72小时。若有特殊情况，需经公司总工程师批准。

（5）经常处于备用状态和检修后的变压器充电时，须将重瓦斯保护投入跳闸位置，充电良好后，切换到信号位置，经48小时后检查无气体再将重瓦斯保护投入跳闸。

（6）变压器在操作过程中，如发现异常情况、故障信号时，应立即停止操作，待查明原因，核实处理后，方可继续进行。

（7）主变压器在停送电时，应按分级原则进行，并考虑主变压器分接头位置及电容补偿装置投退情况，确保停（送）电时，各侧电压不超过规定值。不允许主变压器和无功补偿装置同时送电。

（8）任何情况下，严禁用刀闸空投或空切主变压器。

2.9.9 线路操作

（1）线路操作前，应正确选择解列点或解环点，减少系统电压波动。对馈电线路一般应先拉开受电端断路器，再拉送电端断路器。送电顺序相反。

（2）线路送电端断路器必须有完备的继电保护，并有足够的灵敏度。

（3）110kV及以上电压等级的线路，送电端变压器中性点必须至少有一个接地点。

（4）新建或检修后相序可能变动，应进行核相工作。

2.9.10 消弧线圈操作

在6～10kV网络中，极限电容电流 Ic≥30A；20～60kV网络中，极限电容电流 Ic≥10A；为避免网络中线路跳闸时可能产生谐振，或者断线时产生过电压，消弧线圈调整为过补偿方式。

（1）消弧线圈隔离开关在进行拉、合操作前，必须确认该系统中不存在接地故障，改变消弧线圈分接头位置时，必须将消弧线圈退出运行后再进行。

（2）将消弧线圈从一台变压器切换至另一台变压器时，必须将消弧线圈与系统隔离。不能将两台或两台以上的变压器中性点连起来经消弧线圈接地。

（3）如中性点位移度超过正常相电压的30%时，或经过消弧线圈的电流35kV电压等级大于10A时,禁止拉开消弧线圈的隔离开关。

2.9.11 验电

(1)验电前应将验电器在有电设备上进行校验,确保验电器合格。

(2)执行监护制,确定验电部位后逐项验电,必须确认无电压后才可以进行下一项操作。

(3)验电结束后,收好验电器。

2.9.12 装拆地线

(1)装设接地线时,先将接地线接地端良好接地,后装设导体端;拆除接地线顺序相反。

(2)装设接地线过程中,不准用手摸地线。

(3)调度掌握的地线,没有调度命令不准自行拆除、装设、移动。

(4)检查三相确已拆除或三相确已装设好。

(5)由专人负责放置或收取地线。

2.9.13 投入、退出保护连接片操作

(1)操作前核对保护盘位置,设备编号;保护使用位置及切换把手位置。

(2)操作人站在绝缘垫上,手扶连接片或切换把手,执行监护复诵制度。

(3)投入保护前测量连接片端子电压,正确无误后方可投入。

2.10 操作结束

1. 操作人、监护人对操作全面进行复查无问题后,向值班长汇报。

2. 值班长向调度汇报操作全部结束,并记录操作的结束时间。

3. 操作人整理操作票并在执行完的操作票上盖(已执行)章。

4. 填写有关记录簿。

2.11 布置现场安全措施

根据工作票及工作现场的实际情况,结合标准作业指导书;布置现场安全措施。

【思考分析】

1. 倒闸操作应如何执行?

2. 操作票填写一般规定包括什么内容?

3. 误操作刀闸后应如何处理?

两票管理记录

年　月

姓名	操 作 票				第一种工作票		第二种工作票	
	任 务	步骤	差错张数	合格率	张数	合格率	张数	合格率
合 计								

学习情境四　风电场变电站巡检与维护

【学习目标】

※1.知识目标

①熟悉变电站电气设备的结构与原理；

②熟悉变电站运行规程的内容；

③掌握变电站电气设备巡检的要求和主要巡检内容；

④熟悉变电站电气设备故障的维护原则和方法；

⑤掌握变电站主要电气设备的维护内容。

※2.技能目标

①熟练掌握变电站电气设备的巡检工作内容；

②掌握主要电气设备在异常情况下的操作与维护技能；

③了解风电场变电站机电设备维护的技巧和最新技术；

④能正确、熟练填写工作票、操作票，并按照巡检维护规程进行操作；

⑤熟练掌握电气仪器、仪表的使用技能。

※3.情感目标

①具有刻苦学习、吃苦耐劳精神；

②具有敬岗爱业，团结协作精神；

③具有诚实守信，安全防范意识。

【相关知识】

变电站巡视与日常维护是风电场运行值班员的例行工作内容。

1.风电场设备巡回检查制度

1.1 巡回检查制是保证设备安全运行的有效制度。巡视检查应遵守明确规定的检查项目、周期、线路，要集中细听、细看、细嗅，确保巡视质量。

1.2 巡视工作一般应两人进行，巡视要遵守安全工作规程。

1.3 每次巡视后，应将缺陷立即记入记录簿。巡视者应对记录完全负责，因巡视不周和违反规定造成事故者，要追究责任。对于发现严重缺陷或者防止了事故的发现者，要给予表扬和奖励。

1.4 巡视周期:风机机舱及输电线路每天巡视一遍,每日交接班时,双方共同对站内设备巡视一次。正常情况每日十点、十五点、二十点、二十二点巡视四次。二十二点的巡视应做为熄灯巡视检查。

特殊巡视:天气急变如雷雨、大风、雪和重大节日时要酌情增加巡视次数,新投运的设备、检修后的设备和带缺陷异常运行的设备要适当增加巡视检查次数。

1.5 正常巡视检查部分:

设备所有瓷质部分如套管、瓷瓶、吊灯、穿墙管、避雷器等是否清洁,有无破损及放电痕迹和异响,注油设备的油位、油色是否正常,有无渗漏油现象、设备内部有无异响、电气设备的接头接触是否良好,有无过热打火现象。运行中的仪表指示、电度表转动是否正常,母线电压是否合适,储能电容是否损坏,直流系统设备是否正常,室外端子箱、机构箱关闭是否严密,是否有受潮现象。

1.6 特殊巡视检查内容:

雷雨天气时,主要检查设备有无闪络放电、门窗是否关好、电缆沟是否有积水、基础有无下沉;刮大风时,主要检查导线摆动情况、连接线夹是否损坏、架构是否牢固;雾雪天气时,主要检查室外设备有无闪络放电、接头处有无积雪溶化、冒气现象,检查设备有无冻结冰棒、引线是否过紧;高峰负荷时,主要检查主变温升、负荷分配情况、接头是否发热;夜间巡视检查套管、母线、瓷瓶是否有电晕、放电现象,设备接头是否发热烧红、设备内部有无异常声响。

2.风电场维护工作制度

2.1 值班人员除正常工作外,应按本场实际情况制定场内定期维护项目周期表,如:保护控制盘清扫、信号更换交、带电测温、交直流熔丝的定期检查、设备标志的更新与修改、保安用具的整修、电缆沟孔洞的堵塞等。

2.2 除按定期维护项目外,各场应结合本地区气象、环境、设备情况、运行规律制定本场的月、季、年维护计划全年按月份安排的维护周期表。

2.3 各场设备要有明确分工,并用图表标示挂在墙上。

2.4 风电场应根据有关规定储备备品备件、消耗材料并定期进行检查试验。

2.5 根据工作需要,风电场应备足各种合格的安全用具、仪表、防护用具和急救医药箱,定期进行试验、检查。

2.6 现场应设置各种必要的消防器具,全场人员应掌握使用的方法并定期检查及演习,经常保持完好。

2.7 风场的易燃、易爆物品、油罐、有毒物品、放射性物品、酸碱性物品等应放置专门场所,并明确管理人员,制定管理措施。

2.8 负责检查排水、供水系统采暖、通风系统;厂房及消防设施,并督促有关部门使其处于完好可用状态。

【任务描述】

风电场升压站站内电气设备的巡检与维护内容:变压器、断路器、电流互感器、电压互感器、母线、电容器、电抗器、消弧线圈、避雷器、阻波器、滤波器、耦合电容、继电保护装置、防误闭锁装置等设备的巡视和异常情况应急处理。设备巡视检查应遵循"正常运行按时检查、高峰高温重点查、天气变化及时查、重点设备专项查、薄弱设备仔细查"的原则,对巡视过程中出现的异常情况进行及时处理,防止事故扩大化。

【任务实施】

一、工作前准备

根据 110kV 及以上变电站运行管理标准实施细则规定,运行值班员必须熟悉:(1)运行监视人员及监视时间安排;(2)运行监视主要项目及异常处理措施;(3)运行监视要求;(4)遥视系统监视要求。

设备巡视检查分日常巡视和特殊巡视,日常巡视检查包含夜间巡视,交接班进行的现场检查不能代替设备巡视。

1. 日常巡视检查内容如下:

1.1 巡视规定:户外电气设备、保护室、高压室和 380V 配电室每天按规定进行巡视,在运行工作记录和设备巡视测温记录上做好记录,并签名。巡视人员由值班负责人统一安排。

1.2 无人值班变电站的日常巡视纳入月工作计划中,每站日常巡视每月至少 1~2 次,夜间巡视每月至少 1 次。若设备状况不良,应适当增加巡视次数。

1.3 遇有操作或事故处理时可适当调整。

1.4 巡视检查内容和要求按照现场运行规程进行。

1.5 交接班现场检查内容按照电网调度即变电运行交接班标准进行。

2. 特殊巡视检查:

2.1 气候暴热时,应检查各种设备温度、油位、油温、气压等的变化情况,检查油温、尤为是否过高,冷却设备运行是否正常,油压和气压变化是否正常。

2.2 气候骤冷时:应重点检查充油、充气设备的油位变化情况,油位和气压变化是否正常,加热设备运行情况。

2.3 刮大风时:检查临时设施牢固情况、导线摆动情况、有无杂物附到设备上的可能、室外设备箱门是否已关闭。

2.4 降雨、雨雪天气时,应检查室外设备接点、触头等连接处及导线是否有发热和冒气现象。

2.5 大雾潮湿天气时,应检查套管及绝缘部分是否有污闪和放电现象。

2.6 雷雨天气后,检查设备有无放电痕迹。

2.7 设备过负荷或负荷明显增加时,检查设备接点、触头的温度变化情况。

2.8 新安装设备投入运行后,前 4 小时内每小时巡视一次。

2.9 巡视人员在巡视过程中必须严格遵守安规中的有关部分。

3. 设备巡视的方法

3.1 目测检查法:所谓目测检查法就是用眼睛来检查看得见的设备部位,通过设备外观的变化来发现异常情况。

3.2 听判断法:用耳朵或借助听音器械,判断设备运行时发出的声音是否正常。有无异常声音,如放电、机械摩擦、振动、高频啸叫等。

3.3 嗅判断法:用鼻子判别是否有电气设备绝缘材料过热时产生的特殊气味。

3.4 触试检查法:用手触设备的非带电部分如变压器的外壳、电动机的外壳,检查设备的温度是否有异常升高。

3.5 仪器检查的方法:借助测温仪定期对设备进行检查如红外检查技术,是发现设备过热的最有效方法,目前使用广泛。

二、巡视与维护工作过程

1. 主变运行中的巡视与异常处理

1.1 运行中巡视项目

1.1.1 检查变压器上层油温、油位正常,油色透明。

1.1.2 变压器内无异音,各部分无漏油、渗油现象。

1.1.3 检查变压器本体及套管外部应清洁,无破损裂纹,无放电痕迹,变压器本体无杂物。

1.1.4 检查吸湿器应完好,硅胶无变色。

1.1.5 检查变压器的压力释放阀完好。

1.1.6 检查变压器的冷却系统运行正常,冷却系统电源正常。

1.1.7 变压器各侧接线端子无过热痕迹。

1.1.8 检查调压分接头位置正确。

1.1.9 检查变压器铁芯地线和外壳地线是否良好。

1.2 变压器运行的特殊巡视项目

1.2.1 大风、雷雨、冰雹后,检查引线摆动情况、有无断股、设备上有无其他杂物,瓷瓶套管有无放电痕迹及破裂现象。

1.2.2 气温骤变时,检查储油柜和瓷套管油位是否有明显的下降,各侧连接引线是否有过紧或断股的变化。

1.2.3 各接头在小雨中或落雪后,不应有水蒸汽或立即融化,否则表示该接头运行温度比较高,应用红外测温仪进一步检查。

1.2.4 在瓦斯继电器发出信号时,应对变压器进行外部检查。

1.2.5 过负荷运行时,应检查并记录负荷电流;检查油温和油位的变化;检查变压器的声音是否正常;检查接头是否过热;冷却器投入数量是否足够;防爆膜、压力释放器是否动作。

1.2.6 变压器发生短路故障或穿越性故障时,应检查变压器有无喷油、油色是否变黑、油温是否正常,电气连接部分有无发热、熔断、瓷瓶绝缘有无破裂,接地引下线有无烧断现象。

1.3 异常及事故处理

1.3.1 主变压器有下列情况之一者,应立即汇报并通知检修处理

(1)在正常负荷及冷却条件下,变压器温度不正常并不断上升。

(2)变压器漏油,油枕油面低于允许值以下。

(3)变压器防爆膜或压力释放阀打开。

(4)变压器油色显著变化。

(5)变压器套管有裂纹。

(6)变压器接头发热、变色。

(7)变压器冷却系统故障。

(8)变压器内部声音不正常。

1.3.2 变压器有下列情况之一者,应立即停止变压器运行

（1）变压器内部声音很不正常，有爆裂声。

（2）变压器油枕或安全阀向外喷油。

（3）变压器的套管爆炸或破损严重，放电严重。

（4）变压器大量漏油，油位急剧下降且至瓦斯继电器以下。

（5）变压器套管端头发热熔化。

（6）变压器着火、冒烟。

（7）变压器外壳破裂。

（8）变压器轻瓦斯信号发出，放气检查为可燃性气体。

（9）变压器外部发生严重故障或者变压器本身故障，而相关保护或开关拒动。

1.3.3 变压器油温异常升高的处理

（1）检查温度计指示是否准确、测温装置是否正常，外壳温度是否也有所升高，油位有无异常的升高。

（2）检查冷却系统工作是否正常。

（3）检查变压器是否过负荷，若为过负荷所致，则立即减负荷。

（4）检查变压器的三相电流是否平衡，如有不平衡现象，应进行调整，使之设法保持基本平衡。

（5）若发现上层油温比平时同样负荷，同样冷却介质时的温度高出 10℃ 以上，变压器负荷不变且冷却系统正常，而油温不断上升，则可认为变压器内部故障（如：绕组匝间短路）。若变压器的保护拒动，应立即汇报，停运变压器进行检修。

1.3.4 变压器内部声音异常处理

（1）声音较大而吵杂，强烈而不均匀的"噪声"可能是铁芯的穿心螺丝未夹紧，铁芯松动而造成的。个别零件的松动，会发出"叮当"声。某些离开叠层的硅胶钢片端部振动，有"嘤嘤"声。停运检查。

（2）变压器内部发出"吱吱"或"劈啪"的放电声，这是因为内部接触不良或有绝缘击穿。停运检查。

（3）声音中夹有水的沸腾声时，可能是绕组有较严重的故障，使其附近的零件严重发热；也可能是分接开关的接触不良，而局部点严重过热。停运检查。

（4）声音中夹有暴烈声，既大又不均匀时，可能是变压器身绝缘有击穿现象。停运检查。

（5）如检查发现内部有放电声或不正常的声音时，应立即停运检查。

（6）变压器内发出很高而沉重的"嗡嗡"声，这是由于过负荷引起的，可以从电流表指示判断，立即减负荷。

（7）由于铁磁谐振，使变压器声音变为"嗡嗡"声和"哼哼"声，声音忽而变粗，忽而变细，电压表指示摆动较大，一般是系统低频率的谐振所致。若是因操作引起，则立即用断路器来停用刚才操作的设备。

（8）变压器如带有大动力设备（如大型轧钢机、电弧炉等）负荷变化较大，由于五次谐波分量大，变压器瞬间发出"哇哇"声，应密切监视电压、电流表指示，汇报调度，可采用改变电网运行方式的方法来改变、处理。

1.3.5 变压器油位异常处理

（1）如因冷却效果低使油温上升导致溢油，应增开冷却装置，同时适当降低负荷。

(2)如因本身油位太高造成溢油，可适当放油。

(3)若因温度升高而使油位过度升高时，应适当放油。

(4)若因温度降低或漏油而使油位过度降低时，应适当补油或采取堵漏措施。补时严禁从变压器下部进行。如漏油无法停止，禁止将重瓦斯保护投信号。同时应迅速将变压器停运，并采取防火措施，排除变压器周围积油。

1.3.6　变压器轻瓦斯保护动作

(1)检查是否因空气侵入变压器内。

(2)检查变压器油位、油色有无明显变化。

(3)检查是否因漏油导致油位降低。

(4)检查是否由于二次回路故障或二次回路有人工作所致。

(5)如检查发现内部有放电声或不正常的声音时，应立即停运检查。

(6)经外部检查未能查出不正常象征，若瓦斯继电器内有气体时，应记录含量，立即取出瓦斯继电器内积聚的气体鉴定气体性质，并进行分析，根据分析结果按下表处理。

瓦斯继电器内气体性质与故障性质的关系及处理方法

气体性质	故障性质	处理方法
无色、无味、不可燃	空气侵入	放气后继续运行
黄色、不易燃	木质故障	停止运行
淡黄色、强烈臭味、可燃	绝缘材料故障	停止运行
灰色、黑色、易燃	油故障	停止运行

1.3.7　变压器重瓦斯保护跳闸

(1)变压器内部故障，应对变压器进行外部检查，检查瓦斯保护动作是否正确，并采油样和气体进行分析。

(2)检查变压器大量是否漏油、油面下降太快，或二次回路故障。

(3)检修后油中空气分离太快，也可能使保护动作。

(4)摇测变压器的各侧绝缘，测试线圈的直流电阻。

(5)在未查明原因，确认变压器内部无故障或消除故障前，变压器不可投入运行。

1.3.8　变压器差动保护动作

(1)进行外部检查，检查保护范围内有无明显的故障点。

(2)摇测变压器各侧的绝缘电阻，测试线圈的直流电阻。

(3)检查差动保护范围外的设备，是否发生过短路而使差动保护误动及是否为保护装置二次回路所造成差动保护动作，若为上述原因造成差动保护动作则变压器可重新投入运行，将误动的差动保护暂停运行(此时瓦斯保护必须投入跳闸位置)。

(4)若为变压器内部故障，在故障未消除前不可将其投入运行。

1.3.9　变压器着火

(1)若瓦斯或差动保护未动作，应立即断开各侧断路器及隔离开关，通知消防队、启动该变压器的消防装置进行灭火，汇报有关领导。

(2)停止变压器的冷却系统。

(3)变压器顶盖上着火时，应打开下部放油门放油，使油面低于着火处。

(4)若变压器内部着火冒烟时,压力释放阀不返回或动作频繁,向外喷油冒烟着火,不许放油,以防变压器发生爆炸。

(5)当火势较大时应采取必要的隔离措施。

(6)发生着火后应采取与其它设备隔离的措施,防止火灾漫延,受火灾威胁或影响灭火的带电设备应停电。

(7)使用灭火器和干砂迅速将火扑灭,不能使用泡沫灭火器。

2.电压无功补偿装置运行中正常巡视和异常处理

2.1 正常巡视项目

2.1.1 电抗器接头应接触良好,无发热现象。

2.1.2 检查电抗器噪音和振动无异常,无放电声及焦臭味。

2.1.3 电抗器本体及周围应清洁无磁性杂物。

2.1.4 电抗器线圈无变形;支持瓷瓶清洁,安装牢靠,无裂纹及破损。

2.1.5 垂直分布的电抗器应无倾斜,地面完好无开裂下沉。

2.2 异常及事故处理

2.2.1 电抗器局部过热

巡视时,若发现电抗器有局部过热现象,则应减少电抗器的负荷,并加强通风,必要时可采用临时措施,采用强力风扇,待有机会停电时,再进行处理。

2.2.2 电抗器支持瓷瓶破裂

现象:电抗器水泥支柱损伤,支持瓷瓶有裂纹,线圈凸出或接地。

处理:停用电抗器或断开线路开关,将故障电抗器停用。

2.2.3 电抗器烧坏

现象:电抗器水泥支柱和引线支持瓷瓶断裂,电抗器部分线圈烧坏。

处理:检查继电保护是否动作,若拒动,应立即手动断开电抗器电源,停用故障电抗器。

3.电容器组运行中正常巡视和异常处理

3.1 电容器运行中的巡视项目

3.1.1 检查电容器所在母线电压,应不超过额定电压的110%。

3.1.2 检查通过电容器的三相电流应平衡,通过电容器的电流不超过130%,否则应停用电容器。

3.1.3 检查外壳、不应有胀鼓、渗漏油等现象。

3.1.4 检查声音,电容器内部无放电声或其他异常声音。

3.1.5 检查绝缘子和瓷套管应清洁、完好、无损伤和放电痕迹。

3.1.6 检查电容器的环境温度,最高为40℃,外壳温升不超过15℃~20℃,即外壳最高温度不应超过55~60℃。在正常情况下,室外电容器最低环境温度不低于-40℃,否则停用电容器。

3.1.7 检查各电气接头,应接触良好,无发热现象。

3.1.8 检查放电线圈等保护设备完好。

3.2 异常及事故处理

3.2.1 电容器本体出现下列情况之一时,应立即停用

(1)喷油、鼓肚、爆炸、起火。

(2)瓷瓶发生严重放电闪络现象。

(3)接头过热或熔化。

(4)内部有放电声及放电设备异音。

(5)外壳温度超过 55℃，或环境温度超过 40℃。

(6)三相不平衡电流超过 5% 以上。

(7)渗漏油严重。

3.2.2 电容器开关跳闸

(1)检查动作保护类型，一般为过流、过压、失压。

(2)过流保护动作时，检查电容器有无爆炸、喷油、鼓肚现象。

(3)过压、失压保护动作时，检查系统电压。

(4)检查开关本体。

以上均无异常，可试送电一次。

4. 高压断路器运行中巡视与异常处理

4.1 高压断路器运行中的巡视项目

4.1.1 断路器分闸、合闸、储能位置与机械、电气指示位置一致。

4.1.2 开关外壳接地线接地良好。

4.1.3 套管、瓷瓶无裂痕，无放电痕迹和电晕。

4.1.4 引线的连接部位接触良好，无过热现象。

4.1.5 断路器的运行声音正常，断路器内无噪声和放电声。

4.1.6 SF6 断路器应检查 SF6 气体压力应正常。其压力值 0.4 ~ 0.6MPa(20℃)。

4.2 异常及事故处理

4.2.1 开关发生下列故障之一者，应立即停电，切断开关各侧电源

(1)套管有严重损坏、爆炸或放电现象。

(2)不停电不能解救的人身触电。

(3)接点或进、出线引线接头熔化。

(4)冒烟着火或受灾害威胁必须停电者。

(5)油开关严重漏油，油位不见或内部有异常声响。

(6)真空开关出现真空损坏的丝丝声。

(7)SF6 开关严重漏气发出操作闭锁信号。

4.2.2 开关拒绝合闸处理

(1)检查操作机构是否已储能。

(2)检查开关操作回路切换开关位置是否正确。

(3)检查控制电源是否正常投入，操作、合闸保险是否熔断。

(4)就地机械合闸一次，检查开关操作机构有无故障。

(5)检查合闸回路是否良好，合闸线圈、辅助接点是否良好。

4.2.3 开关拒绝分闸处理

(1)检查开关操作回路切换开关是否位置正确。

(2)检查控制电源是否正常投入，操作、分闸保险是否熔断。

(3)就地机械分闸一次，检查开关操作机构有无故障。

(4)检查分闸回路是否良好,分闸线圈、辅助接点是否良好。

(5)汇报值长,转移负荷,设法用上一级开关先断开,再处理本开关。

(6)对于操作机构失灵拒绝跳闸的开关,未处理好时禁止再次投入运行。

4.2.4 开关自动跳闸处理

(1)若为保护装置正确动作,则按有关规定处理。

(2)若系保护或人员误动作引起,查明原因后,重新合闸。

5. 隔离开关运行中巡视和异常处理

5.1 隔离开关运行中的巡视项目

5.1.1 隔离开关的瓷绝缘应完整无裂纹或无放电现象。

5.1.2 操作机构包括连杆及部件,应无开焊、变形、锈蚀、松动和脱落现象,连接轴销子紧固螺母等应完好。

5.1.3 闭锁装置应完好:电磁锁或机械锁无损坏,其辅助触点位置正确,接触良好,机构外壳等接地应良好。

5.1.4 隔离开关合闸后触头应完全进入刀嘴内,触头之间应接触良好,在额定电流下运行温度不超过70℃。超过70℃时,应降低其负荷电流。

5.1.5 隔离开关通过短路电流后,应检查绝缘子有无破损和放电痕迹,以及动静触头及接头有无熔化现象。

5.2 异常与处理措施

5.2.1 若出现异常应及时通知值班人员停止运行。

5.2.2 回路中未装设开关时,可使用隔离开关进行下列操作

(1)拉合电压互感器和避雷器。

(2)拉合厂用变压器的空载电流和电容电流不超过5A的空载线路。

5.2.3. 操作注意事项

(1)操作隔离开关必须遵守《电业安全操作规程》,使用合格的安全用具。隔离开关合闸后,必须检查接触良好。

(2)隔离开关拉不开,不可冲击强拉、应查明原因、消除缺陷后,再进行拉闸。

(3)严禁带负荷拉、合隔离开关。禁止解除隔离开关与相应开关的联锁装置,以防误操作。

(4)若误合上隔离开关发生接地或短路,不许拉开该隔离开关。只有用开关切断电流后,才能再将隔离开关拉开。

(5)若误拉开隔离开关,禁止再合上,只有用开关将电路切断后,才能再将隔离开关合上。如系蜗轮传动操作的闸刀,误拉分开1~2mm时即能发现弧光,此时应迅速向相反方向合上。

(6)送电时,先合电源侧隔离开关,后合负荷侧隔离开关,最后合开关;停电时顺序相反。

6. 接地刀闸的巡检

检查接地刀闸接触是否良好。对于户外式接地刀闸,一定要验明三相确无电压方可合上;对于手车开关自带的封闭式接地刀闸,操作时不要走错间隔;在操作时,如遇闭锁装置闭锁,查明是否因操作顺序错误或走错间隔所致。判明确为闭锁装置本身故障时,得到总工批

准后,方能解除闭锁装置;在送电操作前,一定要查看相关接地刀闸所处状态,防止带地刀合闸恶性事件的发生。

7.电压互感器巡检与异常处理

7.1 电压互感器运行中巡视项目

7.1.1 有无放电、电晕及异常噪音。

7.1.2 有无渗油、异常发热(示温片不熔化、变色漆不指示过热)冒烟及焦味。

7.1.3 瓷套管或环氧树脂外壳是否完整,有无闪电现象。

7.2 异常及事故处理

7.2.1 电压互感器有下列故障现象之一者,应立即停止运行

(1)发热、冒烟、有异味。

(2)套管闪络、线圈内部有放电声,引线与外壳之间有放电火花。

(3)油箱漏油严重。

(4)高压熔丝连续熔断三次。

7.2.2 电压互感器熔丝熔断处理

7.2.2.1 现象

(1)综合自动化装置弹出"PT 断线"报警信息并发出警铃声报警。

(2)熔断相相关的电压表计指示归零或降低。

(3)保护装置显示"PT 断线"。

7.2.2.2 处理步骤

(1)根据其它正常表计监视运行。

(2)首先用万用表交流电压档测试二次熔丝的入口及出口电压,判断熔断熔丝为高压熔丝还是低压熔丝。

(3)若为低压熔丝熔断,直接更换熔断相。

(4)若为高压熔丝熔断,停用与该电压互感器相关的保护及自动装置。将 PT 手车拉出,将 PT 线圈对地放电。工作人员戴上绝缘手套更换。

(5)电压互感器正常后,应根据故障时间对电能表追加电量。

8.电流互感器巡检与异常处理

8.1 电流互感器运行中的巡视项目

8.1.1 有无放电、电晕及异常噪音。

8.1.2 有无渗油、异常发热(示温片不熔化、变色漆不指示过热)冒烟及焦味。

8.1.3 瓷套管或环氧树脂外壳是否完整,有无闪络放电现象。

8.2 异常及事故处理

8.2.1 电流互感器有下列故障现象之一者,应立即停止运行

发热、冒烟、有异味。

套管闪络、线圈内部有放电声,引线与外壳之间有放电火花。

油箱漏油严重。

8.2.2 电流互感器二次开路处理

8.2.2.1 现象

综合自动化装置弹出"CT 断线"报警信息并发出警铃声报警。

断线相相关的电流表计指示归零。

保护装置显示"CT 断线"。

8.2.2.2 处理步骤

根据其它正常表计监视运行。

设法降低运行电流值。

应设法尽快在该电流互感器附近的端子上将其短路(穿上绝缘鞋和戴好绝缘手套)。

查找电流回路断开点。

电流互感器正常后,应根据故障时间对电能表追加电量。

9 . 氧化锌避雷器运行中巡视和异常处理

9.1 氧化锌避雷器运行中巡视项目

9.1.1 瓷质部分清洁无破损。

9.1.2 油面高度正常,油色清晰透明,各部分无渗油或漏油现象。

9.1.3 接头是否过热,变色,其温度不许超过70℃。

9.1.4 内部无响声。

9.1.5 无放电现象。

9.1.6 雷雨后放电记录是否动作,并记录其计数器指示值。

9.1.7 大雨天检查避雷器的摆动情况、引线、拉线紧固无损。

9.1.8 运行中 110kV 母线避雷器对地泄漏电流一般不大于 0.5 毫安。

9.2 异常及事故处理

9.2.1 避雷器有下列故障现象之一者,应立即停止运行

(1)有放电现象。

(2)瓷套法兰胶合处发生裂缝。

(3)瓷套表面很脏。

(4)接地线接触不良,发生锈损,接地不牢固。

9.2.2 避雷器故障时的切除

避雷器发生损坏,冒烟,闪络接地等故障时,严禁直接拉开避雷器闸刀,并不得进入故障地点,此时应用开关或其它适当措施切除避雷器上的电压。

10 . 微机保护测控装置

10.1 微机保护测控装置运行中巡视项目

10.1.1 检查电源指示灯及工作电源正常工作。

10.1.2 检查自检信息及报告信息,发现异常及时处理。

10.1.3 检查时钟准确,如有误差及时调准。

10.1.4 检查装置无异常告警。

10.1.5 检查保护装置的连接片、切换把手在正确位置。

10.2 运行注意事项

10.2.1 运行中变压器瓦斯保护与差动保护不得同时停用。

10.2.2 运行中出现 CT 断线时,若该回路有差动保护,应将其停用。

10.2.3 线路两侧不得同时投入检线路无压重合闸。

10.2.4 在 PT 退出运行前,应退出低压低周、距离等相关保护。

11．直流系统运行中的巡视与异常处理

11.1 直流系统运行中的巡视项目

11.1.1 充电装置

(1)充电装置输出电压在规定范围内。

(2)浮充电流值在规定范围内。

(3)直流系统对地绝缘良好。

(4)表计及信号指示正常。

11.1.2 蓄电池组

(1)蓄电池室应清洁、干燥、通风良好。

(2)蓄电池无外溢、漏液现象,液面在上下限之间。

(3)各联接部分联接良好,无松动、脱落、腐蚀、放电现象。

(4)各蓄电池本体无破裂现象。

11.2 异常及事故处理

11.2.1 直流母线电压过高或过低

11.2.1.1 现象:

(1)音响信号警铃响;

(2)故障信息为"直流母线电压过高"或"直流母线电压过低";

(3)直流母线电压指示偏离允许值。

11.2.1.2 处理方法

(1)根据仪表指示或用万用表测量,确定直流母线电压确已偏离允许值。

(2)调整充电装置的输出,使直流母线电压及浮充电流恢复至正常值。

(3)若因充电装置故障造成直流母线电压异常,启动备用充电装置。

11.2.2 直流系统接地

当直流系统发生接地时,为防止再出现另一点接地,引起保护误动或拒动,或造成两极接地短路,必须立即查找并消除故障点。

11.2.2.1 现象:

(1)音响信号警铃响;

(2)故障信息为"直流系统接地";

(3)绝缘监察的"绝缘降低"指示灯亮。

11.2.2.2 处理方法

(1)根据信号及绝缘监察装置对地电压测量值,判断出接地极和接地程度。

(2)检查是否有刚起动的设备,如果有则应试拉此开关,看是否接地点在此设备回路中。

(3)用拉路法来寻找接地点。对直流馈线开关进行分路断开,看故障信号有无消失。不管接地信号有无消失,在3s之内应合上拉开开关。故障消失,证明接地此回路内,再顺其回路查找。若此回路有分路,应继续试拉。

(4)若所有支路均未查出接地点,则检查母线、充电装置及蓄电池。

11.2.3 充电装置交流失电

11.2.3.1 现象:事故信号喇叭响;故障信息为"充电装置交流失电";浮充电流表指示为零;蓄电池组输出电流表指示增大。

11.2.3.2 处理方法

(1)检查信号及保护动作情况,判明失电原因。

(2)对充电装置进行外部检查。

(3)外部检查无异常,若系交流电源熔断器熔断所致,更换熔断器,对充电装置试送电。

(4)若熔断器再次熔断停用该充电装置,启动备用充电装置。

11.2.4 蓄电池出口熔断器熔断

11.2.4.1 现象:事故信号喇叭响;故障信息为"蓄电池熔断器熔断";浮充电流表指示为零。

11.2.4.2 处理方法

(1)用万用表的直流电压档检查蓄电池出口熔断器确已熔断,测量出口电压值是否正常。

(2)对蓄电池组进行外部检查。

(3)外部检查无异常,更换熔断器,恢复正常运行。

11.2.5 直流系统母线失压

11.2.5.1 现象:事故信号喇叭响;故障信息为"直流母线失压";直流母线电压表指示为零;直流系统内各信号灯均熄灭;充电装置开关、蓄电池开关跳闸;直流系统内可能发生短路,短路点有强烈的弧光烧伤现象,同时伴有浓烈的焦臭味或着火冒烟。

11.2.5.2 处理方法

(1)确认母线故障,则应将负荷切至完好的母线,恢复设备供电。

(2)如果负荷切换困难,则应迅速隔离故障点,恢复完好母线供电。

(3)如果检查未发现异常,则应断开母线上的所有负荷,测母线绝缘合格,恢复母线供电,然后试送各分支负荷,确认某一分支故障时,此回路不再送电。

(4)若直流电源中断且不能短时间恢复者,应汇报有关领导,必要时将失去控制、保护电源的设备停运或采取其他措施。

12.所用变运行巡视与异常处理

12.1 所用变巡视项目同主变

12.2 异常及事故处理

12.2.1 所用变跳闸

(1)工作电源跳闸后备用电源应自动投入。

(2)若备用电源也跳闸,在所内查找故障点,排除后再送电。

(3)备用电源未跳闸,检查所用变的高压保险是否熔断;检查所用变本体有无故障。

(4)摇测所用变压器的绝缘电阻是否合格。

(5)检查均无异常,可试送电一次。

12.2.2 所用交流电全失

(1)若因本所工作电源跳闸而备用电源未自动投入,合上备用电源开关送电。

(2)若系变电站主变开关或线路开关跳闸所致,查明保护动作类型,做出相应处理。

(3)夜晚停电时,应投入事故照明,以便处理故障。

(4)在停电期间,UPS电源提供综合自动化监控主机及风机监控主机电源,尽量减少UPS电源所带负荷,延长使用时间。

三、巡视工作的终结

巡视工作完成填写,巡视记录和设备缺陷记录,至此,风电场升压站站内电气设备的巡视工作任务完成。

以下是工作中需要填写的表格:

电气设备巡检记录表

记录人:

日　期			时间		设备名称	设备异常现象描述	值班员	处理结果	处理人
年	月	日	时	分					
⋮	⋮	⋮	⋮	⋮	⋮	⋮	⋮	⋮	⋮

设备缺陷记录簿

编号	发现日期及时间	设备名称	缺陷详情	发现人	处理意见	站长	上报日期	处理结果,日期及处理负责人
⋮	⋮	⋮	⋮	⋮	⋮	⋮	⋮	⋮

电气设备维修(保养)记录

设备名称		使用单位		检修时间	
设备型号		检修单位		完工时间	
设备编号		检修类别		检修负责人	
序号	维修(保养)项目		维修(保养)结果		备注
⋮	⋮		⋮		⋮

验收纪录:

使用单位: 检修单位:

【思考分析】

1. 对巡视高压设备的人员有何要求?

2. 变电站的巡检路线是如何安排的,你认为有优化的必要吗?

3. 作为变电站运行维护人员,在变电站电气设备异常运行时的处理原则是什么?

学习情境五　风电场配电线路巡检与维护

【学习目标】

※1. 知识目标

①了解风电场配电线路巡检的技术规范和工作主要内容；

②熟悉输配电线路的异常处理方法；

③具有风电场巡检和维护的安全操作能力。

※2. 技能目标

①能对风电场配电线路进行巡检；

②掌握风电场配电线路异常状况的处理技能；

③掌握安全措施的布设和异常情况的处理技能；

④熟悉工作票、操作票、的填写以及"引用标准"中的有关规程的基本内容；

⑤能统计计算容量系数、利用系数、故障率相关数据等；

⑥熟练掌握触电现场急救方法。

※3. 情感目标

①具有甘于奉献、吃苦耐劳精神；

②具有敬岗爱业，团结协作精神；

③具有诚实守信，安全防范意识。

【相关知识】

由于风电场对环境条件的特殊要求，一般情况下，电场周围自然环境都较为恶劣，地理位置往往比较偏僻。这就要求输变电设施在设计时就应充分考虑到高温、严寒、高风速、沙尘暴、盐雾、雨雪、冰冻、雷电等恶劣气象条件对输变电设施的影响。所选设备在满足电力行业有关标准的前提下，应当力求做到性能可靠、结构简单、维护方便、操作便捷。同时，还应当解决好消防和通讯问题，以便提高风电场运行的安全性。

由于风电场的输变电设施分布相对比较分散，负荷变化较大，且规律性不强，并且设备高负荷运行时往往气象条件比较恶劣，这就要求运行人员在日常的运行工作中应加强巡视检查的力度。在巡视时应配备相应的检测、防护和照明设备，以保证工作的正常进行。风电场厂区内的变压器及附属设施、电力电缆、架空线路、通讯线路、防雷设施、升压变电站的运行工作应当满足下列标准的要求：

SD292－88 架空配电线路及设备运行规程（试行）

DL/T572－95 电力变压器运行规程

GB14258－93 继电保护和安全自动装置技术规程

DL/T596－1996 电力设备预防性试验规程

DL/408－91 电业安全工作规程（发电厂和变电所电气部分）

DL/409－91 电业安全工作规程（电力线路部分）

DL5027－93 电力设备典型消防规程

DL/T62O－97 交流电气设备的过电压保护和绝缘配合

电力部(97)电生字53 号 电力电缆运行规程

对风电场输变电设备的巡视检查是发现设备缺陷，防止事故隐患的主要途径，是保证设备健康水平、提高设备完好率，对设备实施检修和制定反事故措施的重要依据，必须严格执行，一丝不苟地做好设备巡视检查工作，巡回检查必须严格遵守《电力工作安全规程》的有关规定，由独立担任工作的值班人员进行。

【任务描述】

运行人员应定期对风电机组、风电场测风装置、升压站、场内高压配电线路进行巡回检查，发现缺陷及时处理，并登记在缺陷记录本上，本任务是对风电场箱、台变、35kV 集线输电线路进行巡检和异常情况的消缺、维护处理。

【任务实施】

一、风电场配电设备巡检和维护工作过程和标准

（1）风电场配电设备巡视项目和维护按照风电场配电线路定期巡视作业标准卡的内容、要求、标准来执行，巡视期间注意安全。

图 5－1

风电场配电线路定期巡视作业标准卡

站所名称：_____ 工作负责人：_____

工作时间_____ 年 _____ 月 _____ 日 至 _____ 年 _____ 月 _____ 日

1. 工作前准备

√	序号	内容	标 准	责任人	备注
	1	工作负责人了解线路运行情况，找出危险点，以便制定防范措施和工作方案	明确作业任务、技术标准定期巡视周期：35kV 以 下线路，一般每月一次。每次巡视的时间，根据 运行需要和环境条件来确定		
	2	工作前按规定办理填写派工单、派车单，并得到许可	按风电场有关规定执行、符合规章制度		
	3	准备好巡视时用的工器具	工器具必须有试验合格证		
	4	填写两交底单	安全措施符合现场实际，填写规范		
	5	学习作业指导书、两交底单、明确巡视有关注意事项，安全措施及危险点，召开班前会	工作班组必须全员参加、认真学习，全面分析危险点，对工作人员进行安全交底、技术交底，分配工作任务。		

2. 开工前检查

√	序号	检查内容
	1	1.1 检查人数、人员精神状态及身体状况。 1.2 检查所带材料是否规格型号正确、质量合格、数量满足需要。 1.3 检查所带工器具是否质量合格、安全可靠、数量满足需要。 1.4 检查车辆是否良好。
	2	2.1 工作负责人向工作人员说明巡视线路名称。 2.2 工作负责人宣布工作任务单，人员分工，进行安全交底、技术交底。 2.3 工作人员严禁攀登杆塔及用电设备。 2.4 工作人员必须穿合格工作服、绝缘鞋、戴安全帽，线手套。

3. 作业分工

√	序号	作业内容	分组负责人	作业人员
	1	巡视范围		
	2	巡视范围		
	3	巡视范围		

4. 巡视工器具

√	序号	名称	规格	单位	数量	备注
	1	工作服	套/人	套	组员人量	
	2	安全帽	顶/人	顶	组员人量	
	3	望远镜	只	双	1	
	4	绝缘棒	条	双	1	
	5	测温仪	台/组	台		
	6	通讯工具	台/人	台	1	
	7	应急灯	台/人	台	夜间事故巡线使用	
	8	线路巡视记录本及笔	本	付	2	

5. 危险点分析及控制措施

√	序号	危险点	控制措施
	1	摔跌、狗、蛇咬，蜂蜇	(1)巡线时应穿工作鞋，路滑情况下过沟、崖和桥时防止滑倒摔伤。 (2)巡线时持棒，已备急用。 (3)发现马蜂窝、蛇等可能伤人的动物不要触碰。 (4)单人巡线，禁止攀登电杆和铁塔。 (5)巡线时，禁止边观察边移动，应随时注意脚下道路，避免踩空、绊倒摔伤。
	2	触电伤害	(1)巡线工作应有电力线路工作经验的人担任，新进人员不得一个人单独巡线。 (2)偏僻地区、夜间及事故巡线必须有两人进行。 (3)暑天、大雪天必要时有两人进行巡线。 (4)夜间巡线应沿线路外侧进行，大风天巡线应沿线路上风侧前进，以防万一触及断落的导线。 (5)事故巡线应始终认为线路带电，即使明知该线路已停电，亦应认为线路随时有恢复送电的可能。 (6)巡线人员应距断落的已落地或悬吊空中的导线8米以外，现场要有专人看护，并派人迅速报告领导等候处理。

6.作业内容及标准

序号	内容	标 准	责任人	异常记录
1	35kV集电线路巡检	巡视内容应根据季节特点有所侧重,发现异常和缺陷应详细记录在现场巡视记录上。巡视内容有: 1.杆塔: (1)杆塔是否倾斜,铁塔有无弯曲、变形、锈蚀;塔材或拉线是否被盗;螺栓有无松动;混凝土杆有无裂纹、疏松、钢筋外露,焊接有无开裂、锈蚀。 (2)基础有无损坏、下沉或上拔,周围土壤有无挖掘或沉陷,寒冷地区电杆有无冻鼓现象。 (3)杆塔位置是否合适,有无被车撞的可能,保护设施是否完好,标志是否清晰。 (4)杆塔有无被水淹、水冲的可能,防洪设施有无损坏、坍塌。 (5)杆塔标志(杆号、相位牌、警告牌等)是否齐全、明显。 (6)杆塔周围有无杂草和蔓藤类植物附生,有无危及安全的鸟巢、风筝及杂物。 2.横担及金具: (1)铁横担有无锈蚀、歪斜、变形。 (2)金具有无锈蚀、变形;螺栓是否紧固,有无缺帽;开口销、弹簧销有无锈蚀、断裂、脱落。 3.绝缘子: (1)瓷件有无赃物、损坏、裂纹和栓落、闪络痕迹。 (2)铁脚、铁帽有无锈蚀、松动、弯曲。 4.导线: (1)有无断股、损伤、烧伤痕迹,在化工等地区的导线有无腐蚀现象。 (2)三相弧垂是否平衡,有无过紧、过松现象;导线对被跨越物的垂直距离是否符合规定,导线对建筑物等的水平距离是否符合规定。 (3)接头是否良好,有无过热现象(如接头变色、雪先融化等)连接线夹弹簧是否齐全,螺帽是否紧固。 (4)过(跳)引线有无损伤、断股、歪扭,与杆塔、构架及引线间距离是否是否符合规定要求。 (5)导线上有无抛扔物。 (6)固定导线用绝缘子上的绑线有无松弛或开断现象。 (7)绝缘导线外层有无磨损、变形、龟裂现象。 5.防雷设施: (1)避雷器有无裂纹、损伤、闪络痕迹,表面是否脏污。 (2)避雷器的固定是否牢靠。 (3)引线是否良好,与相邻引线和杆塔构件的距离是否符合规定。垂直安装,固定牢靠,排列整齐,相间距离不应小于0.35米。 (4)各部件是否锈蚀、接地端焊接处有无裂纹、脱落。 (5)保护间隙有无烧损、锈蚀或被外物短接,间隙距离是否符合规定。		

		6. 接地装置： (1)接地引下线有无丢失、断股、损伤。 (2)接头接触是否良好，线夹螺栓有无松动、锈蚀。 7. 拉线、顶杆、拉线桩： (1)拉线有无锈蚀、断股和张力分配不均等现象；拉线 UT 形线夹或花兰螺丝及螺帽有无被盗现象。 (2)水平拉线对地面距离是否符合要求(对路面中心的垂直距离不应小于6M，在拉线桩处不应小于4.5M)。 (3)拉线绝缘子是否损坏或减少。 (4)拉线是否妨碍交通或被车撞。 (5)拉线棒(下把)包箍等金具有无变形、锈蚀。 (6)拉线固定是否牢固，拉线基础周围土壤有无突起、沉陷、缺土等现象。 (7)顶杆、拉线桩等有无损坏、开裂、腐朽等现象。 8. 沿线情况： (1)沿线有无易燃、易爆物品和腐蚀性液体、气体。 (2)导线对地、对道路、公路、铁路、管道、索道、河流、建筑物等距离是否符合规定，有无可能触及导线的铁烟囱、天线等。 (3)周围有无被风刮起危及线路安全的金属薄膜、杂物等。 (4)有无危及线路安全的工程设施(机械、脚手架)。 (5)查明线路附近的爆破工程有无爆破申请手续，其安全措施是否妥当。 (6)查明防护区内的植物种植情况及导线与树间距离是否符合规定。 (7)线路附近有无射击、放风筝、抛扔异物、堆放柴草和在杆塔、拉线上栓牲畜等。 (8)查明沿线污秽情况。 (9)查明沿线江河泛滥、山洪和泥石流等异常情况。 (10)有无违反《电力设施保护条例》的建筑，如发现线路防护区内有建房现象，应立即制止。		
2	箱变巡视	(1)油温、油色、油面是否正常(油浸式)，有无异声、异味，变压器运行声音正常，正常应是连续的"嗡嗡"声，本体温度不得经常超过规定值。 (2)呼吸器是否正常，有无堵塞现象，吸湿剂应干燥变色未超过2/3(油浸式)。 (3)温度计外观完好，无破损，显示正常。 (4)套管是否清洁，有无裂纹、损伤，放电痕迹。 (5)各个电气连接点有无锈蚀、过热和烧损现象。 (6)外壳有无脱漆、锈蚀；焊口有无裂纹、渗油；接地是否良好。 (7)各部密封垫有无老化、开裂、缝隙有无渗、漏油现象。 (8)各部螺栓是否完整，有无松动。 (9)铭牌及其他标志是否完好。		

续表

		(10)检查变压器室门是否牢固，关闭是否严密。 (11)检查门窗关闭是否严密，玻璃是否完整。 (12)雨雪天气检查房屋有无渗、漏水现象。 (13)防护栅栏是否完整。 (14)箱变外壳是否锈蚀、外壳有无渗漏水现象。 (15)基础完整，无裂缝、掉块。 (16)金属部分无锈蚀，接地良好无锈蚀。 (17)箱变基础内有无渗水现象。		
3	台变 巡检	(1)台变运行声音是否正常。 (2)台变有无渗漏油现象。 (3)台变温度、油位是否正常。 (4)台变接地是否良好。 (5)台变高、低压侧套管是否清洁、无破损、无油污、无放电等异常现象。 (6)台变引线接头、电缆、母线有无发热现象。 (7)台变瓦斯继电器内有无气体积聚。 (8)台变呼吸器的硅胶是否变色，油杯内油位是否在正常范围内。 (9)台变的接线箱是否关紧，有无受潮现象。 (10)台变周围卫生是否清洁，周围有无影响变压器安全运行的隐患。 (11)台变底座是否有灌水现象，底座是否有倾斜现象。 (12)台变避雷器是否完好、避雷器读数有无变化。 (13)台变高压侧跌落保险是否完好，跌落保险熔丝有无松动，跌落保险铜帽是否和合金压片接触良好。 (14)台变压力释放阀是否正常。 (15)台变外壳有无凹陷、凸起、掉皮等现象。 (16)台变散热器是否通风良好，有无变形、挤压等异常现象。 (17)台变本体有无警示标志。 (18)台变有无上述缺陷以外的其他缺陷。		
4	工作 总结	巡线工作结束后，巡线人员整理现场巡视记录，将缺陷按一般缺陷、重大缺陷、紧急缺陷和永久缺陷进行分类，并按分类记入相关缺陷记录。站所负责人召开巡线人员"巡线汇报会" (1)由巡线人员全面汇报巡线情况、缺陷内容及分类情况，重大特别是紧急缺陷必须当会汇报清楚，不得贻误。 (2)站所负责人根据整理汇报的缺陷，做出消缺计划。紧急缺陷，重大缺陷及需计划安排才能处理的缺陷，必须及时上报运行管理部门，并提出处理意见。一般缺陷和自行可以处理的缺陷，站所负责人可安排及时处理。		
5	召开 班后会	工作结束后，工作负责人组织全体工作人员召开班后会，总结工作经验和存在的问题，制订改进措施。		
6	资料 归档	完善巡视记录资料，保管归档		

二、巡视过程中的安全注意事项

1.变压器巡视安全注意事项：

(1)操作者必须戴好绝缘手套并站稳后方可进行操作。

(2)检测作业须在指定区域内进行，无关人员远离现场。

(3)检测作业必须两人进行，一人操作一人监护。

(4)检查待测变压器输出端是否有导线连出。确保各端子间无导线连接。

(5)合上开关，观察变压器是否有异响，发热、震动等现象。

(6)变压器输出侧电压指示灯是否全亮。

(7)根据变压器输出端侧标称值选择万用表交流电压量程。

(8)用万用表两表笔对变压器各输出电压进行测量，作好记录。

(9)注意安全距离，防止触电，操作负荷开关时，使用绝缘杆应背对箱变。

(10)大风天气，开箱变门注意挤手，在雷雨天气禁止操作。

2.隔离开关操作的安全注意事项：

(1)操作前应确保断路器在相应分、合闸位置，以防带负荷拉合隔离开关。

(2)操作中，如发现绝缘子严重破损、隔离开关传动杆严重损坏等严重缺陷时，不得进行操作。

(3)如隔离开关有声音，应查明原因，否则不得硬拉、硬合。

(4)隔离开关、接地开关和断路器之间安装有防误操作的闭锁装置时，倒闸操作一定要按顺序进行。如倒闸操作被闭锁不能操作时，应查明原因，正常情况下不得随意解除闭锁。

(5)如确实因闭锁装置失灵而造成隔离开关和接地开关不能正确操作时，必须严格按闭锁要求的条件，检查相应的断路器和隔离开关的位置状态，只有在核对无误后才能解除闭锁进行操作。

(6)解除闭锁后应按规定方向迅速、果断地操作，即使发生带负荷合隔离开关，也禁止再返回原状态，以免造成事故扩大，但也不要用力过猛，以防损坏隔离开关；对单极刀闸，合闸时先合两边相，后合中间相，拉闸时，顺序相反。

(7)拉、合带负荷和有空载电流的刀闸时应符合有关规定。

(8)隔离开关操作完毕应检查隔离开关的实际位置，以免因控制回路中传动机构故障，出现拒分、拒合现象，同时应检查隔离开关的触头是否到位。

(9)发现隔离开关绝缘子断裂时，应根据规定拉开相应断路器。

(10)操作时应戴好安全帽，绝缘手套，穿好绝缘靴。

(11)操作隔离开关后，要将防误闭锁装置锁好，以防下次发生误操作。

3.35kV架空线路巡视注意的安全事宜

(1)无论线路是否停电，都应视为带电；巡视时应沿线路上风侧行走，以防断线落于身上。

(2)若发现导线断落或悬在空中，应设法防止人畜靠近，在断落点周围8米内不允许旁人进入，并采取措施迅速处理。

(3)应注意沿线地理情况，如河流、沟坎等，以防发生意外。

(4)巡视线路时，至少两人以上且穿戴好安全帽、绝缘鞋、持高压验电棒等劳保防护用品。

(5)35kV线路不停电时人距离导线垂直面的安全距离为1m。

(6)测量安全距离时，使用规定器具，切不可造成对地短路，造成人员伤亡。

（7）雷雨天气、巡视人员应避开杆塔、导线、应远离线路或暂停巡视、以保证巡视人员的人身安全。

（8）巡视人员必须带好随身工具、对被盗线夹、巡视人员必须仔细观察后方可采取临时措施，防止拽拉线时、误碰导线。

（9）故障巡视时、听从工作人员负责人指挥，到现场后要核对线路名、标号，巡视时应始终认为线路带电，不能攀登杆塔，找出事故点后，立即报告有关人员，尽快处理使线路及时恢复带电。

2.1 电力电缆的常见故障

（1）电缆头渗漏油是密封不严，也可能是电缆温度过高，使电缆内部绝缘油膨胀，压力增大，造成绝缘油从电缆头溢出。电缆内部短路时，温度急剧上升，会引起电缆头爆炸，使铅包损坏。电缆头漏油还会使其绝缘受潮，漏油严重时将会导致充油电缆干枯，因此，此时应加强监视，并报告部门尽快处理；

（2）电晕放电的原因是电缆头三芯分叉处距离较小，芯与芯可视为绝缘层空气视为导电层这样就形成一个电容，在电场作用下空气会发生游离。另外，通风不良，空气潮湿，绝缘降低也会导致电晕产生；

（3）电缆头套管闪络破损是电缆头引线接触不良过热，或电缆头制作工艺不良引起的。渗漏油会使潮气进入易造成绝缘击穿。发生上述情况，应立即加强监视，并汇报部门，将其停用检修处理；电缆头过热，可能是接头螺丝没有拧紧或过负荷，该电缆应立即停止运行。

2.2 应立即启动停用故障电缆的情况

电缆绝缘击穿放电；电缆头或电缆接线盒过热冒烟；电缆头破裂或漏油严重；电缆损坏、腐蚀严重，危害安全运行。

2.3 电缆着火的处理

立即切断电源；用四氯化碳、二氧化碳灭火器灭火，禁止使用泡沫灭火器灭火；当电缆着火时，应将门窗及通风设备关闭，灭火人员应戴防毒面具、绝缘手套，穿绝缘靴；灭火时禁止用手触及不接地金属，电缆钢甲或移动电缆；做好火势蔓延的措施，防止事故扩大。

4.配电设施巡视注意的安全事宜

（1）在对设施设备进行检查中，集中思想，认真地看、听、嗅、摸，高度注意设备有无异常情况，做到及时发现异常，并正确处理。

（2）巡检人员应随带记录本、钢笔或圆珠笔、手电筒、验电笔、绝缘工具等必要检查工具，以保证检查质量。以上工具必须放入工具袋内，保证随时可用。

（3）巡检人员进入箱式变、配电室等部位检查时，应严格执行安全规程规定的安全事项。

（4）巡检人员应熟悉自己管理范围内的配电设施，了解设施设备的特性、掌握设施运行状况，熟知设备所带负荷及用户有关情况。

（5）巡检人员应定期对配电室进行巡视检查，注意观察电压负荷情况发现问题及时处理解决。

（6）巡检人员按规定认真做好巡检记录，若发现设备有异常及疑问时，应加强监视，分析原因，做好记录，并及时向队领导汇报，并指示处理。在紧急情况下，可以先按规程处理后汇报。

（7）巡检人员在巡视时若发生设备着火或危及人身安全时，应当立即将有关设备的电源切断，根据安全规程规定的措施进行灭火及抢救，并立即汇报。

（8）巡检人员在回队后必须将巡检中发现的异常情况及所作的处理结果详细记录在公司下发的值班记录本内，且由值班人员及时将巡视记录录入微机，建立档案。

（9）配电室、箱变巡视检查应该有至少两人进行。

最后，完成输配电设施的巡检卡。

35kV 1 号集电线路及风机变巡检卡

	检查项目	是否有渗漏油现象		是否有异音现象		是否有过热现象		三相表计是否正常		是否有放电现象		温度是否正常		安全标识是否齐全	
箱变巡检	1 号风机变	是	否	是	否	是	否	是	否	是	否	是	否	是	否
	2 号风机变	是	否	是	否	是	否	是	否	是	否	是	否	是	否
	3 号风机变	是	否	是	否	是	否	是	否	是	否	是	否	是	否
	4 号风机变	是	否	是	否	是	否	是	否	是	否	是	否	是	否
	5 号风机变	是	否	是	否	是	否	是	否	是	否	是	否	是	否
	6 号风机变	是	否	是	否	是	否	是	否	是	否	是	否	是	否
	7 号风机变	是	否	是	否	是	否	是	否	是	否	是	否	是	否
	8 号风机变	是	否	是	否	是	否	是	否	是	否	是	否	是	否
	9 号风机变	是	否	是	否	是	否	是	否	是	否	是	否	是	否
	10 号风机变	是	否	是	否	是	否	是	否	是	否	是	否	是	否
	11 号风机变	是	否	是	否	是	否	是	否	是	否	是	否	是	否

	集电线路巡检项目			备 注
1	线杆是否有倾斜现象	是	否	
2	铁塔是否有倾斜、地角松动现象	是	否	
3	线杆绝缘子是否有爬弧现象	是	否	
4	导线是否有松弛现象	是	否	
5	电缆头是否有放电痕迹	是	否	
6	电缆头是否有过热现象	是	否	
7	转接柜是否有破损、生锈、倾斜、放电现象	是	否	

巡检时间：　　　　　　年　月　日　时　值　　　　　巡检人：

35kV 2 号集电线路及风机变巡检卡

检查项目	是否有渗漏油现象		是否有异音现象		是否有过热现象		三相表计是否正常		是否有放电现象		温度是否正常		安全标识是否齐全	
12 号风机变	是	否	是	否	是	否	是	否	是	否	是	否	是	否
12 号风机变	是	否	是	否	是	否	是	否	是	否	是	否	是	否
14 号风机变	是	否	是	否	是	否	是	否	是	否	是	否	是	否
15 号风机变	是	否	是	否	是	否	是	否	是	否	是	否	是	否
16 号风机变	是	否	是	否	是	否	是	否	是	否	是	否	是	否
17 号风机变	是	否	是	否	是	否	是	否	是	否	是	否	是	否
18 号风机变	是	否	是	否	是	否	是	否	是	否	是	否	是	否
19 号风机变	是	否	是	否	是	否	是	否	是	否	是	否	是	否
20 号风机变	是	否	是	否	是	否	是	否	是	否	是	否	是	否
21 号风机变	是	否	是	否	是	否	是	否	是	否	是	否	是	否
22 号风机变	是	否	是	否	是	否	是	否	是	否	是	否	是	否

左侧纵向表头：箱变巡检

	集电线路巡检项目			备　注
1	线杆是否有倾斜现象	是	否	
2	铁塔是否有倾斜、地角松动现象	是	否	
3	线杆绝缘子是否有爬弧现象	是	否	
4	导线是否有松弛现象	是	否	
5	电缆头是否有放电痕迹	是	否	
6	电缆头是否有过热现象	是	否	
7	转接柜是否有破损、生锈、倾斜、放电现象	是	否	

巡检时间：　　　　年　月　日　时　值　　　　巡检人：

35kV 3 号集电线路及风机变巡检卡

	检查项目	是否有渗漏油现象		是否有异音现象		是否有过热现象		三相表计是否正常		是否有放电现象		温度是否正常		安全标识是否齐全	
箱变巡检	23 号风机变	是	否	是	否	是	否	是	否	是	否	是	否	是	否
	24 号风机变	是	否	是	否	是	否	是	否	是	否	是	否	是	否
	25 号风机变	是	否	是	否	是	否	是	否	是	否	是	否	是	否
	26 号风机变	是	否	是	否	是	否	是	否	是	否	是	否	是	否
	27 号风机变	是	否	是	否	是	否	是	否	是	否	是	否	是	否
	28 号风机变	是	否	是	否	是	否	是	否	是	否	是	否	是	否
	29 号风机变	是	否	是	否	是	否	是	否	是	否	是	否	是	否
	30 号风机变	是	否	是	否	是	否	是	否	是	否	是	否	是	否
	31 号风机变	是	否	是	否	是	否	是	否	是	否	是	否	是	否
	32 号风机变	是	否	是	否	是	否	是	否	是	否	是	否	是	否
	33 号风机变	是	否	是	否	是	否	是	否	是	否	是	否	是	否

	集电线路巡检项目			备 注
1	线杆是否有倾斜现象	是	否	
2	铁塔是否有倾斜、地角松动现象	是	否	
3	线杆绝缘子是否有爬弧现象	是	否	
4	导线是否有松弛现象	是	否	
5	电缆头是否有放电痕迹	是	否	
6	电缆头是否有过热现象	是	否	
7	转接柜是否有破损、生锈、倾斜、放电现象	是	否	

巡检时间： 年 月 日 时 值 巡检人：

学习情境六　风力发电机组试运行

【学习目标】

※1.知识目标

①熟悉风力发电机组试运行所需要的基本条件；

②熟悉风力发电机组试运行的主要工作内容；

③掌握风力发电机组试运行的技术要求及相关知识；

④掌握风力发电机组试运行完成后的验收工作。

※2.技能目标

①掌握风力发电机组试运行操作技能；

②能够对风力发电机组进行启动、并网、停机的操作过程；

③能够对风力发电机组试运行进行正确记录和故障的分类统计；

④正确填写《风电场运行日志》熟练使用各种检测仪表和电工工具；

⑤能对风力发电机组试运行数据进行检查和数据处理；

⑥了解风力发电机组试运行时的安全及其他注意事项；

⑦能够进行风力发电机组的验收工作。

※3.情感目标

①具有刻苦学习、吃苦耐劳精神；

②具有敬岗爱业，团结协作精神；

③具有诚实守信，安全防范意识。

【相关知识】

风力发电机组运行是风力发电机组正常高效运行的重要保证。在风力发电机组试运行目前尚无单独的国家标准、行业标准，为确保风力发电机组试运行工作科学有效的开展，在风力发电机组的试运行与验收过程中，要了解风力发电机组试运行相关的行业标准、国家标准、国际标准：

序号	标准号	行业标准（规程规范）名称
1	DL/T 666 - 2012	风力发电场运行规程
2	DL/T 796 - 2001	风力发电场安全规程
3	DL/T 797 - 2001	风力发电厂检修规程
4	DL/T 5191 - 2004	风力发电场项目建设工程验收规程
5	DL/T 5383 - 2007	风力发电场设计技术规范
6	GB/T 2900.53 - 2001	电工术语 风力发电机组
7	GB 8116 - 1987	风力发电机组 型式与基本参数
8	GB 18451.1 - 2001	风力发电机组 安全要求
9	GB/T 18451.2 - 2003	风力发电机组 功率特性试验
11	GB/T 18709 - 2002	风电场风能资源测量方法
12	GB/T 18710 - 2002	风电场风能资源评估方法
13	GB/T 19071.1 - 2003	风力发电机组异步发电机第1部分技术条件
14	GB/T 19071.2 - 2003	风力发电机组 异步发电机 第2部分 试验方法
15	GB/T 19072 - 2003	风力发电机组 塔架
16	GB/T 19073 - 2003	风力发电机组 齿轮箱
17	GB/T 19568 - 2004	风力发电机组装配和安装规范
18	GB/T 19960.1 - 2005	风力发电机组 第1部分:通用技术条件
19	GB/T 19960.2 - 2005	风力发电机组 第2部分:通用试验方法
20	GB/T 20319 - 2006	风力发电机组 验收规范
21	GB/T 20320 - 2006	风力发电机组电能质量测量和评估方法
22	IEC 61400 - 21	风力发电系统并网风力电能质量测量评估

　　另外，还需要风电机组技术说明书、使用手册、操作手册、调试手册和维护手册；风电机组主机订货合同中明确的有关技术性能指标要求和试运行检查（签署）表；风力发电机组电气系统图纸与有关技术要求文件。

【任务描述】

　　风力发电机组经过上电调试后，方可进行试运行，要求试运行的时间不得低于 250 小时。试运行前应具备齐全的安装验收报告、调试报告等报告资料，业主、设备制造商、试运行单位达成共同认可的试运行验收协议。风力发电机组进行试运行的基本过程：对风性能的检查、调速（限速）性能的检查、检查电气方面的常规试验是否按电气规程的有关规定执行且试验报告结果合格、试带负荷运行、动态性能的检查，试运行过程中密切注视机组各部份的运转情况，特别要留心调速（限速）机构是否能正常动作。如发现振动或异常声响，应紧急停机检查，只有在查明原因、故障完全排除之后方可继续起动、运转，并把试运行调整中发生的有关情况详细记录在试运行报告中，最后提交完整的试运行报告和验收报告。

【任务实施】

一、风力发电机组试运行前的准备工作

1.1 风力发电机组进入试运行的条件

1.1.1 设备

(1)现场清扫整理完毕；

(2)机组机械安装及一次电装验收合格，符合验收标准；

(3)机组电气系统的接地、防雷装置连接可靠，接地电阻经检测符合机组的设计要求(小于4欧姆)；

(4)测定发电机定子绕组、转子绕组的对地绝缘电阻，符合机组的设计要求，其他电气试验数据优于电气设备交接验收标准；

(5)发电机引出线相序正确，固定牢固，连接紧密、碳刷及附属设备完好；

(6)照明、通讯、安全防护装置、消防及逃生设施、通风、加热、散热设备齐全完好；

(7)机组启动前应进行控制功能和安全保护功能的检查和试验，确认各项控制功能完好，安全保护动作准确、可靠，主要保护、控制、自动、测量装置完好，投入率100%；

(8)检查设定风力发电机组控制系统的参数，控制系统应能完成风力发电机组的正常运行控制；

a)发电机轴承温度、振动、铁芯及线圈温度符合制造商技术文件标准要求；

b)调试报告及相关试验资料齐全完整、结论正确。

(9)批次(或全部)调试验收合格的风电机组在规定的时间内(一般为48h)无缺陷和故障连续运行；

(10)当地电网电压、频率稳定，相应波动幅度不应大于风力发电机组规定值；

(11)在批次机组(或全部机组)启动试运行前质检部门已对本期工程进行全面的质量检查；

(12)设备进250小时前由XX(甲方)公司检修人员对设备整体情况进行一次全面检查，(风力机本身)是否满足调试安装作业书、机组订购合同中的技术性能指标以及相关的设计图纸的标准。

1.1.2 资料移交

(1)厂家交付合同要求中的所有设备相关详细资料。(厂家应根据合同中卖方提供的技术文件清单，提供资料)

(2)采购合同中所涉及到的功率曲线是标准空气密度下的，无法判断当前空气密度下的功率是否满足合同要求，厂家应提供目前空气密度下对应的功率曲线。

(3)在XX台机组中选出X台或以上风力机，将功率因数设定为－0.95进行无功调节验证。

(4)SCADA系统是否满足风电场日常报表、集团信息、电网要求信息等要求事宜如不满足请彻底解决。

(5)提供SCADA远控系统的操作手册(使用说明书)。

(6)调试单位已向建设单位工程归口部门提出试运行预验收报告和申请，申请建设单位工程归口部门组织验收。

1.1.3 试运行环境

(1)环境、气象条件符合安全运行要求;

(2)风电场对风力发电机组的适应性要求已得到满足,例如,对低温环境条件或抗强台风、防潮湿多盐雾、沙尘暴等。

1.1.4 机组条件

(1)机组已处于运行模式,所有测量、控制、保护、自动、信号等全部投入,不得屏蔽任何保护及信号;

(2)无影响设备正常运行的缺陷和隐患,塔架、机舱、轮毂内卫生清洁,风机各部件无明显的渗漏现象;

(3)各风机必须经过满负荷运行一段时间后,风机各项参数均为正常,无超温、超限的各类异常报警,方可进入试运行;

(4)升压站、电网、集电设备及线路、控制系统及附属设施设备满足试运要求;

(5)风力发电机组监控系统已正常投入运行,后台监视系统的记录齐全,设备完好、数据准确可靠。光缆标识完善,后台监视系统运行正常,各远传参数核对准确、无误;风机远方启停试验、限制负荷试验、远方调整、监视所有记录正常,各风机在后台监视的所有功能正常;风机报警编码对照表正确完整;

(6)风力发电机组制造商现场服务人员和风电场运行人员已全部到位且准备完毕,记录、台帐完整清晰;

(7)试运行技术资料及相应文件准备完毕。

1.2 试运行时间

按风力发电机组生产厂要求或生产厂与建设单位(业主)预先商定的条件。一般应为500h,最少不得低于250h。

1.2.1 顺延情况

每台机组应连续、稳定、无故障运行250小时,并且在此期间出现额定风速时,机组应达到额定出力,视为试运行合格。如果在250小时的试运行期间内,没有出现额定风速,则试运行顺延120小时。如果在上述顺延时间内仍然未出现额定风速,但机组运行正常,则视为试运行合格。

以下三种情况不视为故障时间,试运行时间顺延:

(1)非卖方提供设备引起的电网故障停电和电网限负荷;

(2)低于切入风速和高于切出风速的时间。

在试运行期间允许有最多累计不超过3次(由于风力机组自身原因)可以通过中控室复位恢复运行且不需要更换或修理部件的停机,在此情况下,停机时间不计入试运行时间,即试运行时间应相应顺延。

1.2.2 退出情况

若发生以下6种情况,视为故障时间,风力机组退出试运行,试运行时间应重新开始:

(1)若单台风力机通讯中断持续1小时以上(不可抗力因素引起除外),视为故障时间,且试运行时间应重新开始。

(2)若按批次(或全部)试运行,在试运行期间如发现风力机有异常运行情况,例如偏航声音、振动大。视为故障,试运行时间相应顺延。机组在同一时间报同一类故障超过5台(机组自身故障原因造成)退出 250 小时运行。

（3）在试运行期间单台风力机因更换备件或故障停运时间超过 2 小时，视为故障时间，试运行时间相应顺延，超过 5 小时者退出 250 小时试运行，待机组维修完成后重新进入 250 小时。

（4）250 小时试运行期间，如风力机组在正常情况下停机，起机后出现不可远程 3 次复位的故障，则试运行时间应重新开始。

（5）在 250 小时试运行期间，机组同一类故障报三次以上（需检修人员登机维修处理，不能复位的故障）机组将退出 250 小时运行。消除异常后，择日进入 250 小时试运行。

（6）可利用率指标不符合合同要求。

1.3 试运行前检查

试运行前应对风力发电机组的机舱部分、变桨部分及水冷和变流部分的机械部件和电器控制部件分别进行检查。

1.3.1 机舱部分检查

（1）机舱电橇控制部件检查

1）DP 总线检查

2）振动开关

3）扭缆开关反馈信号

4）测速接近开关 1 和测速接近开关 2

5）过速 1 和过速 2

6）叶轮锁定反馈信号 1 和叶轮锁定反馈信号 2

7）机舱加速度传感器

8）风向标

9）风速仪

10）机舱柜采集的温度信号

11）机舱位置传感器

12）轴承加脂器动力电源

13）液压系统

14）控制手柄功能

15）偏航力向、反馈及速度

（2）机舱机械部件检查

1）偏航系统检查及偏航轴承润滑

2）左偏航系统检查

3）右偏航系统检查

4）机组对风功能检查

5）发电机开关柜及屏蔽盒内的接线检查

6）开关柜吸合检查

1.3.2 变桨系统检查

（1）交桨电气控制部件

1）变桨电容电压值

2）变桨系统的温度信号

3)变桨角度观察

4)强制手动变桨功能测试

5)非强制手动变浆功能测试

6)0°接近开关位置调整及功能测试

7)柜体冷却风扇动作测试

8)自动变浆功能测试

9)90°限位开关位置比对及功能测试

10)变桨速度测试

(2)交桨机械部件检查

1)变桨盘上的 T 型锁定销固定螺栓的检查

2)检查清理导流罩及轮毂里的杂物

3)叶轮转速接近开关的调整及齿形盘的检查

4)叶轮锁定接近开关的调整

5)变桨同步性检查

6)松开叶轮的情况下,零功率并网试验

1.3.3 水冷及变流部分检查

(1)水冷及交流机械控制部件检查

1)水冷送电前检查

2)主控制柜到水冷栢的 10 芯线的信号检测

3)主循环泵散热风扇测试

4)水冷系统启动功能检查

5)检查水冷出入水压力和出入水温度

6)变流相温度传感器工作状况

7)变流柜检查安全反馈回路

8)变流柜预充电测试

9)网侧断器器吸合测试

10)风扇强制动作

11)电机侧断路器 1 和 2 的吸合观测

(2)水冷及交流机械部件检查

1)水冷系统相序检查

2)水冷压力检查

3)各个柜体内的接线检查

4)水冷管路是否有渗漏

1.4 试运行管理要求—一般按生产厂要求

试运行管理一般按生产厂要求,建设单位(业主)运行人员应规范对运行的监测,做好运行状态和数据的收集、整理和分析,特别是风力发电机组适应性的监测分析。发生异常情况应及时处理,发生严重异常情况(如过热、振动噪声异常等情况)时应果断停机,待排除影响因素后方可重新开机运行。所有异常情况均应及时通报生产厂,加强与生产厂的信息沟通和交流。试试运行结束后,应按生产厂手册要求填写试运行记录或备忘录。由建设单位(业主)

与生产厂双方有关人员签字后归人机组技术档案。

当各电气控制和机械部件检查无误并填写好风力发电机组检查调试清单后,可投入试运行。

1.5 记录要求

试运行期间应根据风力发电机组制造商规定对机组进行必要的调整,应形成相应的文字资料。250 小时试运行期间要详细记录风机所有情况,如缺陷现象、处理方法、停机、启机时间等,双方签字确认有效,保证统计结果真实。

二、风力发电机组试运行的任务实施过程

在风机具备进入正常运行阶段后,风电机组的故障监控主要通过中控室的监控系统对其进行监控,如果监控系统报出风机故障,中控室则通知风电机组检修人员进行检修和维护。

2.1 对风

检查电动(或液动)伺服装置对风时,先进行手动检查,注视机舱是否按要求回转;而后再人为地将风向仪偏离主导方向一定角度(例如±15°),经一定延时后,观察机舱有否随之回转。在试运中如发现对风跟踪过于频繁,则可用加大回转体阻尼或增加延时时间来解决。

2.2 调速(限速)

对于电动(或液动)伺服变距的风力机,要核实超速保护装置动作是否正常,能否按设计要求升速或停机,以及变距速率是否满足要求等等。限速机构动作试验应进行三次,前二次动作转速相差不应超过 0.6%,第三次动作转速与前二次动作转速的平均值相差不应大于 1%。否则要重新进行调整,直到合格为止。

2.3 检查电气方面的常规试验是否按电气规程的有关规定执行且试验报告结果合格。

2.4 试带负荷运行

当对风装置及调速(限速)机构调整合格,空载运行又未出现任何异常后,风力发电机组即可开始试带负荷或并入电网运行。此时要观察风速与功率的关系,尤其应注视额定功率所对应的风速是否与设计的风速相符,并检查变速箱和发电机是否出现振动或发热。风速超过额定值后,对单机运行的机组,要注意转速波动情况及限速机构动作是否正常,并网运行的机组则要观察功率限制情况及功率的波动幅度。

2.5 动态性能监测

机组试带负荷运行正常后,即可进行动态性能的检查。所谓动态性能的检查,实际上就是验证卸负荷后限速机构或保安装置能否正常动作,而不使机组超速飞车。为安全起见,可先卸一半负荷;当确认转速没有严重飞升后,再卸全负荷。

总之,在新机组试运调整期间要密切注视机组各部份的运转情况,特别要留心调速(限速)机构是否能正常动作。如发现振动或异常声响,应紧急停机检查,只有在查明原因、故障完全排除之后方可继续起动、运转,并把试运行调整中发生的有关情况详细记录在试运行报告中。

当某台风力机组因故障原因退出 250 小时试运后,经厂家售后服务人员确认修复后,可在次日 12:00 重新进入 250 小时试运行。

风电场运行值班人员大风期(风速超过 12 m/s)每 2 小时记录一次风机数据,正常时每 4 小时记录一次,每 24 小时汇总一次。250 小时期间的各数据记录表应由双方人员签字确认。

进入 250 小时试运行的风力机组，厂家人员可远程监视，但不得擅自进行远程操作，一旦发现视为故障时间，所有机组退出试运行；如遇故障停机需要复位时，厂家售后服务人员需告知风电场运行人员，经同意后方可进行操作。

验收项目采购合同中的备品备件等保管问题双方协商决定。

SCADA 数据备份的功能。（协商厂家在 250 小时后，对系统做一次系统数据崩溃并恢复的测试。）

三、风力发电机组试运行完成后进行验收

在风电机组试运行完成后后，应进行现场的设备验收认证。在安装高度和运行过程中，应按照 ISO9000 系列标准进行验收，风力发电机组通过一段时间的运行（如保修期内）应进行保修期结束的认证，认证内容包括技术服务是否按合同执行，损坏零部件是否按合同规定赔偿等。

3.1 验收应具备的条件

(1)风力发电机组已通过试运行，经分析评估，符合要求，生产厂和建设单位(业主)双方已签署试运行记录或备忘录。

(2)再次确认风力发电机组基础施工质量合格。

(3)再次确认风力发电机组塔架制造质量合格。

(4)再次确认风力发电机组安装质量合格。

(5)再次确认风力发电机组调试基本符合要求。

(6)确认风力发电机组产品质量基本符合合同条件要求，适应性能基本满足建设单位(业主)与生产厂议定的要求。

3.2 风力发电机组验收

3.2.1 编制风力发电机组性能质量评估报告。

(1)风力发电机组基础施工、塔架制造质量合格再确认意见书。

(2)风力发电机组安装质量、调试结果评价意见。

(3)风力发电机组试运行备忘录结论。

(4)专项测试、复查结果。

(5)风力发电机组质量评估意见。

3.2.2 提供专项测试、复查记录及评估意见。

(1)主要部件运转情况正常，无异常振动、噪声，无渗漏现象。

(2)接地电阻符合要求，单台接地电阻值不大于 4 。

(3)安全和功能符合要求：

a)安全系统和人员安全。

b)控制功能包括起动、停车、发电稳定、偏航稳定、解缆、转速、功率因数调节、正常刹车、紧急刹车等项。

c)监测功能包括:风速、风向、转速、电参数、温度、制动和其他零部件状态及故障、电网失电等项。

(4)机组电能品质符合要求，包括电压电流变化、电压闪变、冲击电流、谐波等项。

(5)振动与噪声不超标。

(6)电磁干扰不超标。

(7)所有螺栓连接的紧固力矩符合要求。

（8）防腐处理未见异常。

（9）其他（如适合性的观测评价意见等）。

3.2.3 验收结论意见：根据现场观测和对上述记录的整理分析、研究，以及与合同条款的对比，做出合格与否的结论，并对发生和发现的问题提出建议和改进意见。

3.2.4 验收意见和报告，应归档保存，以备风电场项目竣工验收需要，并作为该风力发电机组技术档案的正式资料备查。

四、验收注意事项

1. 单台风电机组在试运行期间内，各项考核指标均满足合同有关规定要求。

2. 批次（或全部）试运行风电机组在试运行期间内，各项考核指标均满足建设单位工程归口部门与调试单位共同确认的批次（或全部）试运行风电机组试运行要求；对于在要求范围内未通过试运行预验收的风电机组，给予重新试运行考核。

3. 试运行报告数据完整、准确、有效，报告合格。

召开试运行验收评定会议，并根据试运行结果，分批次（或全部）签署试运行验收证书。

五、风力发电机组试运行与验收试验报告

风力发电机组试运行验收试验报告

＿＿＿＿＿＿＿＿＿＿型风力发电机组验收试验报告			
机组类型：			
买方：			
卖方：			
出厂机组编号：			
现场机组编号：＿＿＿＿＿#			
该风力发电机（以下简称风机）已完成调试验收，并已完成＿＿＿小时试运行。依据合同附件要求，现进行验收试验。			
试验项目如下：			
1. 紧急停机			
分别激活/解除机舱及变频器紧急停机按钮，观察控制器内信号及风机运行。			

状态测试点	输入控制	输入信号		状态正确
		0	1	
MITA 机舱控制柜紧急停机	顶箱紧急停机	紧急停机	不紧急停机	
机舱紧急停机	机舱紧急停机	紧急停机	不紧急停机	
变频器紧急停机	变频器紧急停机	不紧急停机	紧急停机	

2. 在各种运行条件下刹车		
检测风机在各种运行情况下采取的刹车程序等级。如：等风状态、安全链断开、紧急停机、手动停机等。刹车状态刹车程序等级显示正确。		
等风状态	System OK（Break program 0）	
安全链断开	Brake program 200	
紧急停机	Brake program 200	

手动停机	Brake program 60	

3. 偏航系统性能

3.1 在操作面板上选择"Status Menu"和"Yaw"，手动激活"Yaw CW/Yaw CCW"观察偏航方向及偏航刹车机械是否可以及时刹车。

操 作 种 类	功 能 正 常
自动偏航	
手动 CW	
手动 CCW	

3.2 测试自动解缆功能

测 试 项 目	自动解缆工作正常
修改 MITA 内自动解缆参数	

3.3 测试偏航极限停机位置功能。

测 试 项 目	自动停机并解缆工作正常
手动按下偏航凸轮盒内的凸轮开关	

4. 超速保护性能

在自动模式下启动风机做超速保护测试。

测试项目	测试内容	转速设置值	实际显示超速转速
速度继电器(转子)	转子超速	3rpm	
速度继电器(齿轮箱)	齿轮箱超速	300 rpm	
速度继电器(齿轮箱或变桨失控)	齿轮箱或变桨失控	300 rpm	
软件超速保护	转子超速	3 rpm	
软件超速保护	发电机超速	300 rpm	
软件超速保护	齿轮箱超速	300 rpm	

5. 各种传感器工作情况

根据各种传感器工作原理及其功能采取不同的测试方法。

5.1 数字信号

在操作面板上选择显示相应页面，激活/解除以下各传感器，在面板上观察对应输入端口的"错误/正常"情况。

功能	解释	状态变化正确
发电机碳刷磨损	0 = 错误 1 = 正常	
偏航传感器 A	164 脉冲	
偏航传感器 B	164 脉冲	
电缆缠绕 CW	0 = 正常 1 = 错误	

电缆缠绕 CCW	0 = 正常 1 = 错误	
转子转动 1	24 脉冲/rpm	
转子转动 2	24 脉冲/rpm	
振动	0 = 错误 1 = 正常	
变频器温度低	0 = 正常 1 = 错误	
刹车磨损 1	0 = 磨损 1 = 正常	
刹车磨损 2	0 = 磨损 1 = 正常	
风速 1		
风速 2		
发电机转速	2 脉冲/rpm	
齿轮箱转速	2 脉冲/rpm	

5.2 模拟信号

通过操作面板读取以下各值。

测试内容	显示内容正确
风向 0 – 20mA 0 – 360°	
齿轮泵压力 4 – 20mA 0 – 16bar	
齿轮输入油压 4 – 20mA 0 – 16bar	
液压油压 4 – 20mA 0 – 250bar	

5.3 温度传感器

在操作面板上选择相应页面，观察以下各参数的值：

测试内容	记录当时显示值
齿轮油温度	
齿轮箱轴承 1 温度	
齿轮油输入温度	
发电机轴承 1 温度	
发电机轴承 2 温度	
发电机定子温度	
变频器入口空气温度	
齿轮箱轴承 2 温度	
户外温度	
机舱温度	
主轴温度	

6.自动运行性能	
项 目	操 作 正 常
风机自动启机	
风机自动并网	
电压、电流、相角、功率因数可自动显示	
运行状态符合转速——功率曲线	
7.断开负荷性能	
项 目	操 作 正 常
断开箱变的负荷开关,风机自动停机	
8.风机的操作界面	
该风机的操作面板操作功能正常_____。	
9.风机远程监控系统	
该风机的远程监控系统工作正常,可以实现远程监控功能_____。	
远程监控系统尚未调试,最终单独验收_____。	
10.运行状况 风机运行正常,符合合同规定的验收条件_____。	
试 验 者:	
风力发电机组制造厂家: 业主:_____	
监理:_____	
试验日期:_____	

【探索思考】

1.风力发电机组试运行要具备什么条件?

2.风力发电机组验收应具备什么条件?

3.编制风力发电机组性能质量评估报告,报告内容包括哪几条?

4.风力发电机组的安全测试应符合哪些要求?

5.提出如何对风力发电机组试运行和验收工作的想法和建议。

学习情境七　风力发电机组正常运行

【学习目标】

※1.知识目标

①熟悉风力发电机组运行规程；

②熟悉风力发电机组日常运行工作的主要内容；

③了解风力发电机组日常运行工作的主要方式；

④了解风力发电机组的启动与并网的主要内容；

⑤熟练掌握风力发电机组运行与工作状态转换；

⑥掌握风力发电机组进行日常运行的技术要求及相关知识；

⑦了解风力发电机组的运行环境和对润滑的基本要求和主要技术指标。

※2.技能目标

①熟练掌握风力发电机组的运行过程，即风力发电机组的启动、并网、停机的过程；

②能够对风力发电机组进行日常运行操作；

③能够对风力发电机组进行日常运行记录和故障的分类统计和记录，如《风电场运行日志》；

④熟练使用各种检测仪表和电工工具；

⑤能对风力发电机组运运行数据进行检查和数据处理；

⑥了解风力发电机组运行时的注意事项；

⑦掌握润滑油(酯)的主要指标及风机需要润滑的部位的润滑方式；

⑧掌握润滑油(脂)的选型。

※3.情感目标

①具有互帮互学、吃苦耐劳精神；

②具有敬岗爱业，团结协作精神；

③具有诚实守信，安全防范意识。

【相关知识】

1.风力发电机组应具备的主要技术文件

1.1 风电场每台风电机组具备的技术档案。

1.2 制造厂提供的设备技术规范和运行操作说明书,出厂试验记录以及有关图纸和系统图。

1.3 风电机组安装记录、现场调试记录和验收记录以及竣工图纸和资料。

1.4 风电机组输出功率与风速关系曲线(实际运行测试记录)。

1.5 风电机组事故和异常运行记录。

1.6 风电机组检修和重大改进记录。

1.7 风电机组运行记录的主要内容有发电量、运行小时、故障停机时间、正常停机时间、维修停机时间等。

2. 风力发电机组运行相关的技术规范和执行标准

2.1 DL/T 666 – 2012 风力发电场运行规程

2.2 DL/T 796 – 2001 风力发电场安全规程

2.3 GB 8116 – 1987 风力发电机组 型式与基本参数

2.4 GB 18451.1 – 2001 风力发电机组 安全要求

2.5 GB/T 25385 – 2010 风力发电机组 运行及维护要求

2.6 GB/T 20320 – 2006 风力发电机组电能质量测量和评估方法

2.7 IEC 61400 – 21 风力发电系统并网风力电能质量测量评估

3. 对运行人员的基本要求

3.1 风电场的运行人员均经过岗位培训,考核合格,健康状况符合上岗条件。

3.2 熟悉风电机组工作原理及基本结构。

3.3 熟记风电行业所需的英语单词及故障说明。

3.4 掌握计算机监控系统的使用方法。

3.5 熟悉风电机组各种状态信息,故障信号及类型,掌握判断一般故障的原因和处理的方法。

3.6 熟悉操作票、工作票的填写以及"引用标准"中有关规程的基本内容。

3.7 能统计计算电量、容量系数、利用时数、故障率等。

【任务描述】

风力发电机组的日常运行工作主要包括:通过中控室的监控计算机,监视风力发电机组的各项参数变化及运行状态,并按规定认真填写《风电场运行日志》。当发现异常变化趋势时,通过监控程序的单机监控模式对该机组的运行状态连续监视,根据实际情况采取相应的处理措施。遇到常规故障,应及时通知维护人员,根据当时的气象条件检查处理,并在《风电场运行日志》上做好相应的故障处理记录及质量记录;对于非常规故障,应及时通知相关部门,并积极配合处理解决。

因此,风力发电机组的日常运行主要工作是:

1. 运程对风机进行运行参数的监控

2. 安全的对风机进行运程启停机操作

3. 对风机进行故障复位

4. 安全地进行与风机有关的工作

风电场运行日志样表

20　年　月　日　　星期　　天气	
交接班终了 时间	安全运行无事故　　天
	安全运行无责任事故　　天
交班人：	
值班人：	
运行方式：	
备注:母线电压　　　　　电池电压　　整流电压　　　　　整流电流 今日工作：	

【任务实施】

一、熟知风电机组正常运行状态与工作参数的安全范围

1.1 机组正常运行状态

1.1.1 风力发电机组在正常运行状态下,风速与功率曲线应相符合。

1.1.2 机组在正常运行状态下,各状态量如下:

(1)PLC 状态:7

(2)登陆状态:99

(3)偏航状态:20

(4)安全链状态:13

(5)变桨状态:10

(6)变频器状态:8

(7)电池状态:6

1.1.3 机组在正常运行状态下,各参数量如下(风速低于额定风速):

(1)远程限制功率:100%

(2)远程限制叶片角度:100%

(3)发电机转速:≤1820rpm

(4)各叶片角度:-1

(5)各叶片力矩:在 ±30NM 之间

(6)机舱温度:<50℃

(7)轴承温度:<90℃

(8)齿轮箱油温:<75℃

(9)发电机绕组温度、IGBT 温度、水温:<100℃

(10)振动量:<0.5m/s²

(11)偏航极限:在 ±700 度之间

1.2 工作安全范围

(1)风速

当风速在 3~25m/s 的规定工作范围时,只影响风力发电机组的出力有影响,当风速变化率较大,且风速超过 25m/s 以上时,则会对风力发电机组的安全性构成威胁。

(2)转速

风力发电机组的风轮转速通常低于 40r/min,发电机的最高转速一般不超过额定转速的 30%,根据不同的机组型号而不同。当风力发电机组超速时,会影响到风力发电机组的安全。

(3)功率

在额定风速以下时,不做功率调节控制,只在额定风速以上时限制最大功率输出。通常安全运行的最大功率不超过设计值的 20%。

(4)温度

风力发电机组在运行过程中,各部件都会产生温升,通常控制环境温度为 0~30℃,齿轮箱油温不超过 120℃,发电机温度不超过 150℃,传动机构的温度不超过 70℃。

(5)电压

发电电压允许在设计范围的 10%,瞬时值超过 30% 时,系统会出现故障。

(6)频率

机组的发电频率应限制在 50Hz ±1Hz。

(7)压力

液压系统的压力由压力开关的设定值确定,通常低于 100MPa。

二、正常开停机准备

2.1 风电机在首次启动前应进行的工作:

(1)测量绝缘,转子和定子电阻值符合要求。

(2)相序校核,测量三相电压值和平衡性。

(3)检查所有螺栓力矩达到相应要求。

(4)风机进行超速试验、振动试验、正常停机、安全停机、事故停机试验。

2.2 风电机组在投入运行前应具备的条件:

(1)电源相序正确,三相电压平衡。

(2)调向系统处于正常状态,风速仪和风向标处于正常运行状态。

(3)制动齿轮和控制系数的液压装置的油压和油位在规定范围。

(4)齿轮箱油位和油温在正常范围。

(5)各项保护装置均在正确投入位置,且保护定值均与批准设定的值相符。

(6)控制电源处于接通位置。

(7)控制计算机显示处于正常状态。

(8)手动启动前叶轮上应无结冰现象。

(9)在寒冷和潮湿地区，长期停用和新投运的风电机组在投入运行前应检查绝缘，合格后才允许启动。

(10)经维修的风电机组在启动前，所有为检修而设立的各种安全措施均应拆除。

2.3 风电机组的启动和停机

风电机组的启动和停机有自动和手动两种方式，可选择远程和现地两种操作形式。一般情况下机组应设置自动远程控制方式。

2.4 风电机组自动启动和停机

(1)风电机组的自动启动：风电机组处于自动状态，当风速达到启动风速范围时，风电机组按计算机程序自动启动并入电网。

(2)风电机组的自动停机：风电机组处于自动状态，当风速超过正常运行范围时，风电机组按计算机程序自动与电网解列、停机。

2.5 风电机组的手动启动和停机

(1)手动启动和停机的三种方式：

1)远程操作：在主控室操作计算机 START 键或 STOP 键。

2)就地操作：在风电机组的底部控制柜触摸屏上，操作 MARCHA 或 STOP 键。

3)机舱上操作：在机舱的顶部控制盘上操作启动键或停机键，但机舱上操作仅限于调试时使用。

(2)风电机组的手动启动：当风速达到启动风速范围时，手动操作启动键(START)，风电机组按计算机启动程序启动和并网。

(3)风电机组的手动停机：当风速超出正常运行范围时，手动操作暂停和停机键(PAUSA→STOP)，风电机组按计算机停机程序与电网解列、停机。

(4)凡经手动停机操作后，须再按启动(MARCHA)键，方能使风电机组进入自启动状态。

(5)故障停机和紧急停机状态的手动启动操作。

(6)风电机组在故障停机和紧急停机后，如故障已排除且具备启动的条件，重新启动前必须按"重置"或"复位"键，才能按正常启动操作方式进行自启动。

三、风力发电机组正常开停机过程

金风 77/1500 风力发电机组是全天候自动运行的设备，整个运行过程都处于严密控制之中。其安全保护系统分三层结构：计算机系统，独立于计算机的安全链，器件本身的保护措施。在机组发生超常振动、过速、电网异常、出现极限风速等故障时保护机组。对于电流、功率保护，采用两套相互独立的保护机构，诸如电网电压过高，风速过大等不正常状态出现后，电控系统会在系统恢复正常后自动复位，机组重新启动。

(1)当风速持续 10 分钟(可设置)超过 3m/s，风机将自动启动。叶轮转速大于 9 转/分时并入电网。

(2)随着风速的增加，发电机的出力随之增加，当风速大于 12m/s 时，达到额定出力，超出额定风速机组进行恒功率控制。

（3）当风速高于 22 米/秒持续 10 分钟，将实现正常刹车（变桨系统控制叶片进行顺桨，转速低于切入转速时，风力发电机组脱网）。

（4）当风速高于 28 米/秒并持续 10 秒钟时，实现正常刹车。

（5）当风速高于 33 米/秒并持续 1 秒钟时，实现正常刹车。

（6）当遇到一般故障时，实现正常刹车。

（7）当遇到特定故障时，实现紧急刹车（变流器脱网，叶片以 10°/s 的速度顺桨）。

具体运行详细过程：

3.1 自动启动与并网

当风力发电机组加电之后，控制系统自检，然后再判断机组各部位状态是否正常，如果一切正常，机组就可以启动运行。在风电机组正常运行之前有如下的状态：

3.1.1 启动状态

刹车打开，风电机组处于允许运行发电状态，发电机可以并网，变桨距处于最佳桨距角，自动偏航投入，冷却系统、液压系统自动运行，此时叶片处于自由旋转状态，如果风速较低不足以使风电机启动到发电，风电机组将一直保持自由空转状态；如果风速超过切入并网发电风速，风电机组将在风的作用下逐渐加速达到同步转速，在软并网的控制下，风电机组平稳地并入电网，运行发电；如果较长时间风电机组负功率，控制器将操作使发电机与电网解列。

3.1.2 暂停（手动）状态

这种状态是使风电机组处于一种非自动状态的模式，机械刹车松开，液压泵保持工作压力、自动调节保持工作状态，叶尖阻尼板回收或变桨距系统调整桨距角为 90°，风电机组空转。主要用于对个别风电机组实施手动操作或进行试验，也可以手动操作机组启动（如电动方式启动），常用于维护检修时。

3.1.3 停机状态

也称正常停机状态或手动停机状态，此时发电机已解列，偏航系统不再动作，刹车仍保持打开状态（变桨距顺桨），液压压力正常。

3.1.4 紧急停机状态

机械刹车和气动刹车同时动作，安全链动作或人工按动紧急停机铵钮，所有操作都不再起作用，计算机输出信号无效，直至将紧急停机按钮复位。但计算机仍在运行和测量所有输入信号。

3.2 电动启动并网

电动启动并网是指机组从电网吸收电能将异步发电机作为电动机模式启动，当达到同步转速后由电动机状态变成发电机状态。实际运行中，当发电机变极时，发电机将解列并加速（作为电动状态）达到高转速时再并网。

3.3 电网公司对风电并网的要求

研究风力发电机组对现有安全稳定控制手段的适应性问题，现有电网的预防性控制、紧急控制等均针对火电和水电等同步机组，这些控制策略用于风力发电机异步机组时控制效果的差异性是值得深入研究的；大量引入风力发电将引起系统的电压问题（电压闪变、电压偏差与功率因数不达标等），研究应对影响风电机组输出功率特性的因素（如风机起停、无功补偿水平、风机功率控制方法、风速的变化等）进行分析，建立等效风速模型以及风力机的机械功率和转矩模型，并以风电场的实际运行风机类型为对象进行建模和仿真计算。

　　LVRT 是指在风力发电机并网点处电网故障引起电压跌落时，风机能够保持并网，甚至向电网提供一定的无功功率，支持电网恢复，直到电网恢复正常，从而"穿越"这个低电压时间（区域）。其是对并网发电机组在电网出现电压跌落时仍保持并网的一种特定的运行功能要求。电压跌落会给电机带来一系列暂态过程，如出现过电压、过电流或转速上升等，严重危害风机本身及其控制系统的安全运行。当风电的电网穿透率（即风力发电占电源结构的比重）较大时，若风机在电压跌落时采取被动保护式解列，则会增加电力系统恢复的难度，甚至可能加剧故障，最终导致系统其它机组全部解列。风电并网国家标准规定：对于风电装机容量占电源总容量比例大于 5% 的省（自治区）级电力系统，其区域内新增运行的风电场应具有LVRT 能力。风电机组 LVRT 能力的技术要求如图 7 - 1 所示：

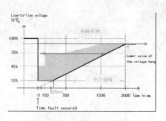
电网故障风电机组低电压穿越能力

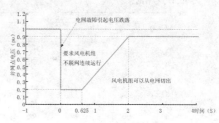
风电机组的低电压穿越要求

图 7 - 1

　　要求：①风电机组应具有在并网点电压跌至 20% 额定电压时能够维持并网运行 625ms 的低电压穿越能力。②风电场并网点电压在发生跌落后 2s 内能够恢复到额定电压的 90% 时，风电机组应具有不间断并网运行的能力。③在电网故障期间没有切出的风电机组，其有功功率在故障清除后应以至少以 10% 额定功率/秒的功率变化率恢复至故障前的状态。

3.4 并网后需要关注的主要问题

3.4.1 电能质量

　　根据国家标准，对电能质量的要求有五个方面：电网高次谐波、电压闪变与电压波动、三相电压及电流不平衡、电压偏差、频率偏差。风电机组对电网产生影响的主要有高次谐波和电压闪变与电压波动。

3.4.2 电压闪变

　　风力发电机组大多采用软并网方式，但是在启动时仍然会产生较大的冲击电流。当风速超过切出风速时，风机会从额定出力状态自动退出运行。如果整个风电场所有风机几乎同时动作，这种冲击对配电网的影响十分明显。容易造成电压闪变与电压波动。

3.4.3 谐波污染

　　风电给系统带来谐波的途径主要有两种。一种是风机本身配备的电力电子装置可能带来谐波问题。对于直接和电网相连的恒速风机，软启动阶段要通过电力电子装置与电网相连，因此会产生一定的谐波，不过过程很短。对于变速风机是通过整流和逆变装置接入系统，如果电力电子装置的切换频率恰好在产生谐波的范围内，则会产生很严重的谐波问题，不过随着电力电子器件的不断改进，这个问题也在逐步得到解决。另一种是风机的并联补偿电容器可能和线路电抗发生谐振,在实际运行中,曾经观测到在风电场出口变压器的低压侧产生大量谐波的现象。当然与闪变问题相比,风电并网带来的谐波问题不是很严重。

四、风力发电机组运行的安全控制

4.1 控制系统

金风 77/1500 风力发电机组配备的电控系统以可编程控制器为核心,控制电路是由 PLC 中心控制器及其功能扩展模块组成。主要实现风力发电机正常运行控制、机组的安全保护、故障检测及处理、运行参数的设定、数据记录显示以及人工操作,配备有多种通讯接口,能够实现就地通讯和远程通讯。见下图控制系统原理图。

金风 77/1500 风力发电机组的电气控制系统由低压电气柜、电容柜、控制柜、变流柜、机舱控制柜、三套变桨柜、传感器和连接电缆等组成,电控系统包含正常运行控制、运行状态监测和安全保护三个方面的职能。

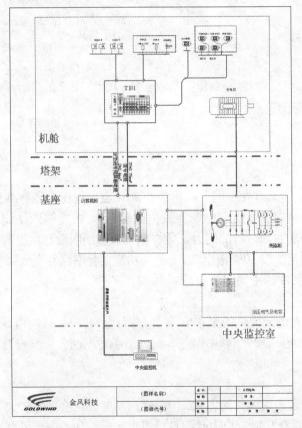

图 7-2 控制系统原理图

低压电气柜:风力发电机组的主配电系统,连接发电机与电网,为风机中的各执行机构提供电源,同时也是各执行机构的强电控制回路。

电容柜:为了提高变流器整流效率,在发电机与整流器之间设计有电容补偿回路,提高发电机的功率因数。为了保证电网的供电质量,在逆变器与电网之间设计有电容滤波回路。

控制柜:控制柜是机组可靠运行的核心,主要完成数据采集及输入、输出信号处理;逻辑功能判定;对外围执行机构发出控制指令;与机舱柜、变桨柜通讯,接收机舱和轮毂内变桨系统信号;与中央监控系统通讯、传递信息。

变流柜:变流系统主电路采用交——直——交结构,将发电机输出的非工频交流电通过变流柜变换成工频交流电并入电网。

机舱控制柜:采集机舱内的各个传感器、限位开关的信号;采集并处理叶轮转速、发电机转速、风速、温度、振动等信号。

变桨柜:实现风力发电机组的变桨控制,在额定功率以上通过控制叶片桨距角使输出功率保持在额定状态。在停机时,调整桨叶角度,使风力发电机处于安全转速下。

正常运行控制包括机组自动启动,变流器并网,主要零部件除湿加热,机舱自动跟踪风向,液压系统开停,散热器开停,机舱扭缆和自动解缆,电容补偿和电容滤波投切以及低于切入风速时自动停机。

监测系统主要监测电网的电压、频率,发电机输出电流、功率、功率因数,风速,风向,叶轮转速,发电机转速,液压系统状况,偏航系统状况,风力发电机组关键设备的温度及户外温度等,控制器根据传感器提供的信号控制风力机组的可靠运行。

安全保护系统分三层结构:计算机系统(控制器),独立于控制器的紧急停机链和个体硬件保护措施。微机保护涉及到风力机组整机及零部件的各个方面,紧急停机链保护用于整机严重故障及人为需要时,个体硬件保护则主要用于发电机和各电气负载的保护。

电控系统的设计和实施结果能够满足风力发电机组无人值守、自动运行、状态控制及监测的要求。

4.2 变流装置

金风 MW 级直驱永磁同步风力发电系统通过变流装置和变压器接入电网,其中变流系统主电路采用交——直——交结构,将永磁同步风力发电机发出的能量通过变压器送入电网,变流系统的主电路图如图 7-3 所示:

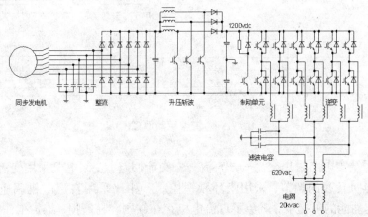

图 7-3　变流系统主电路原理图

变流装置按照我公司永磁同步风力发电机的特点专门设计,与六相永磁同步发电机具有很好的适应性,即通过六相不可控整流,有效减少或抑制了电机侧的谐波转矩脉动,同时对电机绕组几乎没有 du/dt 的影响。另外,从上图可看出,变流装置主回路采用多重化并联技术,提高了系统容量(小容量功率器件可用在大容量系统中)、减少了输出电流谐波。中间斩波升压是三重斩波升压,起到了稳压和升压作用,适应了风机的最大风能捕获策略,即把变动的发电机输出电压,与整流回路一起最终稳定在 DC – Link 电压设定值附近,使 DC – Link 电压稳定在逆变环节所需的直流电压上。DC/AC 变换部分采用两重逆变策略,通过采用先进的 PWM 脉宽调制技术,有效减少了输出谐波(THD% <4%)、提高了系统容量。通过控制上的优化,使电压闪变指标在国际技术标准允许范围之内。

金风 MW 级直驱永磁同步风力发电系统变流装置是全功率变流装置,与各种电网的兼容性好,具有更宽范围内的无功功率调节能力和对电网电压的支撑能力。同时,变流装置先进的控制策略和特殊设计的制动单元使风机系统具有很好的低电压穿越能力(LVRT Capability),以适应电网故障状态,在一定时间内保持与电网的联接和不脱网。通过独到的信号采集技术、接口技术等提高了变流装置系统的电磁兼容性,如直流环节的均压接地措施,有效减少了干扰。

4.3 变桨系统

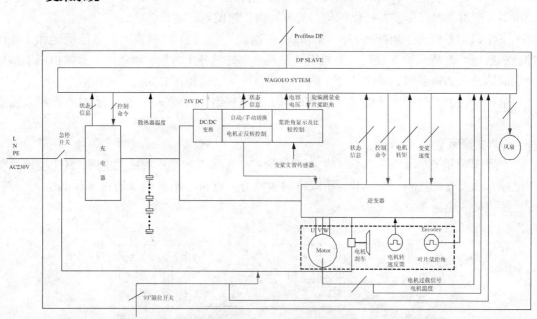

图 7 – 4   变桨驱动原理图

变桨电控系统主电路采用交流——直流——交流回路,变桨电机采用交流异步电机。变桨速率或变桨电机转速的调节,采用闭环频率控制。相比采用直流电机调速的变桨控制系统,在保证调速性能的前提下,避免了直流电机存在碳刷容易磨损,维护工作量大、成本增加的缺点。

每个叶片的变桨控制柜,都配备一套由超级电容组成的备用电源,超级电容储备的能量,在保证变桨控制柜内部电路正常工作的前提下,足以使叶片以 10°/s 的速率,从 0°顺桨到 90°三次。当来自滑环的电网电压掉电时,备用电源直接给变桨控制系统供电,仍可保证整套变桨电控系统正常工作。当超级电容电压低于软件设定值,主控在控制风机停机的同时，还会报电网电压掉电故障。相比密封铅酸蓄电池作为备用电源的变桨系统，采用超级电容的变桨系统具有下列优点：

(1)充电电流大，充电时间短；

(2)交流变直流的整流模块同时作为充电器，无须再单独配置充放电管理电路；

(3)超级电容的容量随使用年限的增加，减小的非常小。

(4)寿命长；

(5)无须维护；

(6)体积小，重量轻等优点。

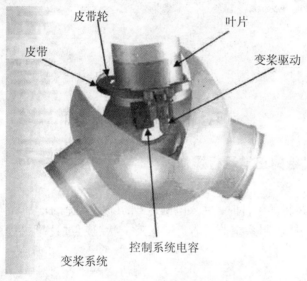

图 7 - 5 变桨系统

4.4 监控系统

风力发电机组监控系统一般分为中央监控系统和远程监测系统。中央监控系统由就地通讯网络、监控计算机、保护装置、中央监控软件等组成。功能主要是为了利于风电厂人员集中管理和控制风机。远程监控系统由中央监控计算机、网络设备(路由器、交换机、ADSL 设备、CDMA 模块)、数据传输介质(电话线、无线网络、Internet)、远程监控计算机、保护系统、远程监控软件组成。功能主要是为了让远程用户实时查看风机运行状况、历史资料等。金风 SCADA 系统可实时对多个电场、多种机型实现远程数据采集和监测。

就地通讯网络是通过电缆、光缆等介质将风机进行物理连接，对于介质的选择依据风电场的地理环境、风机的数量、风机之间的距离、风机与中央监控室的距离、项目的投资以及对通讯速率的基本要求制定(推荐以单模光缆为传输介质)。网络结构支持链形、星形、树形等结构。具体的连接方式需要确定风机的排布位置、及结合现场施工的便捷性制定。同时给业主提供详细的光缆铺设、光纤熔接技术文件。

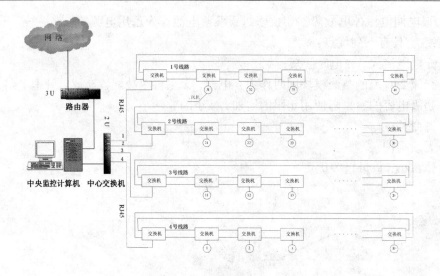

图 7-6　监控系统结构图

五、风力发电机组的正常运行操作

5.1 功率调节

风电机组在达到运行的条件时,并入电网运行,随着风速的增加和降低,发电功率发生变化;机组所有状态都被控制系统监视着,一旦某个状况超过计算机程序中的预先设定值,机组将停止运行或紧急停机。

5.2 对风和解缆

风电机组中上风向机组多数是主动对风偏航的。当风向与机舱之间的夹角超过 10°,机组将控制偏航系统动作,偏航刹车解开,然后对风,对风正确后,再将刹车闭合。

5.3 风力发电机组的日常运行工作

(1)监视当地的天气情况,做好安全运行的事故预想和对策。

(2)建立日常运行日志。日志中应详细记录风力发电机组的型号、每日发电量、风速、天气变化、工作时数、关机时数、故障发生日期和持续的时间、修理日期和所用的时间、故障或修理的性质、采取的措施、更换的零部件、抄表记录结果等。

(3)通过主控室的监控计算机,监视机组的各项参数变化及运行状态分析,并按规定认真填写《风力发电场运行日志》,发现异常变化趋势,应通过监控程序的单机监控模式对异常机组实施连续监视、分析异常的原因,,根据实际情况采取相应的处理措施。

(4)遇到常规故障及时通知维护人员,根据当时的气象条件做出相应的检查处理,并在《风力发电场运行日志》上做好相应的故障处理记录和质量验收记录。

(5)对于非常规故障,及时通知相关部门,积极配合处理解决。

(6)巡检、起停风力发电机组、故障检查处理等。

(7)填写故障记录表。每台风力发电机组都必须设置故障记录表,每当发生故障时,应详细记录故障类型、当时机组的状态、外界条件(如风速、天气、机组本身有无异常等)、运行人员进行了哪些处理、结果如何,以备后查。

5.4 风力发电机组在运行中注意事项

风力发电机组的使用寿命不仅与制造质量有关，还取决于日常的良好运行维护和保养。在风力发电机组的运行中应注意的事项包括：

（1）认真执行各岗位《风力发电机组运行及维护规程》。若没有相关规程，应根据厂家提供的图纸资料以及有关说明书，编制《风力发电机组运行及维护规程》供有关人员学习。

（2）运行值班人员要经过严格培训，只有既能熟练地进行开，停机操作，又具备独立处理故障能力的人，才可以担任。

（3）为了防患于未然，值班人员要具备强烈的责任感，主动承担日常的维护工作。主要内容包括：

①运转中如发现连接螺栓有松动现象，应随时紧固，不得延误；

②如机组出现不正常的摩擦、碰撞、振动以及异常声响，均应紧急停机查明原因，及时处理；

③对拉线塔架要经常检查其张紧程度，如发现松弛或紧度不一样，应及时拧紧或调整。调整过的花篮螺栓最好用铁丝将其扎牢；

④每二个月（风向变化比较频繁的地区可酌情缩短）检查一次发电机出线电缆的缠绕情况，若超过三圈，在无风或小风时应设法沿相反方向予以解缆；

⑤每三个月检查变速箱油位一次，如发现低于允许最少标志，应及时添加。风力机若在高寒地区运转，在冬季到来之前，变速箱要换用防寒的润滑油；

⑥各轴承所用的油脂，每年要更换一次。平时可通过轴承上的油杯或油枪向轴承注油脂；

⑦如塔架表面未经镀锌处理，在沿海地区每年要刷漆防腐一次，内陆地区可酌情适当延长；

⑧在暴风或强台风到来之前，不同的风力机应采用不同的防患措施：

a.定桨距的小型风力机，在风轮偏转90°并折尾后，应再施以制动；

b.失速控制的定桨距中、大型风力机，要将主轴牢牢地抱闸；

c.变距调节的中、大型风力机，在桨叶完全顺桨后，不宜再对主轴施以制动，而要让其缓慢地旋转。此时对风装置绝不能退出，否则风轮将无法迎风，在风向突变时有可能旋转起来，甚至超速。

⑨大型风力发电机的偏航一般是由四个或以上偏航电机组成，在偏航过程中通过齿圈编码器来计算偏航的角度，齿圈编码器一次只能计算一个齿轮的角度，然后通过齿圈编码器的精度来计算出一个最小的偏航的角度，一般几度的变化就可以满足风机的需要了，而偏航刹车盘则一般由液压系统控制，偏航启动过程中存在一定的制动阻尼。在一定时刻风向的微小变化比偏航的最小角度要大，那么风机不是无时无刻都在偏航，它在一定时刻计算出的风向只要满足发电的需要即使风向有点偏差也不会偏航，这和风力发电机的控制系统有关系，还可能与应用软件刷新频率有关。

（4）风力机连续或累计运转一年以后，调速机构、传动装置、发电机以及其他电气设备等都要解体检查并进行大修：

①对于中、大型风力机在机舱内对传动装置及发电机进行解体检查，比较困难，可将变速箱与发电机吊下来进行大修（如整体吊有困难，可将变速箱中的齿轮以及发电机转子吊下来）。

②变速箱解体后可用着色法检查齿轮的啮合情况。当啮合良好时，齿面全长上将有相等

的痕迹；若只在齿顶有痕迹，则说明齿轮的配合有歪斜，或因轴颈或轴承磨损而使轴线产生歪斜。此时要仔细检查轴颈与轴承，并重找中心。齿轮的磨损不得超过齿厚的12%，否则应予以更换。

③传动装置以及其他转动部件上的滚动轴承均要进行检查、清洗、换油，发现损坏要一律更换。如轴颈部位严重磨损，轴承已无紧力，则要进行表面喷镀处理，或更换损坏的轴。

④大修后联轴器要重找中心。所有转动机械复装后均应转动自如，没有异常声响与振动。调速（限速）机构复装后仍要按规定进行性能试验。

总之，通过大修要把已暴露的设备缺陷全部消除。大修中要做好检修记录，大修后的第一次起动应与新机试运行同样认真对待，切勿大意。

（5）遇到风力发电机"飞车"时，现场工作人员总结出六大要点：①千万不可变桨失电；②千万不许飞车断电③远程偏航最为关键；④实在没折现场偏转；⑤风机倒时提前断电。⑥还若不成只好逃远。

（6）电气设备的日常维护、保养请参照电气有关规程执行，仅简要介绍一下蓄电池的正确使用与维护。

①电液必须用化学纯硫酸（比重为1.835）与合格的蒸馏水配制，其比重约在1.24～1.27之间。

②接线前应先检查电池正负标志是否正确，单格电池有无反极现象。

③蓄电池每单格电池的加液孔盖必须旋紧，通气孔必须畅通，这样，电池工作时所产生的气体可以从孔中逸出。

④电池液面应高出极板10～15mm。使用中当发现液面过低时，应及时补充蒸馏水。铅酸电池的补水间隔时间通常为3～6个月，碱电池则以6～12个月为宜。当然若在较高温度下使用时，可酌情缩短补水的间隔时间。

⑤电液温度应保持在20°左右，即使在充电过程中也不得超过35°，为此在冬季要注意防冻。

⑥注液后若在12小时内未使用，或使用一段时间后又长时间搁置起来，则要按规定充电后方可恢复使用。

⑦当电液比重下降到1.175时，应立即停止使用，并要在24小时内予以充电，否则可能造成极板硫化而使蓄电池损坏。这一点对风力发电特别重要，因为经常会遇到无风的时间，这时千万不要使蓄电池过度放电（一般不要超过额定安全值的25%）。充电时速度不宜太快，否则也将明显地缩短蓄电池使用寿命。

⑧严禁在蓄电池上放置家具、工具或金属物品，以防极间短路。

⑨蓄电池外壳要经常保持清洁干燥，以避免擅自放电。

⑩及时清除电极极柱上的氧化物，并涂上一层薄薄的黄油或凡士林，以致保护。

⑪蓄电池在使用过程中应特别注意安全：

a. 当电液溅到皮肤和衣服上时，应立即用大量的水冲洗。万一溅入眼睛，要先用流水充份冲洗，而后火速去医院接受治疗；

b. 要尽量避免在高温下使用，因为电液温度超过45℃时，电池的寿命会明显缩短；

c. 蓄电池柜要单独设立，不得与其他装置共用。室内要有良好的通风，以免发生氢气爆炸。此外，严禁任何明火或产生电火花的电器设备置于室内，照明要用防爆灯；

d. 严禁用短路的方法来检查蓄电池的贮放电程度;

e. 在高寒地区使用时,应有保暖措施,以防冻裂。如将蓄电池放置在塞满干燥锯木末的木箱内,这样还可避免电液万一溢出时,不会滥流伤人;

f. 配制电液时,应先将蒸馏水倒在一个容器内,然后再徐徐地注入浓硫酸;切不可将水倾入纯硫酸中,否则将有爆溅之危险。

(6)要建立设备的技术档案。技术档案是风力机使用情况的主要说明和记录,它对提高管理水平,总结使用经验,改进产品质量都有很大的意义。每台风力机都要建立自己的技术档案,其内容主要包括:

①制造厂提供的图纸、资料以及专用工具、备品备件清单等。

②风力机的运行及维护规程、运行记录、历次检修记录。

③设备主要缺陷记录以及所采取的对策。

④现场安装、起吊、调整以及试验记录。

⑤暴风或强台风袭击的时间、次数以及最大风速,设备损坏情况等。

⑥历年发电量、累计运行小时数。

⑦重大技术革新成果。

⑧外宾及上级领导来风力发电厂参观或视察的日期、建议、指示以及照片等相关资料。

风力发电机组因其工作环境和设备运行方式的特殊性,对机组的润滑提出了较高的要求。只有这样才能使风力发电机组在恶劣多变的复杂工况下长期保持最佳运行状态。风力发电机组使用的油品应当具备下列特性:

①较少部件磨损,可靠延长齿轮及轴承寿命;

②降低摩擦,保证传动系统的机械效率;

③降低振动和噪音;

④减少冲击载荷对机组的影响;

⑤作为冷却散热媒体;

⑥提高部件抗腐蚀能力;

⑦带走污染物及磨损产生的铁屑;

⑧油品使用寿命较长,价格合理。

六、风力发电机组的工作环境及基本润滑要求

风力发电机组分布广泛,各地气候条件差异很大。沿海地区空气湿度大,盐雾重、年均气温较高;北方地区温差较大、冬季寒冷、风沙较强。对于闭式润滑系统来说,首要考虑的是气温差异的因素,湿度、风沙、盐雾等因素的影响相对较小。

由于风力发电机组运行的环境温度一般不超过40℃,且持续时间不长。因此,除发电机轴承外,用于风力发电机组的润滑油(脂)一般对高温使用性能无特殊要求。

在油品的低温性能上,根据风力发电机组运行环境的温度的不同,其要求也不尽相同。对于环境温度高于-10℃的地区,所用润滑油不需特别考虑低温性能,大多数润滑油都能满足使用要求。在环境温度较低的寒区,冬季气温最低的月份气温在-20℃以下,有时连续数日在-30℃左右,这就对油品的低温使用性能有较高的要求。

6.1 油品的选择

正确选用润滑油是保证风力发电机组可靠运行的重要条件之一。在风力发电机组的维护手册中，设备厂家都提供了机组所用润滑油型号、用量及更换周期等内容，维护人员一般只需要按要求使用润滑油品即可。但是，为更好地保证机组的安全、经济运行，不断提高运行管理的科学性、合理性，就要求运行人员对油品的基本性能指标和选用原则有所了解，以期选择出最适合现场实际的油品来。

6.1.1 润滑油的分类

润滑油是由基础油加入各种添加剂调和而成的。由原油提炼出来的基础油称为矿物油，用它调出的油就是矿物润滑油，可满足大多数工作场合的需要。但矿物型润滑油存在高温时成份易分解、低温时易凝结的不足。

合成润滑油是用化学合成法制造的基础油，并根据所需特性在其中加入必要的添加剂以改善使用性能的产品。合成润滑油的价格较高，一般是矿物型润滑油的 2~3。合成油的主要优点表现为在低温状况下，合成油具有较好的流动性；在温度升高时，可以较好地抑制粘度降低；高温时化学稳定性较好，可减少油泥凝结物和残碳的产生。可见，合成润滑油比矿物型润滑油更适应苛刻的工况条件。

6.1.2 润滑油（脂）的技术指标

（1）黏度。流动物质内部阻力的量度叫黏度，黏度值随温度的升高而降低。黏度是润滑油一项最重要的指标，大多数润滑油是根据黏度来划分牌号的，常用运行黏度来表示。许多油品牌号就是油在 40℃ 的黏度平均值（因为国际黏度级数是以 40℃ 作为温度基础的）。

（2）黏度指数。粘度指数是表示油品黏度随温度变化特性的一个约定量值。黏度指数高表示油品的黏度随温度的变化小，即油的黏温性能好。反之亦然。

（3）凝点。凝点是油在规定条件下冷却至停止流动时的最高温度，以℃表示，是评价油品低温性能的项目，但它并不能和油品的低温使用性能直接关联，只能在一定程度上反映润滑油正常工作的最低温度界限。

（4）倾点。倾点是指在规定条件下被冷却了的试油开始流动时的最低温度，以 $ 表示。同凝点一样都是用来表示油品低温流动性能的指标，但倾点比凝点更能直接反映油品在低温下的流动性。一般倾点要比凝点高 3~5℃。

（5）滴点。滴点是表示润滑油脂受热后开始滴下润滑脂时的最低温度。根据滴点可以初步确定润滑脂的最高使用温度，还可大致判定润滑脂的种类。油脂的最高使用温度应低于它的滴点 20~30℃。

（6）针入度。针入度也叫锥入度，是表示润滑脂软硬的项目。针入度越大，稠度越小，润滑脂越软，易流动。针入度是润滑脂的主要指标，脂的牌号就是按针入度范围划分的。

（7）极压性能。在极压条件（高温、高负荷和高滑动速度的条件）下，油的物理、化学吸附膜已不能存在。为了防止金属表面的擦伤，需要加入极压添加剂，这样可使金属表面间的摩擦和磨损作用得到缓解。极压性能好就是抗磨性好。

6.2 主要性能指标

1. 润滑油的黏度要求。黏度是选择润滑油时的一个主要性能指标，工业齿轮油选择合适的黏度很重要。通常是根据具体的设备工作环境和运行条件来决定润滑油的黏度。黏度高的润滑油能承受大的载荷，不易从齿面间被挤出，可形成良好的油膜。但黏度过高，润滑油本身的黏性会产生流动阻力，在齿面的啮合部位供给必要的油量就比较困难。相反如黏度过低，就不能保证设备按照流体动力润滑规则运行，油膜将会分解，承载能力降低，易引起齿面擦伤或磨损。

设备制造商所选用的润滑油黏度应是已充分考虑了风力发电机组的运行环境条件及技术状况。对于现场运行条件已确定的风力发电机组，在选择粘度上不宜做较大幅度的变更，最好保持与设备初装油品的一致。

2.润滑油的低温性能要求润滑油的黏度会随着温度的降低而增大，从而发黏变稠，影响泵送性能。所以在寒冷地区风力发电机组所选用的润滑油应当充分考虑低温性能的指标。

风力发电机组的起动特点是高转矩、低转速，对于飞溅式润滑的齿轮箱，由于润滑油黏度增大而产生的起动阻力基本可忽略。但是采用强迫式润滑的齿轮箱，由于存在低温泵送问题，就需要考虑润滑油的低温性能。润滑油在正常温度范围内能够满足泵送要求，但当温度低于某一数值后就会出现边界泵送状态，这个温度就叫边界泵送温度。低于这一温度，润滑油就不能正常泵送。油泵工作时，由于润滑油的黏度较高、流动性降低，油液因为不能及时流入油泵吸油口，导致空气进入泵体内部，产生气阻。此外，润滑油在整个润滑管路中的流动阻力增大，致使油泵过负荷工作，噪声增大，工作压力异常，使齿轮箱不能得到正常润滑，零件表面润滑条件不能满足正常要求，甚至出现干摩擦状态，大大加速了零件的磨损。严重时还会导致油泵电机过载停机或管路密封损坏造成润滑油的渗漏。因此，在寒冷地区运行的风力发电机组在选择润滑油时应充分考虑油的低温性能，以保证齿轮箱在低温、重载的恶劣工况下也能得到正常的润滑。统计资料显示，零件的磨损量有2/3是在设备起动阶段造成的。

油品的边界泵送温度一般比其倾点高3~7℃。为保证低温条件下设备的正常润滑，在选择润滑油时，油的泵送温度要低于环境最低温度。例如，环境最低温度为-20℃，那么，选用油品的倾点至少应低于-25℃，才能基本保证油温总是处在边界泵送温度以上(环境最低温度是指连续数日的平均温度，而不是极端最低温度)。

此外，还应当了解润滑油中添加剂的使用情况。添加剂的用途主要是:减少磨损、降低摩擦、降低氧化、抗泡沫以及防锈和抗腐蚀。合理的添加剂配方将进一步改善润滑油的性能指标，提高设备润滑的可靠性。

总之，风力发电机组选用的优质润滑油应满足到下列要求:

(1)具有坚韧的油膜和高负载能力，与零件表面接触时能有效分隔、承载及保护工作面，防止因重载、冲击和起动时带来的严重磨损，保证传动系统的机械效率，延长齿轮及轴承寿命;

(2)较好的化学稳定性，防止润滑油在高温下长期与空气接触所产生的氧化趋势。在长期使用后仍具有可靠的保护作用;

(3)工作温度下保持正常的粘度，在正常工况下能够形成保护油膜。在预期的低温工况下有良好的流动性;

(4)保护齿轮和轴承在潮湿环境中不被锈蚀，且油品本身没有腐蚀性，具有一定的抗泡沫性能。

3.液压油的低温性能要求。风力发电机组液压系统主要作用是刹车制动和液压传动，对机组的安全运行起着重要的作用。因此,液压系统不允许在低温时由于油太黏稠而影响控制的准确性,要求在低温工作环境下也能保证足够的可靠性和快速性。所以,液压油的倾点应更低一些。

6.3 润滑脂的选择

从风力发电机组目前发生的故障来看,齿轮箱、发电机、偏航等部位的齿轮、轴承部件的损坏磨损情况有:黏附磨损、腐蚀磨损、表面疲劳磨损、微动磨损和空蚀。根据风力发电机组结构的不同,需要油脂润滑的部位也不尽相同,主要有:主轴轴承、发电机轴承、偏航回转轴承、偏航齿圈的齿面、偏航齿盘表面。

轴承油脂多采用油脂加注枪手工定期加注。工作温度正常情况下一般在 35～90℃。

1. 主轴轴承风力发电机组常见的轴承布置形式有:

(1)主轴与主齿轮箱设计成一个整体,这种形式轴承与齿轮箱使用同一润滑系统,采用润滑油进行强迫式润滑;

(2)主轴独立设置两套主轴承,在轴承座处分别使用润滑脂进行润滑。

2. 发电机轴承一般有两个润滑点,部分机型采用人工定期加注油脂润滑,一般采用自动注油装置进行自动润滑。在满功率运行时,发电机轴承的工作温度较高,可达80℃以上,因此,发电机轴承用脂应具有较好的高温性能。

3. 偏航回转轴承和齿圈偏航回转轴承虽然承受负荷很大,但速度非常缓慢,在润滑方面无特殊要求,只要定期加注定量油脂即可。

偏航齿圈有内齿、外齿两种形式,一般为开式结构。在润滑上有使用润滑脂定期涂抹,也有用喷射型润滑复合剂喷涂。要求油品有较好的附着能力。

4. 偏航驱动机构常见的偏航驱动机构是由电动机或液压马达带动大速比的行星减速器驱动机舱旋转,减速器的功率不大,结构紧凑,内部充满润滑油。由于减速器是间断运行且运行时间较短,累积运行时间有限,对润滑油无特殊要求,但在低温地区使用时应考虑油品的低温性能。

5. 桨距调节机构不论是液压驱动还是电动驱动,都要通过机械机构执行变距动作,所以,变桨距机组的变距执行机构是重点润滑部位。

6. 偏航齿圈用复合剂偏航齿圈齿面的润滑主要有润滑脂涂抹和复合喷剂喷涂两种形式。润滑油脂和复合喷剂要求具有较高的黏度、良好的防水性和附着性,适用于开式轮。

6.4 常用油品

表1～表3分别列出了推荐的一些常用工业齿轮油、液压油和润滑脂油品牌号,其中有国产油脂,也有进口油脂,进口油脂主要是 Mobil(美孚),Shell(壳牌)、Esso(埃索)几个大石油公司的产品。国产齿轮油价格相对便宜,但性能质量偏低,目前使用范围较窄。从国内引进机组的用油情况看,大部分都是选用高级合成润滑油。随着国内油脂生产厂家技术水平的不断提高,风力发电机组对油品的选择范围上将会越来越宽。

表 1 常用工业齿轮油主要产品典型数据

油品系列	型号	黏度(40℃) [中间值]	黏度指数	倾点/℃	适用范围
Mobilgear SHC XMP 系列	150	150	166	-48	用于各类型工业闭式齿轮装置,尤其适合可能产生微点蚀的场合
	220	220	166	-45	
	320	320	166	-38	
	460	460	166	-36	
	680	680	166	-30	
Mobilgear SHC 系列	SHC150	143	148	-51	合成润滑油。用于温度极端和重负载下的任何类型闭式齿轮装置
	SHC220	210	152	-33	
	SHC320	305	155	-30	
	SHCA60	440	155	-25	
Shell Omala 系列	68	68	106	-24	适用于各类型重负载工业齿轮润滑
	100	100	101	-24	
	150	150	103	-18	
	220	220	97	-15	
	320	320	95	-9	
	460	460	95	-9	
	680	680	88	-9	
Esso Spartan SYN EP 系列	150	150	150	-52	适用于重负载工业齿轮及冲击负载齿轮
	220	220	151	-46	
	320	320	162	-46	
	460	460	167	-40	
	680	680	160	-30	
Tribol 1710 系列	220	220	142	-33	适用于重负载工业齿轮及冲击负载齿轮
	320	320	147	-30	
	460	460	143	-30	
长城全合成重负荷工业齿轮油	220	220	147	-48	适用于重负载工业齿轮及冲击负载齿轮
	320	320	149	-42	

表 2 常用抗磨液压油主要产品典型数据

油品系列	型号	黏度(40℃)[中间值]	黏度指数	倾点/℃	适用范围
长城 HM 系列	32	32	103	−15	用于环境温度 −15℃ ~ 60℃ 的液压系统
	46	46	103	−15	
	68	68	104	−13	
长城 HV 系列	32	32	180	−39	适用于寒冷地区工程机械液压系统
	46	46	165	−35	
	68	68	192	−35	
Mobil DTE 10M 系列	11M	16	150	−40	用于在低温下或在气温经常变化下操作的液压系统。适用各类型液压系统
	13M	33	150	−40	
	15	48	150	−40	
	16M	70	135	−40	
	18M	102	125	−37	
Mobil DTE 20 系列	DTE21	11	95	−24	优质抗磨液压油,可保持系统高度清洁。适用于普通至极重负载的液压系统
	DTE22	21	95	−24	
	DTE24	31	95	−18	
	DTE25	44	95	−18	
	DTE26	71	95	−18	
Shell Tellus Oil 系列	22	22	106	−30	适用于在有温度变化的环境中工作的机械设备
	32	32	113	−30	
	37	37	111	−30	
	46	46	109	−30	
Shell Tellus Oil T 系列	T15	15	151	−42	极优质液压油,粘度指数高。特别适用于温差较大的工作环境
	T22	22	151	−42	
	T32	32	152	−42	
	T37	37	150	−39	
	T46	46	153	−39	
Esso Univis N 系列	N15	14	151	−42	具有高粘度指数及低倾点,适合温差较大的工作环境
	N32	30	151	−39	
	N46	44	152	−36	
	N68	66	152	−33	

表 3 常用润滑油脂主要产品典型数据

油脂系列	型号	针入度	滴点/℃	操作温度范围/℃	适用范围
长城通用锂基润滑脂	1#	317	193	−20~120	用于各种机械设备的滚动和滑动轴承
	2#	280	194		
	3#	233194			
长城极压锂基润滑脂	00#	417	191	−20~120	用于大型设备的集中润滑系统。泵送性好
	0#	369	192		
	2#	280	195		
Shell Alvania Grease R 系列	R2	265~295	185	−30~100	主要用于球轴承和滚子轴承。适用于集中供脂系统
	R2	220~250	185		
Shell Dolium Grease R 系列	R	265~295	250	−30~175	适用于发电机使用
Esso Beacon EP 系列	EP1	315	198	−20~125	极压润滑脂,适合长期重载及振动负载
	EP2	275	198		
Esso UNIREX N 系列	N2	280	304	−30~125	耐高温,防锈蚀,适用于电机轴承
	N3	235	304		
Mobil lux EP 系列	1	325	170	−30~120	极压滑脂,低温泵送性好,适合集中供脂
	2	280	177		
	3	235	177		
Optimol	2−3	−	−	−30~140	适于低速轴承

6.4.1 油品使用中需要注意的问题

（1）油品不能随意混用

每种系列的润滑油都有它适合的使用条件,按黏度等级分为数个牌号。同一系列润滑油的基础油和添加剂种类相同,各牌号只是各种成份配合比例不同。所以,同一系列不同牌号的油可以混用,混合的结果是油的黏度发生变化,而其他性能变化不大。

不同系列润滑油的基础油和添加剂种类是有很大区别的,至少是部分不相同。如果混用,轻则影响油的性能品质,严重时会使油品变质。特别是中、高档润滑油,往往含有多种特殊作用的添加剂,当加有不同体系添加剂的油品相混时,就会影响它的使用性能,甚至使添加剂沉淀变质。因此,不同系列的润滑油决不能混合使用,否则将会严重损坏设备。

（2）油品的更换

在风力发电机组上,齿轮箱润滑油用量最大,它的更换周期直接关系到运行成本和维护工作量的大小。其他部位润滑油（脂）的用量小,有的部位是全损耗润滑,按使用要求定期补充更换即可。

齿轮箱润滑油在使用一个时期后，各项理化指标将发生变化，到一定程度后，油的润滑质量会大大降低，不能满足正常的润滑要求，再继续使用，将加剧部件磨损。这就要求定期或根据油的检验质量更换。

根据风力发电机组运行维护手册，不同的厂家对齿轮油的采样周期也不尽相同。一般要求每年采样一次，或者齿轮油使用两年后采样一次。对于发现运行状态异常的齿轮箱，根据需要，随时采集油样。齿轮油的使用年限一般为3～4年。虽然定期更换便于管理，但有时会将仍可继续使用的润滑油换掉，造成浪费。由于齿轮箱的运行温度、年运行小时以及峰值出力等运行指标不尽相同，笼统地以时间为限作为齿轮油更换的条件，在不同的运行环境下不一定能够保证齿轮箱经济、安全地运行。这就要求运行人员平时注意收集整理机组的各项运行数据，对比分析油品化验结果的各项参数指标，找出更加符合自己电场运行特点的油品更换周期。

在油品采样时，考虑到样品份数的限制，一般可选取运行状态较恶劣（如故障率较高、出力峰值较高、齿轮箱运行温度较高、滤清器更换较频繁）的机组作为采样对象。根据油品检验结果分析齿轮箱的工作状态是否正常，润滑油性能是否满足设备正常运行需要，并参照风力发电机组维护手册规定的油品更换周期，综合分析决定是否需要更换齿轮油。

油品更换前可根据实际情况选用专用清洗添加剂，更换时应将旧油彻底排干，清除油污，并用新油清洗齿轮箱，对箱底装有磁性元件的，还应清洗磁性元件，检查吸附的金属杂质情况。加油时按手册要求油量加注，避免油位过高，导致输出轴油封因回油不畅而发生渗漏。

6.5 风力发电机组的典型润滑位置

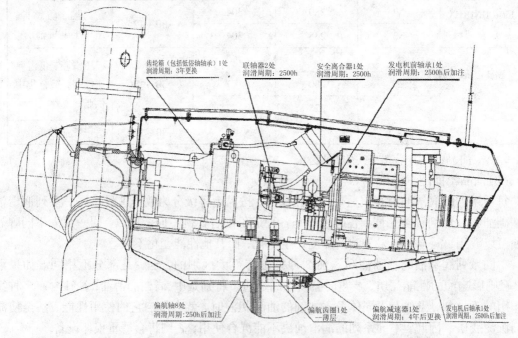

图7-7 定桨距失速型水平轴风力发电机组的典型润滑位置

6.6 风力发电机组日常运行记录分析

风电机组日常运行记录表

日期	开启时间	送风温度	送风湿度	运行状况	送风量	截面风速	送风模式	记录人
⋮	⋮	⋮	⋮	⋮	⋮	⋮	⋮	⋮

【探索思考】

1. 对风力发电机组的正常运行的工作任务内容进行详细描述。

2. 简述风力发电机组正常运行的注意事项。

学习情境八　风力发电机组异常运行

【学习目标】

※1. 知识目标

①熟悉风力发电机组的结构与工作原理；

②熟悉风力发电机组运行的主要内容；

③熟悉风力发电机组运行中的技术参数范围和注意事项；

④了解风电场对风力发电机组异常运行的处置原则；

⑤掌握风力发电机组在异常运行情况下的处理步骤和注意事项。

※2. 技能目标

①熟悉风力发电机组异常运行的操作技能；

②能够及时对异常运行风电机组进行停机操作；

③遇到紧急情况务必知道处理的原则，并迅速做出反应的能力；

④熟练掌握触电现场急救方法；

⑤必须掌握消防器材使用方法。

※3. 情感目标

①具有刻苦钻研、吃苦耐劳精神；

②具有敬岗爱业，团结协作精神；

③具有诚实守信，安全防范意识。

【相关知识】

风场事故应急处理预案：

本着"统一领导、分工协作、反应及时、措施果断、依靠科学"的原则，防止和减少事故、设备损坏、人员伤亡等重特大事故及对社会有严重影响的其它事故的发生，为保证社会稳定和人民生命财产安全，根据上级有关法规、制度，特制定本预案。

1. 值长是风场事故处理的指挥员，运行值班员在发生事故时，应立即报告故障现象及设备故障和保护动作情况，并依据事故处理规程和调度命令进行事故处理。

2. 发生全风场停电事故时，运行值班员应根据我场运行规程及处理事故预案进行处理，严防扩大事故。

3. 当发生电力设备损坏事故时，应立即汇报公司领导，调派车辆和设备进行更换，并积极与用户联系，保持协调，尽快恢复供电，减少损失。

4. 当发生电网大面积停电事故时，运行人员应迅速检查站内设备，详细记录当时负荷、气候、运行方式等情况，及时上报。

5. 当发生人员伤亡事故时，运行人员应立即与当地医护人员联系，并就地对受伤人员进行正确的抢救。

6. 做好重要节日、政治活动的保电措施，加强设备巡视检查，严肃劳动纪律和"两票三制"，防止各类事故的发生。

7. 为了防止地震、暴风雪等自然灾害对电力设备的损坏，平时要组织人员进行演习，储备必要的备品，并保证通讯的畅通和重要用户的供电。如果需要送电，在调度的统一安排下，运行人员要正确操作，通过联络线向电网返送电。以确保抢险和救援的电力供应。并配合抢修部门，排除电网险情，修复受损设备，恢复灾区供电。

【任务描述】

由于风机的运行工作主要集中在远程监控和故障复位，运行人员主要监视各项运行参数，观察是否出现异常数值，出现故障后，可以进行通过风机监控面板和虚拟面板远程复位启机，如果不能正常启机，通知维护检修人员处理。

【任务实施】

一、了解风力发电机组异常运行的原因

1.1 异常运行故障统计

在故障统计上，主要从二个层面上分析，一是故障停机时间（部件）占总的故障停机时间（部件）的比例，二是造成的直接、间接费用损失占整个故障损失费用的比例。应分析故障发生的确切原因，然后加以改进以避免故障的重复发生。尤其是叶片、齿轮箱、发电机等几个大型部件，应从被动失效分析判断，变成主动失效分析，也就是应定期对各部件及整个机组的状态进行预期失效分析，比如对齿轮箱啮合情况的测试、检查各轴承部位的运转状态、润滑油、脂的好坏等。对机组振动频谱分析、可提早和及时发现潜在的隐患，适时安排和指导检修，减少停机损失。

1.2 故障分类

1.2.1 按主要结构来分类

（1）电控类。电控类指的是电控系统出现的故障，主要指传感器、继电器、断路器、电源、控制回路等。

（2）机械类。机械类故障指的是机械传动系统、发电机、叶片等出现的故障，如机组振动、液压、偏航、主轴、刹车等故障。

（3）通信远传系统。通信远传系统指的是从机组控制系统到主控室之间的通信数据传输和主控室中远方监控系统所出现的故障。

1.2.2 从故障产生后所处状态来分类

（1）自启动故障（可自动复位）。

自启动故障指的是当计算机检测发现某一故障后，采取保护措施。等待一段时间后，故障状态消除或恢复正常状态，控制系统将自动恢复启动运行。

（2）不可自启动故障（需人工复位）。

不可自启动故障指的是当故障出现后，故障无法自动消除或故障比较严重，必须等运行人员到达现场进行检修的故障。

（3）报警故障。

报警故障可以归纳到不可自启动故障中，这种故障表明机组出现比较严重的故障，通过远控系统或控制柜中的报警系统进行声光报警，提示运行人员迅速处理。

故障信息有利于运行人员理解和查找，并指导运行人员进行故障处理，如哪些故障运行人员可以自选处理、哪些故障应通知厂家或请求其他技术人员帮助处理等。因此故障表应包括故障编号、故障名称、故障原因（源）、故障状态（如刹车、报警、90°偏航、能否自复位、故障时间等）。目前国际上各风电机组厂家所使用的控制系统不同，故障类型也各不相同，根据各厂家的故障表将各类风力发电机组出现的主要故障按前面的分类列出，包括故障可能出现的原因和应检查的部位，运行人员可以参考检查。

1.3 风电机组常见故障类型及原因

故障类型	产生故障原因
绝缘电阻低	电机及相关电路温度过高，机械性损伤，潮湿，灰尘，导电微粒或其它污染物污染侵蚀等
振动噪声大	转子系统转动不平衡，转子笼条有断裂、开焊、缩孔、轴颈不圆、轴变形、弯曲、齿轮箱与发电机系统轴线未校准，安装不牢固，基础不好或有共振，转子定子相碰擦等
轴承过热	不适合的润滑油，油位低或有杂质，轴电流过大，轴承磨损，轴弯曲、变形、轴承套不圆、变形，齿轮箱与电机系统的轴线未校准，冷却装置及管路故障
绕组断路，短路接地	扫组机械性拉断、损伤，电气回路连接焊接不牢，连接螺丝松动，接线头松动，匝间短路，潮湿，相序接错，过负荷，绝缘老化开裂，过电压过电流引起局部绝缘损坏，短路雷击损坏等

二、异常运行的处理要求和过程

2.1 事故处理基本要求

2.1.1 运行人员对风电场安全稳定运行负有直接责任。应及时发现问题，查明原因，防止事故过大，减少经济损失。

2.1.2 当风电场发生设备异常运行或事故时，当班值长应组织运行人员尽快排除异常，回复设备正常运行，并记录。

2.1.3 事故发生时，应采取措施控制事故不再扩大，并及时向有关领导报告，在事故原因调查清楚前，运行人员应保护好事故现场和损坏的设备。特殊情况例外（如人员伤亡）。如需立即抢修，应报告主管领导批准。

2.1.4 当事故发生在交接班过程中，则停止交接。由交班组处理，接班组辅助处理，处理完毕进行交接班。

2.1.5 事故处理完毕后，当班值长应将事故发生经过和处理情况，并根据计算机记录，保护信号及自动装置的动作情况进行分析,查明事故原因,并写出书面报告。

2.2 风电机组异常运行及事故处理

2.2.1 对于标示机组有异常情况的报警信号,运行人员根据报警信号所提供的部位进行现场检查和处理。

2.2.2 液压装置油位及齿轮箱油位偏低,应检查油压系统及齿轮箱有无泄漏,并及时加油恢复正常油压。

2.2.3 侧风仪故障。风机显示输出功率与对应风速有偏差时,检查风速风向仪的传感器有无故障,有则予以排除。

2.2.4 风机在运行中发现有异常声音,应查明响声部位,分析查明原因并作处理。

2.2.5 风机在运行中发生设备及部件超过运行温度热而自动停机的处理:风电机组在运行中发电机温度、可控硅温度、控制箱温度、齿轮箱温度、轴承温度等超过额定值则停机。运行人员应检查设备升温原因,如冷却系统及测温回路等,徐故障排除后,才可启动风机。

2.2.6 风电机组液压控制系统油压过低导致停机的处理。

运行人员经检查油泵工作是否正常,如油压泵正常,应检查油泵油压缸及有关阀门等。待排除故障后,回复机组正常运行。

2.2.7 风电机组因调向故障而造成自动停机的处理。

运行人员应检查调向机构电气回路,偏航电机与缠绕传感器工作是否正常。电动机损坏应予更换,对于因缠绕传感器故障是电缆不能松线的应予以处理,带故障排除后再恢复自启动。

2.2.8 风电机组超速或振动超过允许值而自动停机的处理。

风电机组运行中,由于甩负荷或控制系统失录造成风电机组超速;机械不平衡,造成机组振动超标。以上情况造成安全停机,运行人员应检查超速,振动原因,经处理才能允许重新启动呢。

2.2.9 风电机组运行中发生系统断电或线路开关跳闸的处理。

当电网发生系统故障造成停电时,运行人员应检查跳闸停电的原因,联系调度,带系统恢复正常,则重新启动机组。

2.3 机组特殊状况下的应急处理

2.3.1 风机在 5 分钟平均风速高于 20m/s 时,仍未停机,应将风机立即停止运行。

2.3.2 风机在齿轮箱油温高于 75℃ 时,风机自动限制符合运行,应立即通知检修人员进行登塔检查油冷系统。并做好相关信息的保存工作,以方便进行综合分析。

2.3.3 风机发电机转速超过 1820rpm 时,仍未停机,应将风机手动停机,并登塔检查。

2.3.4 当风机的偏航系统已超出极限值,仍未自动解缆,应停机进行手动解缆,并通知检修人员登塔检查偏航系统。

2.3.5 在风机超出工作极限的参数情况下,仍未停机,都应立即手动停机,进行登塔检查。

2.3.6 在电网参数波动比较大,或者是电网侧有操作时,应提前将风机停机,避免风机受损。

2.3.7 在气温较低,电网限制风场出力时,应将风机模式设置在 S0 状态,已保证风机能在第一时间内启机,避免因低温而故障停机。

风力发电机组故障分类统计一览表

故障部位	故障内容	故障现象	故障原因	保护状态	自启动
控制系统故障——传感器	风速计	风速与功率(转速)	风速仪损坏或断线	正常停机	否
	风向计	机舱方位	风向计损坏	正常停机	否
	转速传感器	当风轮静止,测量转速超过允许值或在风轮转动时,风轮转速与发电机转速不按齿轮速比变化	接近开关损坏或断线	正常停机	否
	PT100 温度传感器	当温度长时间不变或温度突变到正常温度以外	铂电阻 PT100 损坏或断线	正常停机	否
	振动传感器	振动不能复位	传感器故障或断线	紧急停机	否
控制系统故障——计算机	微处理器	微处理器不能复位	自检程序、内存、CPU 故障	紧急停机	否
	记录错误	记录不能进行	内部运算记录故障	记录被复位	是
	电池不足	电池电压低报警	电池使用时间过长或失效	警告	是
	时间错误	不能正确读取日期和时间	微处理器故障	警告	否
	内存错误				
	参数错误				
控制系统故障——电网故障	电压过高	电网电压高出设定值	电网负荷波动	正常停机	是
	电压过低	电网电压低于设定值	电网负荷波动	正常停机	是
	频率过高	电网频率高出设定值	电网波动	正常停机	是
	频率过低	电网频率低于设定值	电网波动	正常停机	是
	相序错误	电网三相与发电机三相不对应	电网故障、连接错误	紧急停机	是
	三相电流不平衡	三相电流中的一相电流超过保护设定值	三相电流不平衡	紧急停机	是
	电网冲击	电网电压电流在 0.1s 内发生突变	电网故障	紧急停机	是
控制系统故障——电源	主断器切除	主断路器断开	内部短路	紧急停机	否
	24V 电源	控制回路断电	变压器损坏或断线	紧急停机	否
	UPS 电源	当电网停电时,不能工作	电池或控制回路损坏	报警	否
	主接触器故障	主回路没接通	触头或线圈损坏	紧急停机	否

续表

控制系统故障——软并网	晶闸管	主断路器跳闸，晶闸管电流超过设定值	晶闸管缺陷或损坏	紧急停机	否
	并网次数过多	当并网次数超过设定值时	正常刹车、报警		是
	并网时间过长	并网时间超过设定值	正常刹车		否
控制系统故障——远控	远控开停机	远方操作风电机组启停，风电机不动作	通信故障、软件错误	报警	
	通信故障	远控系统不通信、不显示	通信系统损坏、计算机故障	报警	
控制系统故障——控制器	控制器内温度过低	控制器温度低于设定允许值	加热器损坏、控制元件损坏、断线	正常停机	是
	顶箱控制器故障或人为停机	顶箱控制器发生故障或人为操作停机		正常或紧急停机	否
	顶箱与底箱通信故障	顶箱与底箱不通信	通信电缆损坏或通信程序损坏	紧急停机	否
机械系统故障——风轮	风轮超速	风轮转速超过设定值转	速传感器故障或未正常并网	紧急停机	否
	叶尖刹车液压系统故障	叶尖刹车不能回位或甩出	液压缸、叶尖结构故障		
机械系统故障——发电机	发电机超速	发电机转速超过设定额定转速	发电机损坏、电网故障、传感器故障	紧急停机	否
	发电机轴承温度过高	发电机轴承超过设定保护温度（如90℃）	轴承损坏、缺油	紧急停机	否
	发电机定子温度过高	发电机定子温度超过设置值（140℃）	散热器损坏，发电机损坏	正常刹车	是
	发电功率输出过高	发电功率超过设定值（如 +15%）	叶片安装角不对	正常刹车	否
	电动启动时间过长	处于电动启动的时间超过允许值	刹车未打开、发电机故障	正常刹车	是
机械系统故障——齿轮箱	齿轮箱油温过高	齿轮箱油温超过允许值（如95℃）	油冷却故障、齿轮箱中部件损坏	正常刹车	否
	齿轮箱油温过低	齿轮箱油温低于允许的启动油温值	气温低、长时间未运行	正常刹车	否
	齿轮箱油滤清器故障	油流过滤清器时指示器报警	滤清器脏或失效		
机械系统故障——偏航	偏航电机热保护	在一定时间内偏航电机的热保护继电器动作	偏航过热、损坏	正常刹车	是
	解缆故障	当偏航积累一定圈数后未解缆	偏航系统故障	正常刹车	是

续表

机械系统故障——刹车	刹车故障	在停机过程中发电机转速仍保持一定值	刹车未动作	紧急刹车	否
	刹车片磨损（过薄）	磨损报警	长时间刹车片已磨薄	紧急刹车	否
	刹车时间过长	在刹车动作后一定时间内转速仍存在	刹车故障	紧急刹车	否
机械系统故障——振动	机组振动停机	振动传感器动作	部件如叶片不平衡、发电机损坏、螺栓松动	紧急停机	否
外界条件——风速	风速过高切出	风速超过切出风速	正常停机	是	
外界条件——温度	外界温度过高	外界温度超过机组设定最高温度	正常停机	是	
	外界温度过低	外界温度低于机组设定最低温度	正常停机	是	

2.4 风电机组因异常需要立即停机的操作顺序

2.4.1 利用主控室计算机进行控制停机。

2.4.2 当遥控失效时，则就地按正常停机按钮，如无效，则按紧急停机按钮。

2.4.3 仍然无效时，则断开送出断路器(根据接线达到停电目的)。

2.5 风电场事故处理原则

2.5.1 发生下列事故者，风电机组应立即进行停机处理。

2.5.1.1 叶片处于不正常位置或相互位置与正常状态不符。

2.5.1.2 风电机组主要保护装置拒动或失效时。

2.5.1.3 风电机组因雷击损坏。

2.5.1.4 风电机组应发生叶片断裂或严重机械故障。

2.5.2 风电机组起火时，运行人员应立即停机，并切断电源，迅速采取灭火措施，防止火势蔓延。当机组发生危及人员和设备安全的故障时，值班人员应立即断开机组送出断路器。

2.5.3 风电机组发生开关跳闸，要先检查主回路，电器元器件，发电机绝缘，主开关整定动作值是否正确，确定无误后才能启动。否则应退出运行做进一步检查。

2.5.4 发生事故应立即检查，调查，分析事故。必须实事求是，尊重科学，严肃认真，做到"四不放过"的原则。

如风电机组仍在保修期内，发生问题应联系厂家处理。

【思考分析】

1. 在风力发电机组出现紧急情况时，你应该做什么？为什么？

2. 详细阐述风力发电机组异常运行情况的表现有哪些？

3. 简述风电场对风力发电机组异常运行的处理原则。

学习情境九 风力发电机组巡检与维护

【学习目标】

※1. 知识目标

①学会机组常规巡检和故障处理的方法；

②能够熟练掌握风力发电机组的年度例行维护的主要内容；

③熟悉风力发电机组的年度例行维护的计划、组织及管理工作；

④了解风力发电机组维护工作中的安全注意事项；

⑤掌握风力发电机组运行维护记录单的填写方法。

※2. 技能目标

①学会对风力发电机组进行故障的分类统计和记录；

②初步具备风力发电机组故障分析和处理能力；

③掌握风力发电机组变桨系统的常见故障和维护技术；

④掌握风力发电机组偏航系统的常见故障和维护技术；

⑤掌握风力发电机组液压系统的维护技术；

⑥掌握风力发电机组齿轮箱的常见故障及预防措施；

⑦掌握风力发电机组齿轮箱的检查维护技术；

⑧掌握风力发电机控制系统的常规维护技术；

⑨熟练掌握触电现场急救方法；

⑩必须掌握消防器材使用方法。

※3. 情感目标

①具有刻苦学习、吃苦耐劳精神；

②具有敬岗爱业，团结协作精神；

③具有诚实守信，安全防范意识。

【相关知识】

风电场必须坚持贯彻"预防为主，计划检修"的方针。始终坚持"质量第一"的思想，切实贯彻"应修必修，修必修好"的原则，使设备处于良好的工作状态。正确的维护保养是风机能长期可靠运行的关键。本章所推荐的维护保养程序都非常重要，不适当甚至是错误的维修保养方法会严重影响风机的正常运行。为了维持良好的风机运行状况，请正确按照规范的要求进行维护工作。

规范的维护和保养工作包括按要求定期检查风机、定期进行润滑和螺栓紧固、使用推荐的材料，运行或服务人员在完成每次的维护和保养工作都要尽可能详细地记录下维护的内容、时间，这样有助于提高维护工作的质量和效率。

风力发电机组运行值班员应定期对风电机组、风电场测风装置、升压站、场内高压配电线路进行巡回检查，发现缺陷及时处理，并登记在缺陷记录本上。检查风电机组在运行时有无异常声音、叶片运行状态、变桨系统、液压系统、传动系统、偏航系统、刹车系统工作是否正常，电缆扭缆情况，检查风电机组各部分是否渗油。当气候异常、机组非正常运行或新设备投入时，需要增加巡视检查内容及次数。对主控室计算机系统和通信设备应定期进行检查维护。

风电场定期巡视制度规定，运行人员对监控风电场安全稳定运行负有直接责任，应按要求定期到现场通过目视观察等直观方法对风力发电机组的运行状况进行巡视检查。应当注意的是，所有外出工作(包括巡检、起停风力发电机组、故障检查处理等)出于安全考虑均需两人或两人以上同行。

检查工作主要包括风力发电机组在运行中有无异常声响、叶片运行的状态、偏航系统动作是否正常、塔架外表有无油迹污染等。巡检过程中要根据设备近期的实际情况有针对性地重点检查故障处理后重新投运的机组，重点检查起停频繁的机组，重点检查负荷重、温度偏高的机组，重点检查带"病"运行的机组，重点检查新投入运行的机组。若发现故障隐患，则应及时报告处理，查明原因，从而避免事故发生，减少经济损失。同时在《风电场运行日志》上做好相应巡视检查记录。

当天气情况变化异常(如风速较高，天气恶劣等)时，若机组发生非正常运行，巡视检查的内容及次数由值长根据当时的情况分析确定。当天气条件不适宜户外巡视时，则应在中央监控室加强对机组的运行状况的监控。通过温度、出力、转速等的主要参数的对比，确定应对的措施。

风力发电机组的维护主要包括日常故障检查处理、年度例行维护及非常规维护。

【任务描述】

风力发电机组巡视与维护工作任务主要包括：风力发电机组在运行中有无异常声响、叶片运行的状态、偏航系统动作是否正常、塔架外表有无油迹污染等。若发现故障隐患，则应及时报告处理，查明原因，从而避免事故发生，减少经济损失。同时在《风电场运行日志》《风力发电机组缺陷记录簿》上做好相应巡视检查记录。

【任务实施】

一、风力发电机组的巡检

为保证风力发电机组的可靠运行，提高设备可利用率，在日常的运行维护工作中建立日常登机巡检制度。维护人员应当根据机组运行维护手册的有关要求并结合机组运行的实际状况，有针对性地列出巡检标准工作内容并形成表格，工作内容叙述应当简单明了，目的明确，便于指导维护人员的现场工作。通过巡检工作力争及时发现故障隐患，防范于未然，有效地提高设备运行的可靠性。有条件时应当考虑借助专业故障检测设备，加强对机组运行状态的监测和分析，进一步提高设备管理水平。

（1）常规巡视的主要工作包括：机组有无异常声响、叶轮的运行状态、偏航系统的状态、电缆有无绞缠的情况，塔架外表有无有油污染等。

重点检查：故障处理后重新运行的机组、启停频繁的机组、负荷重、温度偏高的机组、带"病"运行的机组、新投入运行的机组。

巡检过程中要根据设备近期的实际情况有针对性地对以下机组进行检查：①故障处理后重新投运的机组；②启停频繁的机组；③负荷重、温度偏高的机组；④带"病"运行的机组；⑤新投入运行的机组。若发现故障隐患，则应及时报告处理，查明原因，从而避免事故发生，减少经济损失。同时在《风电场运行日志》上做好相应巡视检查记录。

当天气情况变化异常（如风速较高，天气恶劣等）时，若机组发生非正常运行，巡视检查的内容及次数由值长根据当时的情况分析确定。当天气条件不适宜户外巡视时，则应在中央监控室加强对机组的运行状况的监控。通过温度、出力、转速等的主要参数的对比，确定应对的措施。

（2）特殊巡视项目包括：①设备过负荷或负荷明显增加；②恶劣气候和天气突变后；③事故跳闸；④设备异常或有可疑现象；⑤设备经检修改造、或长期停用后重新投入系统运行；⑥雨雪天气后，对户外的端子箱、机构箱、控制箱进行检查巡视；⑦新设备投入运行；⑧上级有通知及节假日的临时巡视任务。

金风 77/1500 日常巡检单

风机号：_____　　　　　　　检查人员：_____

风　速：_____　　　　　　　日　期：_____

序号	塔架底平台部分检查项目	检查结果	备注
1	是否有异味		
2	是否有异常声音		
3	水冷系统的压力		
4	水冷系统的温度		
5	水冷系统管路是否漏水		
6	水冷系统管路是否有磨损		

序号	塔架附件部分检查项目	检查结果	备注
1	梯子螺丝是否松动		
2	塔架灯正常		
3	电缆是否扭		
4	扭缆钢丝绳是否正常		
5	马鞍子处电缆是否下垂，与平台距离是否合适		

序号	塔架上平台部分检查项目	检查结果	备注
1	是否有油迹，查找漏油源		
2	偏航刹车片位置是否正常		
3	偏航声音是否正常		

续表

序号	机舱部分检查项目	检查结果	备注
1	偏航减速器是否漏油		
2	偏航减速器油位是否正常		
3	偏航轴承齿圈润滑是否良好		
4	液压油位是否正常		
5	液压系统压力（140bar——160bar）		
6	液压连接管路是否漏油		
7	液压站过滤器堵塞指示钮是否顶出		
8	自动加脂器中油脂是否短缺		
9	发电机转动的声音是否正常		
10	机舱内是否有异味		
11	机舱照明是否正常		
12	提升机及附件是否正常		
13	叶轮锁定是否能正常使用		
14	叶轮锁定销和叶轮锁定闸周围是否有铁屑		
15	主电缆是否有损伤		

序号	轮毂部分检查项目	检查结果	备注
1	变桨减速器是否漏油		
2	变桨减速器油位是否正常		
3	变桨齿形带外观和固定是否良好		
4	变桨齿形带张紧度是否正常		
5	轮毂内清洁是否良好		
6	发电机转速传感器是否固定良好		
7	0度接近开关是否固定良好		
8	90度限位开关是否固定良好		
9	变桨盘上的挡块是否固定良好		
10	变桨柜内部是否有器件松动		
11	变桨柜支架是否有松动和断裂		
12	轮毂内的螺栓是否有松动		

设 备 缺 陷 记 录 簿

编号	发现日期及时间	设备名称	缺陷详情	发现人	处理意见	站长	上报日期	处理结果,日期及处理负责人

二、风力发电机组的维护

为了提高风力发电机组的可靠性,延长机组的使用寿命,日常维护十分重要。风力发电机组重在维护,而不在维修。

风力发电机组的维护按照维护周期分为日常性维护、定期检修和事故检修。

日常性维修是指风电场运行人员平时(每日)应进行的检查、调整、注油、清理以及临时发生故障的检查、分析和处理。检查风电机组液压系统和齿轮箱以及其他润滑系统有无泄漏,油面、油温是否正常,油面低于规定时要及时加油。对设备螺栓应定期检查、紧固。对液压系统、齿轮箱、润滑系统应定期取油样进行化验分析,对轴承润滑点定时注油,对爬梯、安全帽、照明设备等安全设施应定期检查控制箱应保持清洁,定期进行清扫对主控室计算机系统和通信设备应定期进行检查和维护。

定期检修通常是按厂家规定定期进行检修,一般对如下部件的状态进行检查:叶片、齿轮箱、发电机、塔架、刹车系统、偏航系统、传感器、主轴、各部位螺栓、控制系统等部件。除状态检查外应进行有关功能试验,包括超速、叶片顺桨、正常和紧急停机试验等。检修中的测量包括刹车间隙、螺栓预紧力、接地电阻、计量系统的标定、油品取样化验以及发电机的部位的绝缘测量等。还包括对整个机组的清理,如:漏油的清理、灰尘清理;滤清器清理。

事故检修是当风电机组一些大的部件损坏,如叶片、发电机、齿轮箱等,需要拆下来修理。一般为设备事故,应立即分析原因并采取处理措施,通常与厂家联系或请专业厂家进行修理。如果某个部件经常出现故障时,应考虑安排配备事故备件。

风力发电机组的维护主要内容包括机组日常故障检查处理、年度例行维护及非常规维护。在工作中应根据电场实际执行下列标准:

DL/T797 – 2001《风力发电场检修规程》

SD230 – 1987《发电厂检修规程》

SD230 – 1987《发电厂检修规程》

DL/T574 – 1995《有载分接开关运行维修导则》

1.风力发电机组的日常故障检查处理

(1)当标志机组有异常情况的报警信号时,运行人员要根据报警信号所提供的故障信息及故障发生时计算机记录的相关运行状态参数,分析查找故障的原因,并且根据当时的气象条件,采取正确的方法及时进行处理,并在《风电场运行日志》上认真做好故障处理记录。

(2)风电机组运行中发生主空气开关动作时,运行人员应当目测检查主回路元器件外观及电缆接头处有无异常,在拉开箱变侧开关后应当测量发电机、主回路绝缘以及可控硅是否正常。若无异常可重新送电,借助就地监控机提供的有关故障信息进一步检查主空气开关动作的原因。若有必要应考虑检查就地监控机跳闸信号回路及空气开关自动跳闸机构是否正常,经检查处理并确认无误后,才允许重新启动风电机组。

(3)当风电机组运行中发生与电网有关故障时,运行人员应当检查场区输变电设施是否正常。在断开主空气开关后应当检查有关电量检测组件及回路是否正常,熔断器及过电压保护装置是否正常。若有必要应考虑进一步检查电容补偿装置和主接触器工作状态是否正常,经检查处理并确认无误后,才允许重新启动风电机组。

(4)由气象原因导致的风电机组过负荷或电机、齿轮箱过热停机、叶片振动、过风速保护停机或低温保护停机,如果风电机组自起动次数过于频繁,值班长可根据实际情况决定风电机组是否继续投入运行。

(5)若风电机组运行中发生系统断电或线路开关跳闸,即当电网发生系统故障造成断电或线路故障导致线路开关跳闸时,运行人员应检查线路断电或跳闸原因(若逢夜间应首先恢复主控室用电),待系统恢复正常,则重新启动机组并网运行。

(6)当液压系统油位及齿轮箱油位偏低时,应检查液压系统及齿轮箱有无泄漏现象发生。若是,则根据实际情况采取适当防止泄漏措施,并补加油液,恢复到正常油位。在必要时应检查油位传感器的工作是否正常。

(7)当风力发电机组液压控制系统压力异常而自动停机时,运行人员应检查油泵工作是否正常。如油压异常,应检查液压泵电动机、液压管路、液压缸及有关阀体和压力开关,必要时应进一步检查液压泵本体工作是否正常,待故障排除后再恢复机组运行。

(8)当风速仪、风向标发生故障,即风力发电机组显示的输出功率与对应风速有偏差时,应检查风速仪、风向标转动是否灵活。如无异常现象,则进一步检查传感器及信号检测回路有无故障,如有故障予以排除。

(9)当风力发电机组在运行中发现有异常声响时,应查明声响部位。若为传动系统故障,应检查相关部位的温度及振动情况,分析具体原因,找出故障隐患,并做出相应处理。

(10)当风力发电机组在运行中发生设备和部件超过设定温度而自动停机时,即风力发电机组在运行中发电机温度、晶闸管温度、控制箱温度、齿轮箱温度、机械卡钳式制动器刹车片温度等超过规定值而造成了自动保护停机。此时运行人员应结合风力发电机组当时的工况,通过检查冷却系统、刹车片间隙、润滑油脂质量,相关信号检测回路等,查明温度上升的原因。待故障排除后,才能起动风力发电机组。

(11)当风力发电机组因偏航系统故障而造成自动停机时,运行人员应首先检查偏航系统电气回路、偏航电动机、偏航减速器以及偏航计数器和扭缆传感器的工作是否正常。必要时应检查偏航减速器润滑油油色及油位是否正常,借以判断减速器内部有无损坏。对于偏航齿圈传动的机型还应考虑检查传动齿轮的啮合间隙及齿面的润滑状况。此外,因扭缆传感器故障致使风力发电机组不能自动解缆的也应予以检查处理。待所有故障排除后再恢复起动风力发电机组。

（12）当风力发电机组转速超过限定值或振动超过允许振幅而自动停机时，即风力发电机组运行中，由于叶尖制动系统或变桨系统失灵，瞬时强阵风以及电网频率波动造成风力发电机组超速；由于传动系统故障、叶片状态异常等导致的机械不平衡、恶劣电气故障导致的风力发电机组振动超过极限值。以上情况的发生均会使风力发电机组故障停机。此时，运行人员应检查超速、振动的原因，经检查处理并确认无误后，才允许重新起动风力发电机组。

（13）当风力发电机组桨距调节机构发生故障时，对于不同的桨距调节形式，应根据故障信息检查确定故障原因，需要进入轮毂时应可靠锁定叶轮。在更换或调整桨距调节机构后应检查机构动作是否正确可靠，必要时应按照维护手册要求进行机构连接尺寸测量和功能测试。经检查确认无误后，才允许重新起动风力发电机组。

（14）当风力发电机组安全链回路动作而自动停机时，运行人员应借助就地监控机提供的故障信息及有关信号指示灯的状态，查找导致安全链回路动作的故障环节，经检查处理并确认无误后，才允许重新起动风力发电机组。

（15）当风力发电机组运行中发生主空气开关动作时，运行人员应当目测检查主回路元器件外观及电缆接头处有无异常，在拉开箱变侧开关后应当测量发电机、主回路绝缘以及晶闸管是否正常。若无异常可重新试送电，借助就地监控机提供的有关故障信息进一步检查主空气开关动作的原因。若有必要应考虑检查就地监控机跳闸信号回路及空气开关自动跳闸机构是否正常，经检查处理并确认无误后，才允许重新起动风力发电机组。

（16）当风力发电机组运行中发生与电网有关故障时，运行人员应当检查场区输变电设施是否正常。若无异常，风力发电机组在检测电网电压及频率正常后，可自动恢复运行。对于故障机组必要时可在断开风力发电机组主空气开关后，检查有关电量检测组件及回路是否正常，熔断器及过电压保护装置是否正常。若有必要应考虑进一步检查电容补偿装置和主接触器工作状态是否正常，经检查处理并确认无误后，才允许重新起动机组。

（17）由气象原因导致的机组过负荷或电机、齿轮箱过热停机，叶片振动，过风速保护停机或低温保护停机等故障，如果风力发电机组自起动次数过于频繁，值班长可根据现场实际情况决定风力发电机组是否继续投入运行。

（18）若风力发电机组运行中发生系统断电或线路开关跳闸，即当电网发生系统故障造成断电或线路故障导致线路开关跳闸时，运行人员应检查线路断电或跳闸原因（若逢夜间应首先恢复主控室用电），待系统恢复正常，则重新起动机组并通过计算机并网。

（19）风力发电机组因异常需要立即进行停机操作的顺序：

①利用主控室计算机遥控停机。

②遥控停机无效时，则就地按正常停机按钮停机。

③当正常停机无效时，使用紧急停机按钮停机。

④上述操作仍无效时，拉开风力发电机组主开关或连接此台机组的线路断路器，之后疏散现场人员，做好必要的安全措施，避免事故范围扩大。

（20）风力发电机组事故处理：在日常工作中风电场应当建立事故预想制度，定期组织运行人员做好事故预想工作。根据风电场自身的特点完善基本的突发事件应急措施，对设备的突发事故争取做到指挥科学、措施合理、沉着应对。

发生事故时，值班负责人应当组织运行人员采取有效措施，防止事故扩大并及时上报有关领导。同时应当保护事故现场（特殊情况除外），为事故调查提供便利。

事故发生后，运行人员应认真记录事件经过，并及时通过风力发电机组的监控系统获取反映机组运行状态的各项参数记录及动作记录，组织有关人员研究分析事故原因，总结经验教训，提出整改措施，汇报上级领导。

金风科技1500风力发电机组维护记录

风场名称		风机编号（业主编号）	
机组编号（出厂编号）		投运日期	
维护开始日期		维护结束日期	
运行小时数		发电小时数	
已发电量		维护类型	
维护小组负责人（签名）		现场负责人：	
维护小组成员（签名）			
监督人员（签名）			
业主确认（签名）			
日期			

风电场维护周期表

日期	内容	要求	完成情况	维护人	值班负责人
1	蓄电池检测维护和室内清扫。	测量单个电池电压，检查电池外无溶液，室内地面及台板清洁。			
2	110千伏及主变场地端子箱及机构箱检查清扫。	端子箱内应干燥，无孔洞，机构箱内无杂物。			
3	35KV配电室高压开关柜屏面清擦。	屏面无积灰，无蛛网。			
4	安全工具及常用工具检查，整理，清点。	封存、修理不合格的安全工具，工器具摆放整齐，便于取用，工具室内应整洁。			
5	主变压器冷却装置电源回路及保险检查。	检查冷却装置工作、备用电源能否自动切换投入，换坏保险。			
6	对门锁及防误闭锁装置进行检查。	锁开启灵活，无锈蚀现象，隔离开关及遮栏门上锁齐备；防误闭锁装置完好。			

续表

7	直流屏检测及盘面、盘后清扫。	蓄电池运行方式正确,各馈线供电合理,屏上保险检查导电良好,盘前后整洁。			
8	事故照明回路检查。	对事故照明进行切换检查,更换灯泡。			
9	110千伏及主变场区照明检查。	开灯检查,换坏灯泡。			
10	35千伏配电室照明检查。	开灯检查,换坏灯泡。			
11	照明检查(控制室、蓄电池室、站用电室、走廊)。	开灯检查,换坏灯泡。			
12	站用电室维护、清扫、检测。	站用电运行方式合理,各馈线保险完好,盘面清洁、室内干净。			
13	消防用具、防火设施检查。	消防设备保管妥善,存放整齐、合格。			
14	检查全站门窗、孔洞及防小动物措施。	所有配电室门窗关闭严密,孔洞确已堵严,玻璃完整无缺。			
15	对主控室所有保护压板位置进行核对性检查,盘面清扫。	保护压板投退位置应符合调度要求,压板接触良好。盘面无积灰。			
16	主变油位检查,呼吸器硅胶颜色正常,冷却器将备用切换投入。	硅胶变色立即更换,备用和运行的冷却器进行启、停检查,并投入运行。			
17	检查全站设备接点。	对满负荷及过负荷设备接点进行测温。			
18	对全站重合闸检查、测试。	试验重合闸动作良好,信号掉牌正确。			
19	对室外断路器合闸保险检查、测试。	合闸保险接触良好,无熔断现象。			
20	对室内断路器合闸保险检查、测试。	合闸保险接触良好,无熔断现象。			
21	对主控制室控制保险检查、测试。	控制保险接触良好,无熔断现象。			
22	对通信总机、分机及录音机进行维护。	各电话畅通,录音机收录正常。			

23	对主控制室继电保护定值核对。	保护定值应符合调度要求。			
24	配电室继电保护定值核对。	保护定值应符合调度要求。			
25	对室外所有隔离开关锁开启或防误闭锁装置检查，锁头注油。	防误闭锁装置完好，锁开启灵活，无锈蚀现象，刀闸及遮栏门上锁齐备。			

2. 风力发电机组的年度例行维护

年度例行维护是风力发电机组安全可靠运行的主要保证，坚持"预防为主，计划检修"的原则，根据机组制造商提供的年度例行维护内容并结合设备运行的实际情况制定并实施年度维护计划。同时，不得擅自更改维护周期和内容，切实做到"应修必修，修必修好"，使设备处于正常的运行状态。

运行人员应当认真学习掌握各种型号机组的构造、性能及主要零部件的工作原理，并一定程度上了解设备的主要总装工艺和关键工序的质量标准。在日常工作中注意基本技能和工作经验的培养和积累，不断改进风力发电机组维护管理的方法，提高设备管理水平。

一、年度例行维护的主要内容和要求

1. 电气部分

(1)传感器功能测试与检测回路的检查；

(2)电缆接线端子的检查与紧固；

(3)主回路绝缘测试；

(4)电缆外观与发电机引出线接线柱检查；

(5)主要电气组件外观检查(如空气断路器、接触器、继电器、熔断器、补偿电容器、过电压保护装置、避雷装置、晶闸管组件、控制变压器等)；

(6)模块式插件检查与紧固；

(7)显示器及控制按键开关功能检查；

(8)电气传动桨距调节系统的回路检查(驱动电动机、储能电容、变流装置、集电环等部件的检查、测试和定期更换)；

(9)控制柜柜体密封情况检查；

(10)机组加热装置工作情况检查；

(11)机组防雷系统检查；

(12)接地装置检查。

2. 机械部分

(1)螺栓连接力矩检查；

(2)各润滑点润滑状况检查及油脂加注；

(3)润滑系统和液压系统油位及压力检查；

(4)滤清器污染程度检查，必要时更换处理；

(5)传动系统主要部件运行状况检查；

(6)叶片表面及叶尖扰流器工作位置检查；

(7)桨距调节系统的功能测试及检查调整；

(8)偏航齿圈啮合情况检查及齿面润滑；

(9)液压系统工作情况检查测试；

(10)钳盘式制动器刹车片间隙检查调整；

(11)缓冲橡胶组件的老化程度检查；

(12)联轴器同轴度检查；

(13)润滑管路、液压管路、冷却循环管路的检查固定及渗漏情况检查；

(14)塔架焊缝、法兰间隙检查及附属设施功能检查；

(15)风力发电机组防腐情况检查。

二、年度例行维护周期

正常情况下，除非设备制造商的特殊要求，风力发电机组的年度例行维护周期是固定的，即：

新投运机组:500h(一个月试运行期后)例行维护；

已投运机组:2500h(半年)例行维护；

5000h(一年)例行维护。

部分机型在运行满 3 年或 5 年时，在 5000h 例行维护的基础上增加了部分检查项目，实际工作中应根据机组实际运行状况参照执行。

下表是某风力发电机组定期维护计划，可供参考。

风力发电机组定期维护计划

X:检查 　　OL:检查油位 　　　T:检查油品质量

C:换油 　　G:加注润滑油脂 　　　 –:无维护项目

维护工作内容	组装	第1个月	3个月	半年	1年	其他
塔架/塔架的联接螺栓	X 全部	X 全部	–	X3	X3	–
塔架 4 基础的联接螺栓	X 全部	X 全部	–	X3	X3	–
偏航轴承的联接螺栓	X 全部	X 全部	–	X3	X3	–
叶片的联接螺栓	X 全部	X 全部	–	X3	X3	–
轮毂 4 叶片的联接螺栓	X 全部	X 全部	–	X3	X3	–
齿轮箱 4 机舱底板联接螺栓	X 全部	X 全部	–	X3	X3	–
齿轮油油位	OL	OL	OL	OL	T, C 至少 4 年后	
齿轮油过滤器	–	C	–	C	C	–
钳盘式刹车联接螺栓	X 全部	X 全部	–	X3	X3	–
刹车的联接螺栓	X 全部	X 全部	–	X3	X3	–
检查钳盘式刹车闸垫	X	X	X	X	X	–
发电机联接螺栓,润滑油脂	X,G	X,G	G	G	X,G	–
万向节联接螺栓,润滑油脂	X,G	X,G	G	G	X,G	–

偏航齿轮箱/底板联接螺栓	X	X	–	–	X	–
偏航齿轮箱油位	OL	OL	OL	OL	C/2 年	–
偏航轴承润滑	–	G	G	G	G	–
偏航齿润滑	G	G	G	G	G	–
偏航刹车的联接螺栓	X 全部	X 全部	–	–	X 全部	–
检查偏航刹车闸垫	–	X	X	X	X	–
液压油油位	OL	OL	OL	OL	C/2 年	–
液压油过滤器	–	C			C/2 年	–
振动传感器功能检查	X	X			X	–
扭缆开关功能检查	X	X	X		X	–
风速仪和风向标	X	X		X	X	–
上部开关盒	X	X		X	X	–
开关柜	X	X		X	X	–
叶片	X	–	X		X	–
塔架焊缝	X	–		X	X	–
防腐检查	X	X			X	–
清洁风机	X	X			X	–

注:X3 表示先抽查 3 个螺栓,如果有 1 个螺栓的力矩不对,就要检查所有的螺栓。

维护人员:

维护日期:

三、年度例行维护的计划、组织与管理

1. 年度例行维护计划的编制

风力发电机组年度例行维护计划的编制应以机组制造商提供的年度例行维护内容为主要依据,结合风力发电机组的实际运行状况,在每个维护周期到来之前进行整理编制。计划内容主要包括工作开始时间、工作进度计划、工作内容、主要技术措施和安全措施、人员安排以及针对设备运行状况应注意的特殊检查项目等。

在计划编制时还应结合风电场所处地理环境和风力发电机组维护工作的特点,在保证风力发电机组安全运行的前提下,根据实际需要可以适当调整维护工作的时间,以尽量避开风速较高或气象条件恶劣的时段。这样不但能减少由维护工作导致计划停机的电量损失,降低维护成本,而且有助于改善维护人员的工作环境,进一步增加工作的安全系数,提高工作效率。

2. 年度例行维护的组织形式

风力发电机组的年度例行维护在风电场的年度工作任务中所占的比例较重,科学合理地进行组织和管理,对风电场的经济运行至关重要。

依据风电场装机容量和人员构成的不同,出现较多的主要有以下两种组织形式,即集中平行式作业和分散流水式作业。

（1）集中平行式作业是指在相对集中的时间内，维护作业班组集中人力、物力，分组多工作面平行展开工作。装机数量较少的中小容量风电场多采用这种方式。

特点：工期相对较短，便于生产动员和组织管理。但是，人员投入相对较多，维护工具的需求量较大。

（2）分散流水式作业是指将整个维护工作根据工作性质分为若干阶段，科学合理地分配工作任务，实现专业分工协作，使各项工作之间最大限度地合理搭接，以更好的保证工作质量，提高劳动生产率。适于装机数量较多的大中型风电场。

特点：人员投入及维护工具的使用较为合理，劳动生产率较高，成本较低。但是，工期相对较长，对组织管理和人员素质的要求较高。

3.年度例行维护的管理

年度例行维护工作开始前，维护工作负责人应根据风电场的设备及人员实际情况选择适合自身的工作组织形式，提早制定出周密合理的年度例行维护计划，落实维护工作所需的备品备件和消耗物资，保证维护工作所需的安全装备及有精度要求的工量卡具已按规定程序通过相应等级的鉴定，并已确实到位。召开由维护人员和风电场各部门负责人共同参加的例行维护工作准备会，通过会议应协调好各部门间的工作，"以预防为主"督促检查各项安全措施的落实情况，确定各班组的负责人，"以人为核心"做到责任到人，分工负责，确保维护计划的各项工作内容得以认真执行，并按规定填写相应的质量记录。

工作中应做到"安全生产，文明操作"，爱惜工具，节约材料，在保证质量的前提下控制消耗、降低成本，并按规定填写有关质量记录，在工作负责人签字确认后及时整理归档。同时还应注意工作进度的掌握，加强组织协调。工作时要注意保持工作场地的卫生，废弃物及垃圾统一收集，集中处理，树立洁净能源的良好形象。

年度例行维护完成，检修工作负责人应对各班组提交的工作报告进行汇总整理，组织班组人员对在维护检修工作中发现的问题及隐患进行分析研究，并及时采取针对性的措施，进一步提高设备的完好率。最后，检修工作负责人应对维护检修计划的完成情况和工作质量进行总结。同时，还应综合维护检修工作中发现的问题，对本维护周期内风力发电机组的运行状况进行分析评价，并对下一维护周期内风力发电机组的预期运行状况及注意事项进行阐述，为今后的工作提供有益的积累。

3.风力发电机组的非常规维护

发生非常规维护时，应当认真分析故障的产生原因，制定出周密细致的维护计划。采取必要的安全措施和技术措施，保证非常规维护工作的顺利进行。重要部件（如叶轮、齿轮箱、发电机、主轴）的非常规维护，主要技术负责人应在场进行质量把关，对关键工序的质量控制点应按有关标准进行检验，确认合格后方可进行后续工作，一般工序由维护工作负责人进行检验。全部工作结束后，由技术部门组织有关人员进行质量验收，确认合格后进行试运行。由主要负责人编写风力发电机组非常规维护报告并存档保管，若有重大技术改进或部件改型，还应提供相应的技术资料及图纸。

风力发电机组非常规维护记录单的填写。《风力发电机组非常规维护记录单》主要记录风力发电机组非常规维护的主要工作内容、故障原因、主要参加人员、工作时间、机组编号等信息。

4.风电机组维护工作中的安全注意事项

(1)维护风力发电机组时应打开塔架及机舱内的照明灯具,保证工作现场有足够的照明亮度。

(2)在登塔工作前必须手动停机,并把维护开关置于维护状态,将远程控制屏蔽。

(3)在登塔工作时,要佩戴安全帽、系安全带,并把防坠落安全锁扣安装在钢丝绳上,同时要穿结实防滑的胶底鞋。

(4)把维修用的工具、润滑油等放进工具包里,确保工具包无破损。在攀登时把工具包挂在安全带上或者背在身上,切记避免在攀登时掉下任何物品。

(5)在攀登塔架时,不要过急,应平稳攀登,若中途体力不支可在中间平台休息后继续攀登,遇有身体不适,情绪异常者不得登塔作业。

(6)在通过每一层平台后,应将层平台盖板盖上,尽量减少工具跌落伤人的可能性。

(7)在风力发电机组机舱内工作时,风速低于12m/s时可以开启机舱盖,但在离开风力发电机组前要将机舱盖合上,并可靠锁定。在风速超过18m/s时禁止登塔工作。

(8)在机舱内工作时禁止吸烟,在工作结束之后要认真清理工作现场,不允许遗留弃物。

(9)若在机舱外高宝工作需系好安全带,安全带要与刚性物体联接,不允许将安全带系在电缆等物体上,且要两人以上配合工作。

(10)需断开主开关在机舱工作时,必须在主开关把手上悬挂警告牌,在检查机组主回路时,应保证与电源有明显断开点。

(11)机舱内的工作需要与地面相互配合时,应通过对讲机保证可靠的相互联系。

(12)若机舱内某些工作确需短时开机时,工作人员应远离转动部分并放好工具包,同时应保证急停按钮在维护人员的控制范围内。

(13)检查维护液压系统时,应按规定使用护目镜和防护手套。检查液压回路前必须开启泄压手阀,保证回路内已无压力。

(14)在使用提升机时,应保证起吊物品的重量在提升机的额定起吊重量以内,吊运物品应绑扎牢靠,风速较高时应使用导向绳牵引。

(15)在手动偏航时,工作人员要与偏航电动机、偏航齿圈保持一定的距离,使用的工具、工作人员身体均要远离旋转和移动的部件。

(16)在风力发电机组风轮上工作时需将风轮锁定。

(17)在风力发电机组起动前,应确保机组已处于正常状态,工作人员已全部离开机舱回到地面。

(18)若风力发电机组发生失火事故时,必须按下紧急停机键,并切断主空开及变压器刀闸,进行力所能及的灭火工作,防止火势蔓延,同时拨打火警电话。当机组发生危及人员和设备安全的故障时,值班人员应立即拉开该机组线路侧的断路器,并组织工作人员撤离险区。

(19)若风力发电机组发生飞车事故时,工作人员需立刻离开风力发电机组,通过远控可将风力发电机组侧风,在风力发电机组的叶尖扰流器或叶片顺桨的作用下,使风力发电机组风轮转速保持在安全转速范围内。

(20)如果发现风力发电机组风轮结冰,要使风力发电机组立刻停机,待冰融化后再开机,同时不要过于靠近风力发电机组。

(21)在雷雨天气时不要停留在风力发电机组内或靠近风力发电机组。雷击过后至少一小时才可以接近风力发电机组;在空气潮湿时,风力发电机组叶片有时因受潮而发出杂音,这时不要接近风力发电机组，以防止感应电。

5. 设备维护的注意事项

风电机组通常实施遥控，并利用电话线路等实现远方监视和自动通报，这是日常检查。为了定期验证这种自动监视的可靠性，还要进行每月1~2次的目视检查，此时应靠近机组确认有无异音、异味等。此外，还要进行每隔半年1次的定期检查，通常这种检查是与设备制造厂家签订协议，由厂家来进行检测仪器、电气设备功能的核对、确认，可动部分油脂的补给，易耗易损部件的更换，润滑油的更换等。

厂家前来维护检修的主要部位及内容是：

①塔架螺钉紧固，焊接状态，入口和机械的装配状况，有无生锈、损伤等；

②叶片有无损伤；

③油压设备动作灵敏，油的状态，有无生锈、损伤等；

④可动部分动作灵敏、紧固件、油脂补给、密封更换等状况；

⑤齿轮齿轮状态、油量和油质等；

⑥制动器动作确认、制动片更换、圆盘状态等；

⑦发电机紧固件松动、油脂补给、密封更换、电线电缆连接、绝缘电阻测定等；

⑧偏航齿轮油脂补给、损伤、间隙验证等。

6. 运行维护记录的填写

一、风电场运行日志的填写

《风电场运行日志》主要记录风电场日常的运行维护信息和场区有关气象信息。其主要内容有：机组的日常运行维护工作(包括安装、调试、故障处理、零部件更换)，机组的常规故障检查处理记录，巡视检查记录(含变电所)，场区当日的风速、风向、气温、气压，同时还应当注明当天值班人员以及发生故障时检查处理的主要参与人员。所有内容要求填写详细，尽可能包含较多的信息。

风电场运行日志

20　　年　　月　　日　　　　星期　　　　天气	
交接班终了 时间	安全运行无事故　　　　天
	安全运行无责任事故　　　　天
交班人：	
值班人：	
运行方式：	
备注：母线电压　　　　电池电压 　　　　整流电压　　　　整流电流	
今日工作：	

二、风力发电机组非常规维护记录单的填写

《风力发电机组非常规维护记录单》主要记录风力发电机组非常规维护的主要工作内容、主要参加人员、工作时间、机组编号等信息。

三、风力发电机组检修工作记录单的填写

《风力发电机组检修工作记录单》主要记录风力发电机组年度检修工作的项目，包括：工作检查测试项目、螺栓检查力矩、油脂用量、维护周期、主要参与人员、机组编号等信息。

四、风力发电机组零部件更换清单的填写

《风力发电机组零部件更换记录单》主要记录风力发电机组更换零部件的名称、产品编号、使用年限、更换日期、机组编号、工作人员等信息。

五、风力发电机组油品更换加注记录单

《风力发电机组油品更换加注记录单》主要记录风力发电机组使用的油品型号、更换及加注时的用量、使用年限、加注日期、机组编号、工作人员等信息。

以上记录单的填写，要求在工作完成后及时进行，力求做到记录内容清晰、字迹工整，填写人必须署名，填写完成后应当及时存档保管。

三、风力发电机的维护

3.1 发电机维护应注意的事项

(1)发电机的安装发电机安装前必须认真做好有关准备工作。

(2)电气连接及空载运转发电机的电力线路、控制线路、保护及接地 应按规范操作。

(3)保护镇定值为了保证发电机能长期、安全、可靠地运行。

(4)绝缘电阻电机绕组的绝缘电阻定义为绝缘对于直流电压的电阻，此电压导致产生通过绝缘体及表面的泄漏电流。

(5)电机的拆、装一般情况下，不需要拆开发电机进行维护保养。

(6)轴承滚动轴承是有一定寿命的、可以更换的标准件。

(7)电机的通风、冷却风力发电机一般为全封闭式电机，其散热条件 比开启式电机要差许多，因此设计机舱时必须考虑冷却通风系统的合理性。

3.2 风力发电机常见故障

风力发电机常见的故障有绝缘电阻低，振动噪声大，轴承过热失效和绕组断路、短路接地等。下面介绍引起这类故障的可能原因。

(1)绝缘电阻低造成发电机绕组绝缘电阻低的可能原因有，电机温度过高，机械性损伤，潮湿、灰尘、导电微粒或其他污染物污染侵蚀电机绕组等。

(2)振动、噪声大造成发电机振动、噪声大的可能原因有，转子系统(包括与发电机相联的变速箱齿轮、联轴器)动不平衡，转子笼条有断裂、开焊、假焊或缩孔，轴径不圆，轴弯曲、变形，齿轮箱——发电机系统轴线未对准，安装不紧固，基础不好或有共振，转子与定子相擦等。

(3)轴承过热、失效造成发电机轴承过热、失效的可能原因有，不合适的润滑脂，润滑脂过多或过少，润滑脂失效，润滑脂不清洁，有异物进入滚道，轴电流电蚀滚道，轴承磨损，轴弯曲、变形。轴承套不圆或椭圆形变形，电机底脚平面与相应的安装基础支撑平面不是自然的完整接触，电机承受额外的轴向力和径向力，齿轮箱——发电机系统轴线未对准，轴的热膨胀不能释放，轴承跑外圈，轴承跑内圈等。

(4)绕组断路、短路接地造成发电机绕组断路、短路接地的可能原因有，绕组机械性拉断、损伤，小头子和极间连接线焊接不良(包括虚焊、假焊)，电缆绝缘破损，接线头脱落，匝间短路，潮湿、灰尘、导电微粒或其他污染物污染、侵蚀绕组，相序反，长时间过载导致电机过热，绝缘老化开裂，其他电气元件的短路、故障引起的过电压(包括操作过电压)、过电流而引起绕组局部绝缘损坏、短路，雷击损坏等。

发电机故障后，首先应当找出引起故障的原因和发生故障的部位，然后采取相应的措施予以消除。必要时应由专业的发电机修理商或制造商修理。

四、风力发电机组变桨系统的维护

变桨系统是风力发电机的重要组成部分，其的所有部件都安装在轮毂上。风机正常运行时所有部件都随轮毂以一定的速度旋转。

4.1 变桨距机构类型

变桨距机构可分为两种：一种是电气执行机构，一种是液压执行机构。变桨运动控制系统用于调整风力机叶片的角度。整个系统包括伺服驱动器、伺服电机、限位开关、角度传感器、配电系统、后备电源等。动力电源及控制信号均通过滑环耦合器与电网及上位机连接。

图 9 - 1　变桨距系统安装部位

图 9 - 2　电动变桨距系统构成

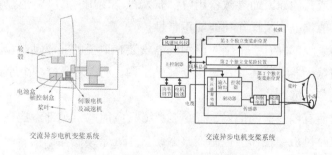

交流异步电机变桨系统　　　交流异步电机变桨系统

图 9 - 3　电动变桨距系统结构示意图

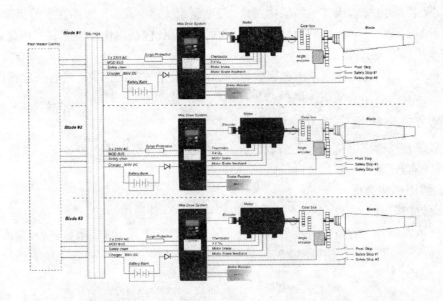

图 9-4

变浆系统通过控制叶片的角度来控制风轮的转速，进而控制风机的输出功率，并能够通过空气动力制动的方式使风机安全停机。

风机的叶片（根部）通过变浆轴承与轮毂相连，每个叶片都要有自己的相对独立的电控同步的变浆驱动系统。变浆驱动系统通过一个小齿轮与变浆轴承内齿啮合联动。

风机正常运行期间，当风速超过机组额定风速时（风速在 12m/s 到 25m/s 之间时），为了控制功率输出变浆角度限定在 0 度到 30 度之间（变浆角度根据风速的变化进行自动调整），通过控制叶片的角度使风轮的转速保持恒定。任何情况引起的停机都会使叶片顺浆到 90 度位置（执行紧急顺浆命令时叶片会顺浆到 91 度限位位置）。

变浆系统有时需要由备用电池供电进行变浆操作（比如变浆系统的主电源供电失效后），因此变浆系统必须配备备用电池以确保机组发生严重故障或重大事故的情况下可以安全停机（叶片顺浆到 91 度限位位置）。此外还需要一个冗余限位开关（用于 95 度限位），在主限位开关（用于 91 度限位）失效时确保变浆电机的安全制动。

由于机组故障或其他原因而导致备用电源长期没有使用时，风机主控就需要检查备用电池的状态和备用电池供电变浆操作功能的正常性。

每个变浆驱动系统都配有一个绝对值编码器安装在电机的非驱动端（电机尾部），还配有一个冗余的绝对值编码器安装在叶片根部变浆轴承内齿旁，它通过一个小齿轮与变浆轴承内齿啮合联动记录变浆角度。

风机主控接收所有编码器的信号，而变浆系统只应用电机尾部编码器的信号，只有当电机尾部编码器失效时风机主控才会控制变浆系统应用冗余编码器的信号。

4.2 变浆系统的作用

根据风速的大小自动进行调整叶片与风向之间的夹角实现风轮对风力发电机有一个恒定转速;利用空气动力学原理可以使桨叶顺桨90°与风向平行,使风机停机。

4.3 主要部件组成

电控箱(中控箱、轴控箱)	1套(4个)
变桨电机(配有变桨系统朱编码器:A 编码器)	3套
备用电池	3套
机械式限位开关	3套(6个)
限位开关支架及相关连接件	3套
冗余编码器:B 编码器	3套
冗余编码器支架、测量小齿轮及相关连接件	3套
各部件间的连接电缆及电缆连接器	1套

4.4 变桨系统各部件的连接框图

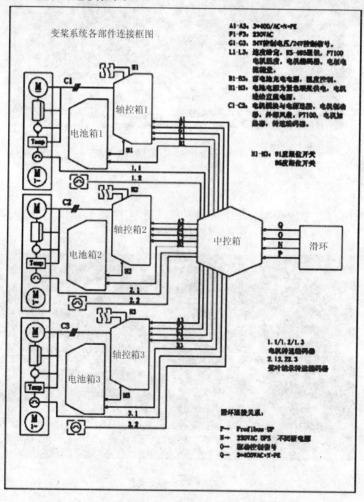

图 9-5 各部件间连接框图

变桨中央控制箱执行轮毂内的轴控箱和位于机舱内的机舱控制柜之间的连接工作。

变桨中央控制箱与机舱控制柜的连接通过滑环实现。通过滑环机舱控制柜向变桨中央控制柜提供电能和控制信号。另外风机控制系统和变桨控制器之间用于数据交换的 Profibus – DP 的连接也通过这个滑环实现。

变桨控制器位于变桨中央控制箱内,用于控制叶片的位置。另外,三个电池箱内的电池组的充电过程由安装在变桨中央控制箱内的中央充电单元控制。

4.4.1 中控箱

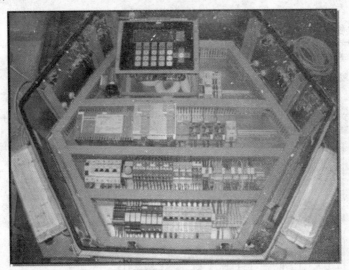

图 9 – 6　中控箱

4.4.2 轴控箱

在变桨系统内有三个轴控箱,每个叶片分配一个轴控箱。箱内的变流器控制变桨电机速度和方向。

图 9 – 7　轴控箱

4.4.3 电池箱

和轴控箱一样,每个叶片分配一个电池箱。在供电故障或 EFC 信号(紧急顺桨控制信号)复位的情况下,电池供电控制每个叶片转动到顺桨位置。

图 9-8　电池箱

4.4.4 变桨电机

变桨电机是直流电机,正常情况下电机受轴控箱变流器控制转动,紧急顺桨时电池供电电机动作。

图 9-9　变桨电机

4.4.5 冗余编码器

图 9-10　冗余编码器

4.4.6 限位开关

每个叶片对应两个限位开关:91度限位开关和96度限位开关。96度限位开关作为冗余开关使用。

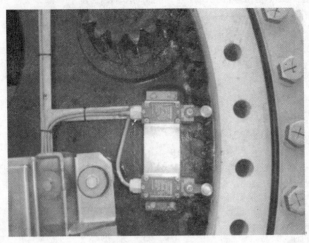

图9-11 限位开关

4.4.7 各部件间连接电缆

变桨中央控制箱、轴控箱、电池箱、变桨电机、冗余编码器和限位开关之间通过电缆进行连接。为了防止连接电缆时产生混乱,电缆有各自的编号。

4.5 变桨系统的保护种类

位置反馈故障保护:为了验证冗余编码器的可利用性及测量精度,将每个叶片配置的两个编码器采集到的桨距角信号进行实时比较,冗余编码器完好的条件是两者之间角度偏差小于2°;所有叶片在91°与95°位置各安装一个限位开关,在0°方向均不安装限位开关,叶片当前桨距角是否小于0°,由两个传感器测量结果经过换算确定。除系统掉电外,当下列任何一种故障情况发生时,所有轴柜的硬件系统应保证三个叶片以10°/s的速度向90°方向顺桨,与风向平行,风机停止转动:任意轴柜内的从站与PLC主站之间的通讯总线出现故障,由轮毂急停、塔基急停、机舱急停、震动检测、主轴超速、偏航限位开关串联组成的风机安全链以及与安全链串联的两个叶轮锁定信号断开(24V DC信号);无论任何一个编码器出现故障,还是同一叶片的两个编码器测量结果偏差超过规定的门限值;任何叶片桨距角在变桨过程中两两偏差超过2°;构成安全链、释放回路中的硬件系统出现故障;任意系统急停指令。变桨调节模式时,预防桨距角超过限位开关的措施:91°限位开关;到达限位开关时,变桨电机刹车抱闸;轴柜逆变器的释放信号及变桨速度命令无效,同样会使变桨电机静止。变桨电机刹车抱闸的条件:轴柜变桨调节方式处于自动模式下,桨距角超过91°限位开关位置;轴柜上控制开关断开;电网掉电且后备电源输出电压低于其最低允许工作电压;控制电路器件损坏。

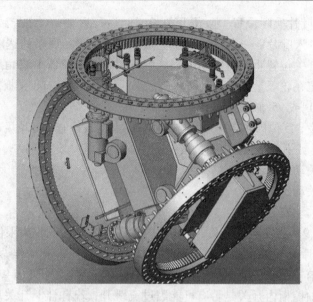

图 9 – 12　变浆机构机械连接

电机变浆距控制机构可对每个浆叶采用一个伺服电机进行单独调节,如图所示。伺服电机通过主动齿轮与桨叶轮毂内齿圈相啮合,直接对桨叶的节距角进行控制。位移传感器采集桨叶节距角的变化与电机形成闭环 PID 负反馈控制。在系统出现故障,控制电源断电时,桨叶控制电机由蓄电池供电,将桨叶调节为顺桨位置,实现叶轮停转。

4.6 变浆系统故障分析

4.6.1 变浆控制系统常见故障原因及处理方法

(1)变浆角度有差异

叶片 1 变浆角度有差异;

叶片 2 变浆角度有差异;

叶片 3 变浆角度有差异。

原因:变浆电机上的旋转编码器(A 编码器)得到的叶片角度将与叶片角度计数器(B 编码器)得到的叶片角度作对比,两者不能相差太大,相差太大将报错。

处理方法:1.由于 B 编码器是机械凸轮结构,与叶片的变浆齿轮啮合,精度不高且会不断磨损,在有大晃动时有可能产生较大偏差,因此先复位,排除故障的偶然因素;2.如果反复报这个故障,进轮毂检查 A、B 编码器,检查的步骤是先看编码器接线与插头,若插头松动,拧紧后可以手动变浆观察编码器数值的变化是否一致,若有数值不变或无规律变化,检查线是否有断线的情况。编码器接线机械强度相对低,在轮毂旋转时,在离心力的作用下,有可能与插针松脱,或者线芯在半断半合的状态,这时虽然可复位,但转速一高,松动达到一定程度信号就失去了,因此可用手摇动线和插头,若发现在晃动中显示数值在跳变,可拔下插头用万用表测通断,有不通的和时通时断的,要处理,可重做插针或接线,如不好处理直接更换新线。排除这两点说明编码器本体可能损坏,更换即可。由于 B 编码器的凸轮结构脆弱,多次发生凸轮打碎,因此对凸轮也应做检查。

(2)叶片没有到达限位开关动作设定值

原因:叶片设定在91°触发限位开关,若触发时角度与91°有一定偏差会报此故障。

处理方法:检查叶片实际位置。限位开关长时间运行后会松动,导致撞限位时的角度偏大,此时需要一人进入叶片,一人在中控器上微调叶片角度,观察到达限位的角度,然后参考这个角度将限位开关位置重新调整至刚好能触发时,在中控器上将角度清回91°。限位开关是由螺栓拧紧固定在轮毂上,调整时需要2把小活扳手或者8mm叉扳。

(3)某个桨叶91°或95°触发

有时候是误触发,复位即可,如果复位不了,进入轮毂检查,有垃圾卡主限位开关,造成限位开关提前触发,或者91度限位开关接线或者本身损坏失效,导致95°限位开关触发。

叶片1限位开关动作

叶片2限位开关动作

叶片3限位开关动作

原因:叶片到达91°触发限位开关,但复位时叶片无法动作或脱离限位开关。

处理方法:首先手动变桨将桨叶脱离后尝试复位,若叶片没有动作,有可能的原因有:①机舱柜的手动变桨信号无法传给中控器;可在机舱柜中将141端子和140端子下方进线短接后手动变桨②检查轴控柜内开关是否有可能因过流跳开,若有合上开关后将桨叶调至90°即可复位③轴控箱内控制桨叶变的6K1接触器损坏,检查如损坏更换,同时检查其他电器元件是否有损坏。

(4)变桨电机温度高

变桨电机1温度高

变桨电机2温度高

变桨电机3温度高

变桨电机1电流超过最大值

变桨电机2电流超过最大值

变桨电机3电流超过最大值

原因:温度过高多数由于线圈发热引起,有可能是电机内部短路或外载负荷太大所致,而过流也引起温度升高。

处理方法:先检查可能引起故障的外部原因:变桨齿轮箱卡瑟、变桨齿轮夹有异物;再检查因电气回路导致的原因,常见的是变桨电机的电器刹车没有打开,可检查电气刹车回路有无断线、接触器有无卡瑟等。排除了外部故障再检查电机内部是否绝缘老化或被破坏导致短路。

(5)变桨控制通讯故障

原因:轮毂控制器与主控器之间的通讯中断,在轮毂中控柜中控器无故障的前提下,主要故障范围是信号线,从机舱柜到滑环,由滑环进入轮毂这一回路出现干扰、断线、航空插头损坏、滑环接触不良、通讯模块损坏等。

处理方法:用万用表测量中控器进线端电压为230V左右,出线端电压为24V左右,说明中控器无故障,继续检查,将机舱柜侧轮毂通讯线拔出,红白线、绿白线,将红白线接地,轮毂侧万用表一支表笔接地,如有电阻说明导通,无断路,有断路启用备用线,若故障依然存在,继续检查滑环,我场风机绝大多数变桨通讯故障都由滑环引起。齿轮箱漏油严重时造成滑环内进油,油附着在滑环与插针之间形成油膜,起绝缘作用,导致变桨通讯信号时断时续,冬季油变粘着,变桨通讯故障更为常见。一般清洗滑环后故障可消除,但此方法治标不治本,从根源上解决的方法是解决齿轮箱漏油问题。滑环造成的变桨通讯还有可能有插针损坏、固定不稳等原因引起,若滑环没有问题,得将轮毂端接线脱开与滑环端进线进行校线,校线的目的是检查线路有无接错、短接、破皮、接地等现象。滑环座要随主轴一起旋转,里面的线容易与滑环座摩擦导致破皮接地,也能引起变桨故障。

(6)变桨错误

原因:变桨控制器内部发出的故障,变桨控制器 OK 信号中断,可能是变桨控制器故障,或者信号输出有问题。

处理方法:此故障一般与其他变桨故障一起发生,当中控器故障无法控制变桨时,PITCH CONTROLLER OK 信号为 0,可进入轮毂检查中控器是否损坏,一般中控器故障,会导致无法手动变桨,若可以手动变桨,则检查信号输出的线路是否有虚接、断线等,前面提到的滑环问题也能引起此故障。

(7)变桨失效

原因:当风轮转动时,机舱柜控制器要根据转速调整变桨位置使风轮按定值转动,若此传输错误或延迟 300ms 内不能给变桨控制器传达动作指令,则为了避免超速会报错停机。

处理方法:机舱柜控制器的信号无法传给变桨控制器主要由信号故障引起,影响这个信号的主要是信号线和滑环,检查信号端子有无电压,有电压则控制器将变桨信号发出,继续查机舱柜到滑环部分,若无故障继续检查滑环,再检查滑环到轮毂,分段检查逐步排查故障。

变桨电机 1 转速高;

变桨电机 2 转速高;

变桨电机 3 转速高。

原因:检测到的变桨转速超过 31°每秒,这样的转速一般不会出现,大多数由于旋转编码器故障引起。或者由轮毂传出的 RPM OK 信号线问题引起。

处理方法:可参照检查变桨编码器不同步的故障处理方法编码器问题,编码器无故障则转向检查信号传输问题。

4.6.2 变桨机械部分常见故障原因及处理方法

变桨机械部分的故障主要集中在减速齿轮箱上,保养不到位加之质量问题,使减速齿轮箱有可能损坏,在有卡瑟转动不畅的情况下会导致变桨电机过流并且温度升高,因此有电机过流和温度高的情况频发时,要检查减速齿轮箱。

轮毂内有给叶片轴承和变桨齿轮面润滑的自动润滑站,当缺少润滑油脂或油管堵塞时,叶片轴承和齿面得不到润滑,长时间运行必然造成永久地损伤,变桨齿轮与 B 编码器的铝制凸轮没有润滑,长时间摩擦,铝制凸轮容易磨损,重则将凸轮打坏,造成编码器不同步致使风机故障停机,因此需要重视润滑这个环节,长时间的小毛病的积累,必然导致机械部件不可挽回的损坏。

4.6.3 蓄电池部分常见故障及处理方法

变桨电池充电器故障

原因:轮毂充电器 3A1 不充电,有可能 3A1 已经损坏,有可能由于电网电压高导致无法充电。

处理方法:观察停机代码,一般轮毂充电器不工作引起 3 面蓄电池电压降低,将会一起报

叶片 1 蓄电池电压故障;

叶片 2 蓄电池电压故障;

叶片 3 蓄电池电压故障。

检查 3A1，测量有无 230V 交流输入，有 230 交流电压说明输入电源没问题，再测量有无 230V 左右直流输出和 24V 直流输出，有输入无输出则可更换 3A1，若由于电网电压短时间过高引起，则电压恢复后即可复位。

叶片 1 蓄电池电压故障(单独报错)；

叶片 2 蓄电池电压故障(单独报错)；

叶片 3 蓄电池电压故障(单独报错)。

原因：若只是单面蓄电池电压故障，则不是由轮毂充电器不充电导致，可能由于蓄电池损坏、充电回路故障等引起。

处理方法：按下轮毂主控柜的充电实验按钮，3 面轮流试充电，此时测量吸合的电流接触器的出线端有无 230V 直流电源，再顺着充电回路依次检查各电气元件的好坏，检查时留意有无接触不良等情况，确定充电回路无异常，则检查是否由于蓄电池故障导致不能充电。打开蓄电池柜，蓄电池由 3 组，每组 6 个蓄电池串联组成，单个蓄电池额定电压 12V，先分别测量每组两端的电压，若有不正常的电压，则挨个测量每个蓄电池，直到确定故障的蓄电池位置，将损坏蓄电池更换，再充电数个小时(具体充电时间根据更换的数量和温度等外部因素决定)，一般充电 12 小时即可。若不连续充电直接运行，则新蓄电池没有彻底激活，寿命大打折扣，很快也会再次损坏，还有可能导致其他蓄电池损坏。

4.7 变桨系统飞车的原因分析及预防

介于风力机的变桨系统的构成及工作原理，能导致叶片飞车的原因有以下 3 种：

(1) 蓄电池的原因：由变桨系统构成可以得出，在风机因突发故障停机时，是完全依靠轮毂中的蓄电池来进行收桨的。因此轮毂中的蓄电池储能不足或电池失电，导致出故障时，不能及时回桨，而会引发飞车。蓄电池故障主要有 2 个方面的影响：由于蓄电池前端的轮毂充电器损坏，导致蓄电池无法充电，直至亏损；由于蓄电自身的质量问题，如果 1 组中有 1 - 2 块蓄电池放亏，电池整体电压测量时属于正常范围中，但是电池单体电压测量后已非正常区间，这种蓄电池在出现故障后已不能提供正常电拖动力，来有效的促使桨叶回收，而最终引发飞车事故。

(2) 信号滑环的原因：该种风机绝大多数变桨通讯故障都由滑环接触不良引起。齿轮箱漏油严重时造成滑环内进油，油附着在滑环与插针之间形成油膜，起绝缘作用，导致变桨通讯信号时断时续，致使主控柜控制单元无法接受和反馈处理超速信号，导致变桨系统无法停止，直至飞车；由于滑环的内部构造的原因，会出现滑环磁道与探针接触不良等现象，也会引发信号的中断和延时，其中不排除探针会受力变形。

(3) 超速模块的原因：超速模块主要作用就是监控主轴及齿轮箱低速轴和叶片的超速。该模块为同时监测轴系的三个转速测点，以三取二逻辑方式，对轴系超速状态进行判断。三取二超速保护动作有独立的信号输出，可直接驱动设备动作。具有两通道配合可完成轴旋转方向和旋转速度的测量。使用有一定齿距要求的齿盘产生两个有相位偏移的信号，A 通道监测信号间的相位偏移得到旋转方向，B 通道监测信号周期时间得到旋转速度。当该模块软件失效后或信号感知出现问题，会导致在超速时，风机主控不能判断故障及时停机，而引发导致飞车。

为了预防变桨系统飞车事故的发生，我们应该以预防为主，其预防方法如下：定期的检查蓄电池单体电池电压,定期的做蓄电池充放电实验,并将蓄电池检测时间控制在合理区间,运行过程中密切注意电网供电质量,尽量减少大电压对轮毂充电器及 UPS 的冲击,尽可能的避免不必要的元器件的损坏;彻底根除齿轮箱漏油的弊病,定期开展滑环的清洗工作,保证滑环的正常工作;有针对性的测试超速模块 KL1904 的功能,避免该模块软故障的形成。

五、风力发电机组偏航系统的维护

5.1 偏航系统的常见故障与维护技术

5.1.1 偏航系统的常见故障

5.1.1.1 齿圈齿面磨损原因

(1)齿轮副的长期啮合运转;

(2)相互啮合的齿轮副齿侧间隙中渗入杂质;

(3)润滑油或润滑脂严重缺失使齿轮副处于干摩擦状态。

5.1.1.2 液压管路渗漏原因

(1)管路接头松动或损坏;

(2)密封件损坏。

5.1.1.3 偏航压力不稳原因

(1)液压管路出现渗漏;

(2)液压系统的保压蓄能装置出现故障;

(3)液压系统元器件损坏。

5.1.1.4 异常噪声原因

(1)润滑油或润滑脂严重缺失;

(2)偏航阻尼力矩过大;

(3)齿轮副轮齿损坏;

(4)偏航驱动装置中油位过低。

5.1.1.5 偏航定位不准确原因

(1)风向标信号不准确;

(2)偏航系统的阻尼力矩过大或过小;

(3)偏航制动力矩达不到机组的设计值;

(4)偏航系统的偏航齿圈与偏航驱动装置的齿轮之间的齿侧间隙过大。

5.1.1.6 偏航计数器故障原因

(1)联接螺栓松动;

(2)异物侵入;

(3)连接电缆损坏;

(4)磨损。

5.1.2 偏航系统的维护

5.1.2.1 偏航系统零部件的维护

1.偏航制动器

(1)需要注意的问题:

①液压制动器的额定工作压力;

②每个月检查摩擦片的磨损情况和裂纹。

(2)必须进行的检查：

①检查制动器壳体和制动摩擦片的磨损情况，如有必要，进行更换；

②根据机组的相关技术文件进行调整；

③清洁制动器摩擦片；

④检查是否有漏油现象；

⑤当摩擦片的最小厚度不足 2mm，必须进行更换；

⑥检查制动器联接螺栓的紧固力矩是否正确。

2. 偏航轴承

(1)需要注意的问题：

检查轴承齿圈的啮合齿轮副是否需要喷润滑油，如需要，喷规定型号的润滑油。

①检查是否有非正常的噪声；

②检查联接螺栓的紧固力矩是否正确；

③检查是否有非正常的噪声。

(2)必须进行的检查：

①检查轮齿齿面的腐蚀情况；

②检查啮合齿轮副的侧隙；

③检查轴承是否需要加注润滑脂，如需要，加注规定型号的润滑脂。

3. 偏航驱动装置必须进行的检查：

①检查油位，如低于正常油位应补充规定型号的润滑油到正常油位；

②检查是否有漏油现象；

③检查是否有非正常的机械和电气噪声；

④检查偏航驱动紧固螺栓的紧固力矩是否正确。

5.2 偏航系统的维修和保养

1. 应进行的检查

(1)每月检查油位，如有必要，补充规定型号的油到正常油位；

(2)运行 2000h 后，需用清洗剂清洗后，更换机油；

(3)每月检查以确保没有噪声和漏油现象；

(4)检查偏航驱动与机架的联接螺栓，保证其紧固力矩为规定值；

(5)检查齿轮副的啮合间隙；

(6)制动器的额定压力是否正常，最大工作压力是否为机组的设计值；

(7)制动器压力释放、制动的有效性；

(8)偏航时偏航制动器的阻尼压力是否正常。

2. 维护和保养

(1)每月检查摩擦片的磨损情况，检查磨擦片是否有裂缝存在；

(2)当摩擦片的最低点的厚度不足 2mm 时，必须更换；

(3)每月检查制动器壳体和机架联接螺栓的紧固力矩，确保其为机组的规定值；

(4)制动器的工作压力是否在正常的工作压力范围之内；

(5)每月对液压回路进行检查，确保液压油路无泄漏；

（6）每月检查制动盘和摩擦片的清洁度、有无机油和润滑油，以防制动失效；

（7）每月或每500h，应向齿轮副喷洒润滑油，保证齿轮副润滑正常；

（8）每两个月或每1000h，检查齿面的腐蚀情况，轴承是否需要加注润滑脂，如需要，加注规定型号的润滑脂；

（9）每三个月或每1500h，检查轴承是否需要加注润滑脂，如需要，加注规定型号的润滑脂，检查齿面是否有非正常的磨损与裂纹；

（10）每六个月或每3000h，检查偏航轴承联接螺栓的紧固力矩，确保紧固力矩为机组设计文件的规定值，全面检查齿轮副的啮合侧隙是否在允许的范围之内。

六、风力发电机组液压系统的维护

6.1 液压系统的使用与维护

6.1.1 液压油的污染与控制

随着液压技术的发展和广泛的应用，对液压系统工作的灵敏性、稳定性、可靠性和寿命提出了愈来愈高的要求，而油液的污染会影响系统的正常工作和使用寿命，甚至引起设备事故。据统计，由于油液污染引起的故障占总故障的75‰以上，固体颗粒是液压系统中最主要的污染物。可见要保证液压系统工作灵敏、稳定、可靠，就必须控制油液的污染。

1. 液压油污染原因与危害

（1）液压油污染原因

1）藏在液压元件和管道内的污染物。

液压元件在装配前，零件未去毛刺和未严格清洗，造成型砂、切屑。灰尘等杂物潜藏在元件内部；液压元件在运输过程中油口堵塞被碰掉，因而在库存及运输过程中侵入灰尘和杂物；安装前未将管道和管道接头内部的水锈、焊渣和氧化皮等杂物冲洗干净。

2）所产生的污染物。

油液氧化变质产生的胶质和沉淀物；油液中的水分在工作过程中使金属腐蚀形成的水锈；液压元件因磨损而形成的磨屑；油箱内壁上的底漆老化脱落形成的漆片等

3）外界侵入的污染。

油箱防尘性差，容易侵入灰尘、切屑和杂物；油箱没有设置清理箱内污物的窗口，造成油箱内部难清理或无法清理干净；切屑液混入油箱，使油漆严重乳化或掺进切屑；维修过程中不注意清洁，将杂物带到油箱或管道内。

4）管理不严。

新液压油质量未检验；未洗干净的桶用来装新油，使油液变质；未建立液压油定期取样化验的制度；换新油时，未清洗干净管路和油箱；管理不严，库存油液品种混乱：将两种不能混合使用的油液混合使用。

（2）液压油被污染的危害。

油液污染会使系统工作灵敏性、稳定性和可靠性降低，液压元件使用寿命缩短。具体危害如下。

污染物使节流孔口和压力控制阀的阻尼孔时堵时通，引起系统压力和速度不稳定，动作不灵敏。

污染物会导致液压元件磨损加剧，内泄漏增大，使用寿命缩短。

污染物会加速密封件的损坏、缸或活塞杆表面的拉伤，引起液压缸内外泄漏增大。

污染物将阀芯卡住，使阀动作失灵，引起故障。

污染物会将过滤器堵塞，使泵吸油困难，引起空穴现象，导致噪声增大。

污染物会使油液氧化速度加快，寿命缩短，润滑性能下降。

2. 控制液压油污染的措施

为确保液压系统工作正常、可靠和寿命长的要求，必须采取有效措施控制液压油的污染。

（1）控制液压油的工作温度。

对于石油基液压油，当温度超过 55 时，其氧化加剧，使用寿命大幅度缩短。据资料介绍，当时有基液压油温度超过 55 时，油温每升高 9，其使用寿命将缩减一半。可见，必须严格控制油温才能有效地控制油液的氧化变质。

（2）合理选择过滤器精度。

过滤器的精度一般按液压系统中对过滤精度要求最高的液压元件来选择。

（3）加强现场管理。

加强现场管理是防止外界污染物侵入系统和滤除系统污染物的有效措施。现场管理主要项目如下。

检查油液的清洁度 设备管理部门在检查设备的清洁度时，应同时检查液压系统油液、油箱和过滤器的清洁度，若发现油液污染超标，应及时换油或更换过滤器。

建立液压系统一级保养制度 设备管理部门在制定一级保养制内容时，应有液压系统方面的具体保养内容，如油箱内外应清洗干净，过滤器芯要清洗或更换等。

定期对油液取样化验 对于已经规定更换周期的液压设备，可在换油前一周取样化验；对于新换油液，经过一定时间的连续工作后，应取样化验。

定期清洗滤芯、油箱和管道制油液污染的另一个有效方法是定期清洗去除滤芯、油箱、管道及元件内部的污垢。在拆装元件、管道时要特别注意清洁，对所有油口在清洗后都要有堵塞或塑料布密封，以防赃物入侵。

油液过滤 过滤是控制油液污染的重要手段，它是一种强迫分离出油液中杂质颗粒的方法。油液经过多次强迫过滤，能使杂质颗粒控制在要求的范围内。，

6.1.2 液压系统的检查和维护

液压系统既是风电机组的主要部件，也是风电机组安全设计中的主要部分。因此在日常运行和维护中应做到认真、仔细，并按规定进行检查和维护。

（1）液压系统的检查

1）各液压阀、液压缸及管接头处是否有泄漏。

2）液压泵运转时是否有异常噪声。

3）液压缸全行程移动是否正常平稳。

4）液压系统各测压点压力是否在规定范围内，是否稳定。

5）液压系统中油温是否在允许范围内。

6）换向阀工作是否灵敏可靠。

7）油箱内油量是否在油标刻线范围内。

8）定期从油箱内取样化验，检查油液的污染状况。

（2）液压系统的维护

液压系统是由机械，液压，电气等装置组合而成的，所以出现的故障也是多种多样的。某一种故障现象可能由许多因素影响后造成的，因此分析液压故障必须能看懂液压系统原理图，对原理图种各个元件的作用要了解，然后根据故障现象进行分析，判断，针对许多因素引起的故障原因需逐一分析，抓住主要矛盾，才能较好的解决和排除。液压系统种工作介质在元件和管路中的流动情况，外界时很难了解的，所以给分徐，诊断带来了较多的困难，因此要求人们具备较强分析判断故障的能力。在机械，液压，电气诸多复杂的关系种找出故障原因和部位及时准确加以排除。

简易故障诊断法

简易诊断技术又称为主观诊断法，它时靠维修人员利用简单的诊断仪器和个人实际经验对液压系统的故障采用问，看，听，摸，闻等方法了解系统工作情况，进行分析，诊断，确定产生故障的原因和部位。这种诊断方法因不同人的感觉不同。判断能力差异和实际经验的不同，其结果会又差别，所以主观诊断法只能给出简单的定性结论。

原理图分析法

根据液压系统原理图分析液压转动系统出现的故障，找出故障产生的部位及原因，并提出排除故障的方法。液压系统图分析法时目前工程技术人员应用最为普遍的方法，它要求人们对液压只是具有一定基础并能看懂液压系统图掌握各图形符号所代表元件的名称，功能，对元件的原理，结构及性能也应了解，有这样的基础，结合动作循环表对照分析，判断故障就很容易了。

液压阀常见故障的分析和排除方法

液压阀时用来控制液压系统的压力，流量和方向的元件。若某一阀出现故障，将对整个液压系统的可靠性，稳定性，精确性，寿命等造成极大的影响。

液压阀在液压系统中的作用非常重要，故障种类很多。只要掌握各类阀的工作原理，熟悉它们结构特点，分析故障原因，查找故障不会有太大困难。液压阀产生故障的原因通常有:元件选择不当，元件设计不佳，零件加工精度差和装配质量差，弹簧刚度不能满足要求，密封件质量差，另外还有油液过脏和油温过高等因素。下面分别列举了方向控制阀，压力控制阀，流量控制阀常见故障，原因和排除方法。

单向阀的故障，原因及排除方法

故障现象	产生原因	排除方法
产生异常的声音	油的流量超过允许值 与其他阀共振	更换流量大的阀 可略微改变阀的额定压力或试调弹簧的强弱
阀芯与阀座油严重泄漏	阀座锥面密封不好 滑阀或阀座拉毛 阀座破裂 弹簧折断或漏装	重新研配 重新研配 更换阀座 补妆适当的弹簧
可结合处渗漏	螺纹没拧紧	拧紧螺栓

换向阀的故障，原因及排除方法

故障现象	产生原因	排除方法
滑阀不能动作	滑阀被堵塞 阀体变形 具有中间位置的对中弹簧折断	拆开清洗 重新安装阀体的螺钉使压紧力均匀 更换弹簧
工作程序错乱	因滑阀被拉毛，油中油杂质或使滑阀移动不灵活或卡住 电磁阀的电磁铁坏了，力量不足 弹簧过软或太硬使阀通油不畅 滑阀与阀 Kong 配合太紧或间隙过大	拆卸清洗，配研滑阀 更换或修复电磁铁 更换弹簧 检查配合间隙使滑阀移动灵活
电磁线圈发热过高或烧坏	线圈绝缘不良 电磁铁铁芯与滑阀轴不同心 电压不对 电气接触不良	更换电磁铁 重新装配使其同心 按规定纠正 重新焊接，打磨

溢流阀的故脏，原因及排除方法

故障现象	产生原因	排除方法
压力波动部稳定	弹簧弯曲或太软 锥阀与阀座的接触不良或磨损 钢球不圆钢球与阀座密合不良 滑阀变形或拉毛 油不清洁，阻尼孔堵塞	更换弹簧 锥阀磨损或有毛病就更换。如锥阀是新的即卸下调整螺母。将导杆推几下，使其接触良好 更换钢球，研磨阀座 更换或修研滑阀 更换清洁油液，疏通阻尼孔
调整无效	弹簧断裂或漏装 阻尼孔堵塞 滑阀卡住 进出油口装反 锥阀漏装	检查，更换或补妆弹簧 疏通阻尼孔 拆出，检查，修整 检查油源方向并纠正 检查，补装
泄漏	锥阀或钢球与阀座的接触不良 滑阀与阀体配合间隙过大 管接头没拧紧 接合面密封失效	锥阀或钢球磨损或者有毛病时则更换新的锥阀或钢球 更换滑阀，重配间隙 拧紧连接螺钉 更换密封件

续表

		紧固螺母
显著噪声及震动	螺母松动 弹簧变形不复杂 画法配合过紧 主滑阀动作不良 锥阀磨损 出油口路中油空气 流量超过允许值 和其他阀产生共振	检查并更换弹簧 修研滑阀，使其灵活 检查滑阀与客体是否同心 更换锥阀 放出空气 调换流量大的阀 略改变阀的额定压力值（如额定压 力值的差在 0.5Mpa 以内，容易发 生共振）
压力部稳定，有波动	油液中混入空气 阻尼孔有时堵塞 滑阀与滑体内孔圆度达不到规定 使阀卡住 弹簧变形或在滑阀中卡住，使滑阀 移动困难，或弹簧太软 钢球不圆，钢球与阀座配合不好	排除油中空气 疏通阻尼孔及换油 修研阀孔，修配滑阀 更换弹簧 更换钢球
输出压力低，升不高	顶盖处泄漏 钢球或锥阀与阀座密合不良	拧紧螺钉或更换纸垫 更换钢球或锥阀
不起减压作用	滑阀被卡死	清理和研配滑阀

压力继电器的故障，原因及排除方法

故障现象	产生原因	排除方法
输出量不合要求或无输出	微动开关损坏 电气线路故障 阀芯卡死或阻尼孔堵死 调节弹簧太硬或压力调得过高 与微动开关相接的触头未调整好 暗黄和杠杆装配不良，有卡带现象	更换微动开关 检查原因，排除故障 清洗，修配，达到要求 更换适宜的弹簧或按要求调节压 力值 精心装配，使接触点接触良好 重新装配，使动作灵敏
灵敏度太差	杠杆柱销处摩擦力过大 装配不良，动作不灵活 微动开关接触行程太长 接触螺钉，杠杆等调节不当 钢球不圆 阀芯移动不灵活 安装不妥，如水平和倾斜安装	重新装配，使动作灵敏 重新装配，使动作灵敏 合理调整位置 合理调整螺钉和杠杆位置 更换钢球 清洗，修理，使之灵活 改为垂直安装

续表

发信号太快	进油口阻尼孔太大 膜片碎裂 系统设计压力太大 电气系统设计有误	阻尼孔适当改小，或在控制管路上 增设阻尼管 更换膜片 在控制管路上增设阻尼管，以减弱 冲击压力 要按工艺要求设计电气系统

液压转动常用图形符号（摘自 GB/T 786.1－93 参照 Iso1219－1977）

名称	符号	名称	符号
工作管路		按钮式人工控制	
控制管路		手动控制	
连接管路		弹簧控制	
交叉管路		滚轮式机械控制	
柔性管路		单作用电磁阀	
管口在液面以上油箱		液压先导控制	
管口在液面以下油箱		气液压先导控制	
管端连接于油箱底部		单向缓冲液压(气)缸	

哈维液压系统

该液压站系统有两个主控制回路:维护制动回路和偏航制动车回路。

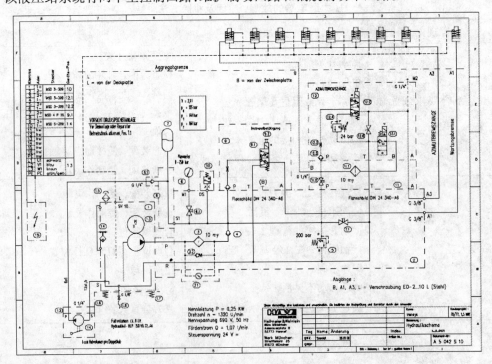

图 9－13　E1 哈维液压系统图

表 E1 哈维液压系统功能表

序号	名称及功能	序号	名称及功能
1	油箱:为液压系统提供液压油	8.1	单向阀:防止回流,单流向导通
1.3	液压泵电机:作为动力单元	9	叶轮锁定两位三通电磁换向阀块
1.4	油位传感器:监测液位的高低情况	9.1	两位三通阀:主轴刹车用
1.5	空气滤清器:滤清空气,防止赃物进入,以及平衡油箱内部压力并可用来加注液压油	10	压力继电器:调定150bar左右
1.8	放油阀:用于更换液压油时放油	11	液压功能块
3	高压滤油器:当过滤器的滤芯堵塞时,目视发讯器颜色由绿色变为红色,提示应及时更换滤芯以保证系统的正常运行	11.1	滤油器:过滤液压油
3.1	滤油器堵塞发讯器:当过滤器的滤芯堵塞时,发送信号给主控系统	11.2	截流手阀:正常情况旋松打开
3.2	旁通单向阀:也称背压单向阀	12	偏航阀组,主要包括阀12.1,12.2,12.4等
4	单向阀:G1/4堵头下	12.1	两位两通电磁换向阀:常闭
5	安全阀:设定值200bar	12.2	偏航两位三通电磁换向阀
6	系统压力表:可测量泵出口的压力值	12.3	节流阀:起到阻尼作用,通过改变阀口通流面积的大小或通流通道的长短来改变液阻,控制通过阀的流量,达到调节执行元件运动速度的目的
6.1	截流手阀:压力表开关	12.4	偏航溢流:调定24bar
7	蓄能器:容积2.8L,充气压125bar左右,用于缓冲系统补压造成的冲击,同时系统正常工作的时可维持系统压力在正常的范围内,不需要泵启动来补压,节省动力	12.5	单向阀:防止回流,单流向导通
7.1	系统截流手阀:系统泄压,正常情况旋紧拧死	12.6	偏航截流手阀:偏航泄压,正常情况旋紧拧死
8	液压功能块	14	手泵:在电机不能正常启动的紧急情况下使用,其配套的手柄放置于油箱后侧,使用时插入手柄并前后拉动数次以提升系统压力后与蓄能器共同保持系统压力在一段时间内的稳定

E.2 贺德克液压系统

该液压站系统有两个主控制回路:维护制动回路和偏航制动车回路。

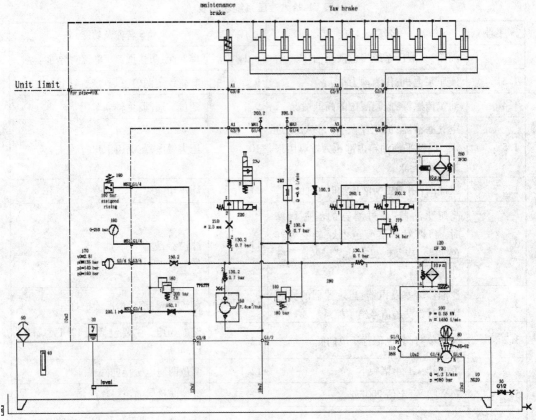

图 9 – 14   E2 贺德克液压系统图

表 E2 贺德克液压系统功能表

序号	名称及功能	序号	名称及功能
20	液位发讯器:实时监测液位的高低情况,报警点为150mm	170	蓄能器:正常情况下通过把液压能转化成弹性势能储存起来,当系统瞬时需要大流量或系统压力出现波动时候,释放之前所储存的能量参与系统的调节,吸收系统的脉动能量和液压冲击。另外在泵停止时可以做为紧急动力源、起到系统保压的功能。
40	液位计:直接目测油箱里面液位高低的情况	180	压力表组件:可测量泵出口的压力值
50	空气滤清器:旋开盖帽可用作系统加油口和油液取样口	190	压力继电器:其整定值为 155 ± 5bar,用于泵出口的压力状态,其信号用与电气控制实现联动

60	手动泵:在电机不能正常启动的紧急情况下使用,其配套的手柄放置于油箱后侧,使用时插入手柄并前后拉动数次以提升系统压力后与蓄能器(序号170)共同保持系统压力在一段时间内的稳定	200	测压接头:配合用于快速测量指定回路中的实时压力值
70	电机泵组:作为动力单元	210	节流孔:起到阻尼作用,其通径为Φ2mm
100	电机泵组:作为动力单元	220	电磁换向阀:不通电时候2→1 截至,1→2 自由流通,当电磁线圈通电时2→1 自由流通
120	进油过滤器:过滤精度为10μm,当过滤器的滤芯堵塞时,目视发讯器颜色由绿色变为红色,提示应及时更换滤芯以保证系统的正常运行	230	电磁换向阀:不通电时候2→1 自由流通,当电磁线圈通电时2→1 截至,1→2 导通
130	单向阀:其开启压力为 0.7bar,用于对工作介质流向控制	240	节流阀:其设定流量值为 0.6L/min,该阀出厂时候流量已经整定不需另行调节
140	溢流阀:其设定值为 180bar,用于保护系统的最高压力不超过 180bar,作为安全阀使用。	250	回油过滤器:过滤精度为 10μm,当过滤器的滤芯堵塞时,目视发讯器颜色由绿色变为红色,提示应及时更换滤芯以保证系统的正常运行
150	截止阀:用于控制工作介质流向的通断	260	电磁换向阀:不通电时候2→1 截至,1→2 自由流通,当电磁线圈通电时2→1 自由流通
160	溢流阀:其整定压力值为 200bar,出厂时候已经铅封,现场不必再另行调节。	270	溢流阀:此阀作为背压阀使用,设定压力为 24bar

七、风力发电机组齿轮箱的故障维护

在大型风力发电机组中,齿轮箱是重要的部件之一,也是最容易损坏的部件。必须正确使用和维护,以延长其使用寿命。

7.1 齿轮箱常见故障及预防措施

齿轮箱的常见故障有齿轮损伤、轴承损坏、断轴和渗漏油、油温高等。

7.1.1 齿轮损伤

齿轮损伤的影响因素很多,包括选材、设计计算、加工、热处理、安装调试、润滑和使用维护等。常见的齿轮损伤有齿面损伤和轮齿折断两类。

7.1.2 轮齿折断(断齿)

断齿常由细微裂纹逐步扩展而成。根据裂纹扩展的情况和断齿原因，断齿可分为过载折断(包括冲击折断)、疲劳折断以及随机断裂等。

过载折断总是由于作用在轮齿上的应力超过其极限应力，导致裂纹迅速扩展，常见的原因有突然冲击超载、轴承损坏、轴弯曲或较大硬物挤入啮合区等。断齿断口有呈放射状花样的裂纹扩展区，有时断口处有平整的塑性变形，断口副常可拼合。仔细检查可看到材质的缺陷，齿面精度太差，轮齿根部未作精细处理等。在设计中应采取必要的措施，充分考虑预防过载因素。安装时防止箱体变形，防止硬质异物进入箱体内等等。

疲劳折断发生的根本原因是轮齿在过高的交变应力重复作用下，从危险截面(如齿根)的疲劳源起始的疲劳裂纹不断扩展，使轮齿剩余截面上的应力超过其极限应力，造成瞬时折断。在疲劳折断的发源处，是贝状纹扩展的出发点并向外辐射。产生的原因是设计载荷估计不足，材料选用不当，齿轮精度过低，热处理裂纹，磨削烧伤，齿根应力集中等等。故在设计时要充分考虑传动的动载荷谱，优选齿轮参数，正确选用材料和齿轮精度，充分保证加工精度消除应力集中因素等等。

随机断裂的原因通常是材料缺陷、点蚀、剥落或其他应力集中造成的局部应力过大，或较大的硬质异物落人啮合区引起。

7.1.3 齿面疲劳

齿面疲劳是在过大的接触剪应力和应力循环次数作用下，轮齿表面或其表层下面产生疲劳裂纹并进一步扩展而造成的齿面损伤，其表现形式有早期点蚀、破坏性点蚀、齿面剥落、和表面压碎等。特别是破坏性点蚀，常在齿轮啮合线部位出现，并且不断扩展，使齿面严重损伤，磨损加大，最终导致断齿失效。正确进行齿轮强度设计，选择好材质，保证热处理质量，选择合适的精度配合，提高安装精度，改善润滑条件等，是解决齿面疲劳的根本措施。

7.1.4 胶合

胶合是相啮合齿面在啮合处的边界膜受到破坏，导致接触齿面金属融焊而撕落齿面上的金属的现象，很可能是由于润滑条件不好或有干涉引起，适当改善润滑条件和及时排除干涉起因，调整传动件的参数，清除局部载荷集中，可减轻或消除胶合现象。

7.1.5 轴承损坏

轴承是齿轮箱中最为重要的零件，其失效常常会引起齿轮箱灾难性的破坏。轴承在运转过程中，套圈与滚动体表面之间经受交变载荷的反复作用，由于安装、润滑、维护等方面的原因，而产生点蚀、裂纹、表面剥落等缺陷，使轴承失效，从而使齿轮副和箱体产生损坏。据统计，在影响轴承失效的众多因素中，属于安装方面的原因占16%，属于污染方面的原因也占16%，而属于润滑和疲劳方面的原因各占34%。使用中70%以上的轴承达不到预定寿命。因而，重视轴承的设计选型，充分保证润滑条件，按照规范进行安装调试，加强对轴承运转的监控是非常必要的。通常在齿轮箱上设置了轴承温控报警点，对轴承异常高温现象进行监控，同一箱体上不同轴承之间的温差一般也不超过15℃，要随时随地检查润滑油的变化，发现异常立即停机处理。

7.1.6 断轴

断轴也是齿轮箱常见的重大故障之一。究其原因是轴在制造中没有消除应力集中因素，在过载或交变应力的作用下，超出了材料的疲劳极限所致。因而对轴上易产生的应力集中因素要给予高度重视，特别是在不同轴径过渡区要有圆滑的圆弧过渡，此处的粗糙度要求较低,也不允许有切削刀具刃尖的痕迹。设计时,轴的强度应足够,轴上的键槽、花键等结构也不能过分降低轴的强度。保证相关零件的刚度,防止轴的变形,也是提高可靠性的相关措施。

7.1.7 油温高

一般的齿轮箱都设置有冷却器和加热器,当油温低于10℃时,加热器会自动对油池进行加热;当油温高于65℃时,油路会自动进入冷却器管路,经冷却降温后再进入润滑油路。

常见故障原因:齿轮油温度过高一般是因为风电机组长处于时间满发状态,润滑油因齿轮箱发热而温度上升超过正常值。齿轮箱油温最高不应超过80℃,不同轴承间的温差不得超过15℃。

处理方法:①出现温度接近齿轮箱工作温度上限的现象时,可敞开塔架大门,增强通风降低机舱温度,改善齿轮箱工作环境温度;②齿轮箱出现异常高温现象,则要仔细观察,判断发生故障的原因。首先要检查润滑油供应是否充分,特别是在各主要润滑点处,必须要有足够的油液润滑和冷却。再次要检查各传动零部件有无卡滞现象。还要检查机组的振动情况,前后连接接头是否松动等;③若发生温度过高导致的停机,不应进行人工干预,使机组自行循环散热至正常值后启动。有条件时应观察齿轮箱温度变化过程是否正常、连续,以判断温度传感器工作是否正常。

注意事项:若在一定时间内,齿轮箱温升较快,且连续出现油温过高的现象应当首先登机检查散热系统和润滑系统工作是否正常,温度传感器测量是否准确,之后,进一步检查齿轮箱工作状况是否正常,尽可能找出发热明显的部位,初步判断损坏部位。必要时开启观察孔检查齿轮啮合情况或拆卸滤清器检查有无金属杂质,同时采集油样,为设备损坏原因的分析判断搜集资料。

正常情况下较少发生齿轮油温度过高的故障,若发生油温过高的现象应当引起运行人员的足够重视,在未找到温度异常原因之前,避免盲目开机使故障范围扩大,造成不必要的经济损失。

以下是某机组一台齿轮箱损坏前48小时的部分运行参数图表:

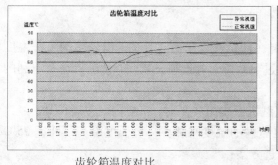

齿轮箱温度对比

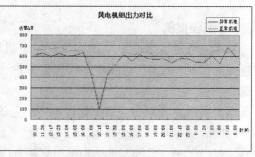

机组出力对比

图 9 - 15

通过对比可以看出齿轮箱损坏前后,运行温度变化较为明显。运行人员发现温度异常后登机检查发现机组运行噪音变化不是非常明显,但中箱体行星架处温度明显偏高,滤清器内有 $2~mm^2$ 左右的鳞片状铁屑和大量金属粉末。经拆检发现,高速轴轴承损坏后齿轮位移,导致行星架齿面啮合异常而损坏。

7.1.8 齿轮油泵过载

常见故障原因：齿轮油泵过载多发生在冬季低温气象条件之下，当风电机组故障长期停机后齿轮箱温度下降较多，齿轮油粘度增加，造成油泵启动时负载较重，导致油泵电机过载。

处理方法：出现该故障后应使机组处于待机状态下逐步加热齿轮油至正常值后再启动风机，避免强制启动风电机组，以免因齿轮油粘度较大造成润滑不良，损坏齿面或轴承以及润滑系统的其它部件。

注意事项：我场曾发生过冬季低温工况下，直接启动故障停机多日的机组，因齿轮油温度偏低，粘度增大，使润滑系统工作压力升高，波动较大，导致滤清器密封圈损坏，齿轮油外泄。

齿轮油泵过载的另一常见原因是部分使用年限较长的机组，油泵电机输出轴油封老化，导致齿轮油进入接线端子盒造成端子接触不良，三相电流不平衡，出现油泵过载故障，更严重的情况齿轮油甚至会大量进入油泵电机绕组，破坏绕组气隙，造成油泵过载。出现上述情况后应更换油封，清洗接线端子盒及电机绕组，并加温干燥后重新恢复运行。

7.2 齿轮箱的维护技术

常规维护：运行温度、噪声、油样分析、目测齿轮表面等；

预防性维护：运用先进的机组运行状态监测和故障分析技术，及早发现故障征兆，及时处理。

 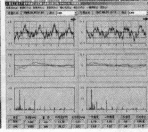 

状态监测　　　　　　　　　　信号分析　　　　　　　　　　主动维护

图 9－16

7.3 工程案例

某风电场运行维护的某型 500kW 风电机组在额定功率附近工作时，齿轮箱的工作温度普遍偏高，在过载运行过程中多次发生齿轮油过热故障，电量损失较大，对运行也有不利的影响。

运行人员在日常的登机工作过程中感觉该型机组出力较高时，机舱内的温度偏高，经过一段时间的测量观察发现机组满发运行状态机舱内的温度与外界环境温度最高可相差 25℃左右。经过讨论，运行人员初步提出了两种改进方案：

1.增加齿轮箱散热器的片数，加快齿轮油热交换速度。

2.改善机舱通风条件，加速气流的流动，降低齿轮箱运行环境温度。

经过实际运行状态下的烟雾实验，发现该型机组机舱内的气体循环通路大致为：外界空气由发电机尾部的冷却风扇抽入，气流到达机舱中部刹车罩上方时出现滞留现象，在刹车罩上方形成一个高压区，然后气流向上行走，向机舱后部折返，通过机舱后部通风口排出。在齿轮箱周围的空气并没有形成明显的空气对流。因此，风机在额定功率附近工作时，机舱温度较高。

　　针对这一现象，并考虑到改造工作的成本，运行人员采用了第二种方案，在机舱正面加装了两扇 20×20cm 的通风窗。经作烟雾试验表明，改进后外界空气直接由机舱正面吹入，进入机舱后将齿轮箱附近的热空气推向后方，通过机舱后部的通风口排出，不但直接对齿轮箱箱体进行了冷却，而且加强了机舱内的空气流动，降低了齿轮箱工作的环境温度。（如图 9−17 所示）

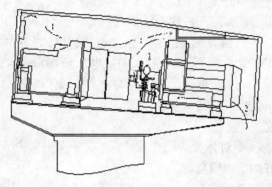

图 9−17

　　加装通风窗后，运行人员对上述机组在典型工况下的运行数据进行了收集整理，经过对比分析可看出：

　　1#机组在加装通风窗后，在高风速满发工作状态下，齿轮箱油温度降低了约 2℃ 左右，机舱内的温度未采集；

　　2#机组在加装通风窗后，在高风速满发工作状态下，齿轮箱油温度降低了约 4℃ 左右，机舱内的温度未采集；

　　3#机组在加装通风窗后，在高风速满发工作状态下，齿轮箱油温度降低了约 6.8℃ 左右，机舱内的温度降低了约 14℃ 左右；

　　该项工作结束后上述三台机组的齿轮箱工作温度都有所下降，基本未出现齿轮油温过热导致的停机现象，达到了预期的效果。

　　下图即为满发工况下，风电机组齿轮箱及机舱温度的对比：

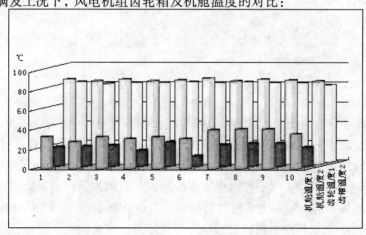

图 9−18

随后，运行人员又在类似机型上进行了增加散热器片数的实验工作，经过近半年的观察对比，发现该机组在正常满发状态下，齿轮油温度比同型机组降低了5℃左右，效果也比较理想。下一步计划对个别已加装通风窗但温度仍略有偏高的机组再增加散热器片数，力争将齿轮箱的工作温度控制在一个较为理想的范围之内，为齿轮箱的安全可靠运行创造良好的条件。

八、控制与安全系统的维护

风力发电机由多个部分组成，而控制系统贯穿到每个部分，相当于风电系统的神经。因此控制系统的好坏直接关系到风力发电机的工作状态、发电量的多少以及设备的安全。目前风力发电亟待研究解决的的两个问题：发电效率和发电质量都和风电控制系统密切相关。对此国内外学者进行了大量的研究，取得了一定进展，随着现代控制技术和电力电子技术的发展，为风电控制系统的研究提供了技术基础。

8.1 控制系统的组成

风力发电控制系统的基本目标分为三个层次：这就是保证风力发电机组安全可靠运行，获取最大能量，提供良好的电力质量。

控制系统组成主要包括各种传感器、变距系统、运行主控制器、功率输出单元、无功补偿单元、并网控制单元、安全保护单元、通讯接口电路、监控单元。

具体控制内容有：信号的数据采集、处理，变桨控制、转速控制、自动最大功率点跟踪控制、功率因数控制、偏航控制、自动解缆、并网和解列控制、停机制动控制、安全保护系统、就地监控、远程监控。当然对于不同类型的风力发电机控制单元会不相同。控制系统结构示意图如下：

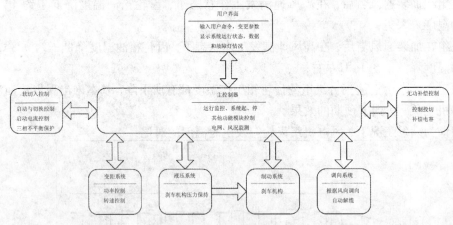

图 9 - 19

针对上述结构，目前绝大多数风力发电机组的控制系统都采用集散型或称分布式控制系统(DCS)工业控制计算机。采用分布式控制最大优点是许多控制功能模块可以直接布置在控制对象的位置。就地进行采集、控制、处理。避免了各类传感器、信号线与主控制器之间的连接。同时DCS现场适应性强，便于控制程序现场调试及在机组运行时可随时修改控制参数。并与其他功能模块保持通信，发出各种控制指令。目前计算机技术突飞猛进，更多新的技术被应用到了DCS之中。PLC是一种针对顺序逻辑控制发展起来的电子设备，目前功能上有较大提高。很多厂家也开始采用PLC构成控制系统。现场总线技术(FCS)在进入九十年代中期以后发展也十分迅猛,以至于有些人已做出预测:基于现场总线的 FCS 将取代 DCS 成为控制系统的主角。

8.2 风电场的计算机监控系统

风电场计算机监控系统分中央监控系统和远程监控系统,系统主要由监控计算机、数据传输介质、信号转换模块、监控软件等组成。

中央监控系统的功能是:对风力发电机进行实时监测、远程控制、故障报警、数据记录、数据报表、曲线生成等。

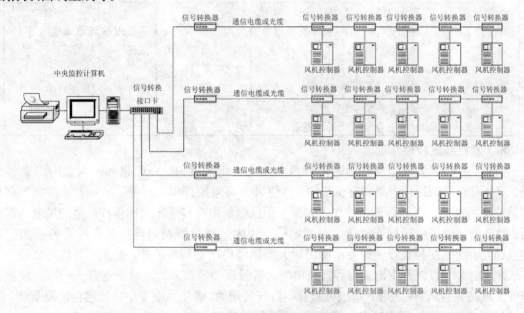

图 9 - 20 中央监控系统结构图

计算机监控系统负责管理各风电机组的运行数据、状态、保护装置动作情况、故障类型等。为了实现上述功能,下位机(风机控制器)控制系统应能将机组的数据、状态和故障情况等通过专用的通讯装置和接口电路与中央控制器的上位计算机通讯,同时上位机应能向下位机传达控制指令,由下位机的控制系统执行相应的动作,从而实现远程监控功能。

中央监控系统一般运行在位于中央控制室的一台通用 PC 机或工控机上,通过与分散在风电场上的每台风力机就地控制系统进行通信,实现对全场风力机的集群监控。风电场中央监控机与风力机就地控制系统之间的通信属于较远距离的一对多通信。国内现有的风电场中央监控系统一般采用 RS485 串行通信方式和 4~20 mA 电流环通信方式。比较先进的通讯方式还有 PROFIBUS 通信方式、工业以太网通信方式等。

上述各种通讯方式能够完成风电场中央监控系统中的通信问题,但具有各自的特点,主要通信方式简要对比如下:

通讯方式	传输介质	性能特点	工程造价	适用的风机及条件
电流环	通讯电缆	数据传输稳定,抗干扰性能强	较高,元器件需要进口	适应现场环境非常复杂,雷电少的地区。部分进口设备采用这种通讯方式。适应现场环境复杂的地区
RS485	通讯电缆 通信光缆 光电混合	数据传输稳定,抗干扰性能强	较低,元器件可在国内采购	
PROFBUS	通讯电缆 通信光缆 光电混合	数据传输非常稳定,抗干扰性能强	较高,元器件需要满足 PROF-BUS 协议高	适应现场环境非常复杂的地区
工业以太网	通讯电缆 通信光缆 光电混合	数据传输非常稳定,传输量大,抗干扰性能强		适应于各种现场环境

8.3 监控系统软件

目前,我国各大风电场在引进国外风力发电机组的同时,一般也都配有相应的监控系统,但各有自己的设计思路和通讯规约,致使风电场监控技术互不兼容。同时,控制界面全部是英文的也不利于运行人员操作。如果一个风电场中有多个厂家的多种机型的风电机组的话,就会给风电场的运行管理造成一定困难。如内蒙辉腾锡勒风电厂就有约 5 种的监控软件。因此,国家在科技攻关计划中除了对大型风电机组进行攻关外,也把风电场的监控系统列入攻关计划,以期开发出适合我国风电场运行管理的监控系统。目前也有一些国产监控系统开发成功并投入运行。如:新疆风能有限责任公司的"通用风电场中央及远程监控系统"。

风电场的监控软件应具有如下功能:①友好的控制界面。在编制监控软件时,应充分考虑到风电场运行管理的要求,应当使用中文莱单,使操作简单,尽可能为风电场的管理提供方便。②能够显示各台机组的运行数据,比如每台机组的瞬时发电功率、累计发电量、发电小时数、风轮及电机的转速和风速、风向等,将下位机的这些数据调入到上位机,在显示器上显示出来,必要时还应当用曲线或图表的形式直观地显示出来。③显示各风电机组的运行状态。如开机、停车、调向、手/自动控制以及大利、发电机工作情况。通过各风电机组的状态了解整个风电场的运行情况,这对整个风电场的管理是十分重要的。④能够及时显示各机组运行过程中发生的故障。在显示故障时,应能显示出故障的类型及发生时间,以便运行人员及时处理和消除故障,保证风电机组的安全和持续运行。⑤能够对风电机组实现集中控制。值班员在集中控制室内,就能对下位机进行状态设置和控制,如开机、停机、左右调向等。但这类操作必须有一定的权限,以保证整个风电场的运行安全。⑥历史记录。监控软件应当具有运行数据的定时打印和人工即时打印以及故障自动记录的功能,以便随时查看风电场运行状况的历史记录情况。

监控软件的开发应尽可能在现有工业控制软件的基础上进行二次开发,这样一方面可以缩短开发周期,另一方面现有的工业控制软件技术成熟、应用广泛,因此稳定性好。随着软件的升级而方便地升级。而直接从底层开发的监控软件如果没有强大的软件队伍,和经验丰富的软件人员很难与之相比。

8.4 远程监控系统

功能:实时查看就地风机运行情况、数据记录。

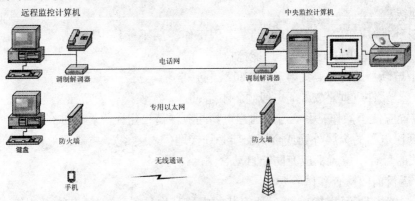

图9-21

实际上只要通讯网连通,理论上远程监控系统能够实现的功能和中央监控系统一样。但是为了安全起见目前国内远程监控系统只完成监视功能,随着技术的发展,无人值班风电场的推出,远程监控系统将发挥更大作用。远程监控系统的实现通讯网络又是关键环节,根据国家经贸委关于"电网和电厂计算机监控系统及调度数据网络安全防护规定",电力监控系统和电力调度数据网络均不得和互联网相连。因此远程监控系统通常只能使用专线或电力调度数据网络。考虑到实际情况和需要,现在实现的风电场远程监控系统一般采用电话线进行通讯。

风力发电机组控制系统工作的安全可靠性已成为风力发电系统能否发挥作用,甚至成为风电场长期安全可靠运行的重大问题。在实际应用过程中,尤其是一般风力发电机组控制与检测系统中,控制系统满足用户提出的功能上的要求是不困难的,但是它的可靠性直接影响风力发电机组的正常运行。风力发电机组控制系统出现故障后对一般用户来说维修又十分困难。对于风力发电机组控制系统的使用者来说,系统的安全可靠性至关重要。

在风力发电系统中,我们通过控制与安全系统的设计,采取必要的手段,使我们的系统在规定的时间内不出故障或少出故障。并且,在出故障之后能够以最快的速度修复系统使之恢复正常工作,为风力发电机组的安全可靠运行提供保障。

8.5 控制与安全系统安装和维护的技术要求

8.5.1 一般安全守则

(1)维修前机组必须完全停止下来,各维修工作按安全操作规程进行。

(2)工作前检查所有维修用设备仪器,严禁使用不符合安全要求的设备和工具。

(3)各电器设备和线路的绝缘必须良好,非电工不准拆装电器设备和线路。

(4)严格按设计要求进行控制系统硬件和线路安装,全面进行安全检查。

(5)电压、电流、断流容量、操作次数、温度等运行参数应符合要求。

(6)设备安装好后,试运转合闸前,必须对设备及接线仔细检查,确认无问题时方可合闸。

(7)操作刀闸开关和电气分合开关时,必须带绝缘手套,并要设专门人员监护。电动机、执行机构进行实验或试运行时,也应有专人负责监视,不得随意离开。如发现异常声音或气味时,应立即停止机器切断电源进行检查修理。

(8)安装电机时,必须检查绝缘电阻是否合格,转动是否灵活,零部件是否齐全,同时必须安装接地线。

(9)拖拉电缆应在停电情况下进行,若因工作需要不能停电时,应先检查电缆有无破裂之处,确认完好后,带好绝缘手套才能拖拉。

(10)带熔断器的开关,其熔丝应与负载电流匹配,更换熔丝必须向拉开刀开关。

(11)电器元件应垂直安装,一般倾斜不超过5°,应使螺栓固定在支持物上,不得采用焊接,安装位置应便于操作,手柄与周围建筑物间应保持一定距离,不易被碰坏。

(12)低压电器的金属外壳或金属支架必须接地(或接零),电器的裸露部分应加防护罩,双头刀开关的分合闸位置上应有防止自动合闸的位置。

8.5.2 运行前的检查和试验要求

(1)控制器内是否清洁,无垢,所安装的电器其型号、规格是否与图纸相符,电器元件安装是否牢靠。

(2)用手操作的刀开关、组合开关、断路器等,不应有卡住或用力过大的现象。

(3)刀开关、断路器、熔断器等各部分应接触良好。

(4)电器的辅助触点的通断是否可靠,断路器等主要电器的通断是否符合要求。

(5)二次回路的接线是否符合图纸要求,线段要有编号,接线应牢固、整齐。

(6)仪表与互感器的变比与接线极性是否正确。

(7)母线连接是否良好,其支持绝缘子、夹持件等附件是否牢固可靠。

(8)保护电器的整定值是否符合要求,熔断器的熔体规格是否正确,辅助电路各元件的节点是否符合要求。

(9)保护接地系统是否符合技术要求,并应有明显标记。表计和继电器等二次元件的动作是否准确无误。

(10)用欧姆表测量绝缘电阻值是否符合要求,并按要求作耐压试验。

8.5.3 控制与安全系统运行的检查

(1)保持柜内电器元件的干燥、清洁。

(2)经常注意柜内各电器元件的动作顺序以是否正确、可靠。

(3)运行中特别注意柜中的开断元件及母线等是否有温升过高或过热、冒烟、异常的声音及不应的的放电等不正常现象,如发现异常,应及时停电检查,并排除故障,并避免事故的扩大。

(4)对断开、闭合次数较多的断路器,应定期检查主触点表面的烧损情况,并进行维修。断路器每经过一次断路电流,应及时对其主触点等部位进行检查修理。

(5)对主接触器,特别是动作频繁的系统,应及时检查主触点表面,当发现触点严重烧损时,应及时更换不能继续使用。

(6)定期检查接触器、断路器等电器的辅助触点及电器的触点,确保接触良好。定期检查电流继电器、时间继电器、速度继电器、压力继电器等整定值是否符合要求,并作定期整定,平时不应开盖检修。

(7)定期检查各部位接线是否牢靠及所有紧固件有无松动现象。

(8)定期检查装置的保护接地系统是否安全可靠。

（9）经常检查按钮、操作键是否操作灵活，其接触点是否良好。

8.6 控制与安全系统的使用与维护

风力发电机组安全运行的实现，主要由控制系统和与之配合机械执行机构完成，所以必须经常进行使用维护，从电气的角度考虑，主要进行使用和维护的电器装置有伺服电动机、空气断路器、交流接触器、继电器、熔丝、微控制器和接地保护装置。

8.6.1 伺服三相异步电动机使用与维修

（1）控制电路电器元件检查

①安装接线前应对所使用的电气元器件逐个进行检查，电气元器件外观是否整洁，外壳有无破裂，零部件是否齐全，各接线端子及紧固件有无缺损、锈蚀等现象。

②电气元器件的触头有无熔焊粘连变形，严重氧化锈蚀等现象；触头闭合分断动作是否灵活；触头开距、超程是否符合要求；压力弹簧是否正常。

③电器的电磁机构和传动部件的运动是否灵活；衔铁有无卡住，吸合位置是否正常等，使用前应清除铁心端面的防锈油。

④用万用表检查所有电磁线圈的通断情况。

⑤检查有延时作用的电气元器件功能，如时间继电器的延时动作，延时范围及整定机构的作用；检查热继电器的热元件和触头的动作情况。

⑥核对各电气元器件的规格与图纸要求是否一致。

（2）检查线路

①对照原理图、接线图逐线检查，核对线号，防止接线错误和漏接。

②检查所有端子接线接触情况，排除虚接现象。

③用万用表检查，取下接触器的灭弧罩，用手操作来模拟触头分合动作，将万用表拨到RXI电阻档进行测量。

1）检查主电路，取下 FU_2 熔体，断开控制线路，装好 FU_1 熔体，用万用表分别测量开关QS 下端子 $U_{11} \sim V_{11}$、$V_{11} \sim W_{11}$、$W_{11} \sim U_{11}$ 之间的电阻，均应为断路，电阻趋近无穷大。

如某次测量结果为短路（$R=0$），则说明所测两相之间的接线有短路现象，应仔细逐相通线检查排除故障。

用手按压接触器触头架，使三极主触头闭合，重复上述测量，应分别测得电动机各相绕组的阻值。如果测量结果为断路，电阻趋近无穷大，应仔细检查所测两相之间的各段接线，找出断路点，并进行排除。

2）检查控制线路，装好 FU_2 熔体，用万用表测量 V_{21}、W_{21} 处应为断路，按下按钮SB，应测得接触器 KM 线圈电阻值，若测得结果不正常，应将一支表笔接 V_{21} 处，另一支表笔依次接 1、3、2、W_{21} 各段线路两端进行检查，或移动表笔测量，逐步缩小故障范围，即可找出短路或断路点，并进行排除。

（3）试车

完成上述检查后，清点工具材料，清除安装板上的线头杂物，检查三相电源，在有人监护下通电试车。

①空操作试验

首先拆除电动机定子绕组接线，合上开关 QS 接通电源，按下按钮 SB，接触器 KM 应立即动作，松开 SB 则 KM 应立即复位，认真观察 KM 主触头动作是否正常，仔细听接触器线圈通电运行时有无异常响声。应反复试验几次，检查线路动作是否可靠。

②带负载试车

断开电源，接上电动机定子绕组引线，装好灭弧罩，重新通电试车，按下按钮 SB，接触器 KM 动作，观察电动机起动和运行情况，松开 SB 观察电动机能否停机。

试车时若发现接触器振动，且有噪声，主触头燃弧严重，电动机嗡嗡响，转动不起来，应立即停机检查，重新检查电源电压、线路、各连接点有无虚接，电动机绕组有无断线，必要时拆开接触器检查电磁机构，排除故障后重新试车。

8.6.2 熔断器的使用与维修

(1)熔断器类型的选择

主要根据负载的情况和电路短路电流的大小来选择，对于容量较小的控制线路或电动机的保护，可选用 RC 系列半封闭式熔断器或 RM 系列无填料封闭式熔断器；对于短路电流相当大的电路，应选用 RL 或盯系列有填料封闭式熔断器；对于晶闸管及硅元件的保护，应选用 RS 型快速熔断器。

注：熔断器的类型主要包括：1.半封闭式熔断器——RC 系列；2.无填料封闭式熔断器——RM 系列；3.螺旋式熔断器——RL 系列；4.有填料封闭式熔断器——RT 系列 5.有填料封闭管式快速熔断器——RS 系列；

(2)熔体额定电流的确定

由于各种电气设备都具有一定的过载能力，当过载能力较轻时，可允许较长时间运行，而超过某一过载倍数时，就要求熔体在一定时间内熔断。还有一些设备起动电流很大，如三相异步电动机起动电流是额定电流的 4 ~ 7 倍，因此，选择熔体时必须考虑设备的特性。

熔断器熔体在短路电流作用下应能可靠熔断，起到应有的保护作用，如果熔体选择偏大负载长期过负载熔体不能及时熔断；如果熔体选择偏小，在正常负载电流作用下就会熔断。为保证设备正常运行，必须根据设备的性质合理地选择熔体。

①照明电路电灯支路熔体额定电流≥支路上所有电灯的工作电流之和。

②电动机

1)单台直接起动电动机的熔体额定电流 = (1.5 ~ 2.5) × 电动机额定电流；

2)多台直接起动电动机的总熔体额定电流 = (1.5 ~ 2.5) × 功率最大的电动机额定电流 + 其余电动机额定电流之和；

3)绕线式电动机和直流电动机的熔体额定电流 = (1.5 ~ 2.5) × 电动机额定电流。

③配电变压器低压侧熔体额定电流 = (1.2 ~ 1.5) × 变压器低压侧额定电流。

④电热设备熔体额定电流≥电热设备额定电流。

⑤补偿电容器

1)单台时，熔体额定电流 = (1.2 ~ 1.5) × 电容器额定电流；

2)电容器组时，熔体额定电流 = (1.3 ~ 1.8) × 电容器组额定电流。

⑥快速熔断器与整流元件串联熔体额定电流≥1.75 × 整流元件额定电流。

(3)选用熔断器注意事项

①熔断器的保护特性应与被保护对象的过载特性有良好的配合。

②按线路电压等级选用相应电压等级的熔断器，通常熔断器额定电压不应低于线路额定电压。

③根据配电系统中可能出现的最大短路电流，选择具有相应分断能力的熔断器。

④在电路中，各级熔断器应相应配合，通常要求前一级熔体比后一级熔体的额定电流大2~3倍，以免发生超级动作而扩大停电范围。

⑤熔体额定电流应小于或等于熔断器的额定电流。

（4）熔断器的检查与维修

①检查熔体的额定电流与负载情况是否相配合。

②检查熔体管外观有无损伤、变形、开裂现象，瓷绝缘部分有无破损或闪络放电痕迹。

③熔体有氧化、腐蚀或破损时，应及时更换。

④检查熔体管接触性有无过热现象。

⑤有熔断信号指示器的熔断器，其指示是否保持正常状态。

⑥熔断器环境温度必须与被保护对象的环境温度基本一致，如果相差太大可能会使保护动作出现误差，因此，尽量避免安装在高温场合，因熔体长期处于高温下可能老化。

⑦检查导电部分有无熔焊、烧损、影响接触的现象。

⑧熔断器上、下触点处的弹簧是否有足够的弹性，接触面是否紧密。

⑨应经常清除熔断器上及夹子上的灰尘和污垢，可用干净的布擦干净。

（五）熔体熔断的原因

①对于变截面熔体，通常在小截面处熔断是由于过负载引起，因为小截面处温度上升较快，熔体由于过负载熔断，使熔断部位长度较短。

②变截面熔体的大截面部位也熔化无遗，熔体爆熔或熔断部位很长，一般是由于短路而引起熔断。

③熔断器熔体误熔断，熔断器熔体在短路情况下熔断是正常的，但有时在额定电流运行状态下也会熔断称为误熔断。

1）熔断器的动、静触点（RC）、触片与插座（RM）、熔体与底座（RL、RT、RS）接触不良引起过热，使熔体温度过高造成误熔断。

2）熔体氧化腐蚀或安装时有机械损伤，使熔体的截面积变小，也会引起熔体误熔断。

3）因熔断器周围介质温度与被保护对象四周介质温度相差过大，将会引起熔体误熔断。

4）对于玻璃管密封熔断器熔体的熔断，长时间通过近似额定电流时，熔体经常在中间部位熔断，但并不伸长，熔体气化后附在玻璃管壁上；如有1.6倍左右额定电流反复通过和断开时，熔体经常在某一端熔断且伸长；如有2~3倍额定电流反复通过和断开时，熔体在中间部位熔断并气化，无附着现象；通电时的冲击电流会使熔体在金属帽附近某一端熔断；若有大电流（短路电流）通过时，熔体几乎全部熔化。

5）对于快速熔断器熔体的熔断过负载时与正常工作时相比所增加的热量并不很大，而两端导线与熔体连接处的接触电阻对温升的影响较大，熔体上最高温度在两端，所以，经常在两端连接处熔断；短路时热量大、时间快、产生的最高温度点在熔体中段，来不及将热量传至两端，因此在中间熔断。

（6）拆换熔体

①安装熔体时，应保证接触良好，如接触不好会使接触部分过热，热量传至熔体，使熔体温度过高引起误动作，有时因接触不好产生火花将会干扰弱电装置。

②更换熔体时，不要使熔体受到机械损伤和扭拉。由于熔体一般软而易断，容易发生裂

痕或减小截面，降低电流值，影响设备正常运行。

③更换熔体时，必须根据熔体熔断的情况，分清是由于短路电流，还是由于长期过负载所引起，以便分析故障原因。过负载电流比短路电流小得多，所以熔体发热时间较长，熔体的小截面处过热，导致多在小截面处熔断，并且熔断的部位较短；短路电流比过负载电流大得多，熔体熔断较快，而且熔断的部位较长，甚至大截面部位也会全部烧光。

④检查熔断器与其他保护设备的配合关系是否正确无误。

⑤一般应在不带电的情况下，取下熔断管进行更换。有些熔断器是允许在带电的情况下取下的，但应将负载切断，以免发生危险。

⑥更换熔体时，应注意熔体的电压值、电流值和熔体的片数，并要使熔体与管子相配，不可把不相配的熔体硬拉硬弯装在不相配的管子中，更不能随便找一根铜线或熔体配上凑合使用。

⑦对于封闭管式熔断器，管子不能用其他绝缘管代替，否则容易炸裂管子，发生人身伤害事故。也不能在熔断器管子上钻孔，因为钻孔会造成灭弧困难，可能会喷出高温金属和气体，对人和周围设备是非常危险的。

⑧当熔体熔断后，特别是在分断极限分断电流后，经常有熔体的熔渣熔化在上面，因此，在换装新管体前，应仔细擦净整个管子内表面和接触装置上的熔渣、烟尘和尘埃等。当熔断器已经达到所规定的分断极限电流的次数，即使凭肉眼观察没有发现管子有损伤的现象也不宜继续使用，应更换新的管子。

⑨更换熔断器时，要区分是过载电流熔断，还是在分断极限电流时熔断。如果熔断时响声不大，熔体只在一两处熔断，而管子内壁没有烧焦的现象，也没有大量的熔体蒸气附着在管壁，一般认为是过载电流时熔断。如果熔断时响声特别大，有时看见两端有火花，管内熔体熔成许多小段(装有两片熔体的熔断器，两片熔体熔在一起)，管子内壁有大量的熔体蒸气附着，有时管壁有烧焦现象，甚至在接触装置上也有熔渣，就可能是在分断极限电流时熔断。

8.6.3 电缆的使用与敷设

（1）选用与使用注意事项

①在长期用于室外或接触油类的场合，应选用耐气候型，但不能长期浸于油中使用，其他用一般型。

②使用时电缆线路不宜太长，应保证电压降不超过5%，特殊情况下不超过10%，导线截面按载流量选择，并校核电压降。

③宜采用插接式中间连接头，使连接方便、可靠。

（2）信号、控制电缆

在通信、控制系统中，传输各种起动、操作、显示、测量等电信号，并广泛用于自动控制技术。

使用要求：

①信号控制电缆用于控制、测量、信号传递、报警和联锁系统中，要求安全运行、导线不易折断、绝缘不损坏、绝缘电阻高、护层能起到机械保护作用。与高压电缆相邻近的信号，控制电缆应有接地良好的内钢带铠装层，以免感应电压过高而造成事故。

②固定敷设时，环境温度应符合以下要求：

塑料绝缘塑料护套电缆：-10℃

橡皮绝缘塑料护套电缆：-15℃

橡皮护套和耐寒塑料护套电缆：-20℃

③信号控制电缆与设备、仪表连接处需经常拆装，要求导线有一定的柔软性和机械强度，多芯电缆的线芯应有明显标志。电缆护套要有不延燃性和允许接触少量油污。

④信号电缆应有控制电容值，保证信号传递的速度，减少线路传输衰减。

⑤控制电缆按线路压降和机械强度来选择导线截面。信号电缆应考虑线路长度和电容值。

⑥信号控制电缆要考虑备用线芯，有时为减少电缆安装根数或利用已有电缆的潜力，控制电缆可兼作传输信号用。但信号电缆只能在控制电流较小，电压低于 250V 时才可兼作控制线芯用。

（3）电机、电器用电缆

电机用电缆的导线采用最柔软的铜芯或铝芯电缆，导线外包一层聚酯薄膜，提高了电缆的电气性能，并使导线与绝缘相对易于滑动，提高了电缆的弯曲性能，用含胶量高，综合性能好的橡皮作绝缘。

使用要求：

①电缆在低电压、大电流的条件下使用，除本身发热外，还可能与被焊器材的热构件接触，要求热老化性能好，热变形小。

②电缆在使用时收放、移动、扭曲频繁，又经常受到刮、擦等外力，要求电缆柔软易弯曲，有足够的机械强度，绝缘层有较好的抗撕裂性。

③电缆的使用环境复杂，如日晒、雨淋、接触泥水、油污、酸碱液体等，要求绝缘层有一定的耐气候性、耐油和耐溶剂性能。

④电缆在使用时，要尽量避免接触热构件、油污、酸碱液体、构件尖锐部位等，减少不必要的损伤。电缆不宜承受拉力，不能受载重车辆挤压；使用后应存放到阴凉干燥处，以延长使用寿命。

（4）通信电缆

风电场风力发电机组通信电缆一般采用传输数据和电信的电缆，通常根据环境、技术和经济条件确定，多数位直埋的铝护套电缆或双层钢带铠装的铅护套电缆。在雷暴日多的地区，可考虑特殊护层结构的防雷电缆，光纤电缆。

电缆敷设时要求：

①直埋铺设：埋设深度一般为 1m，电缆铺设时的最小弯曲半径，铝护套电缆 30 倍，铅护套中同轴缆 25 倍，铅护套缆 15 倍。

②管道铺设：电缆进入管道前，应涂中性凡士林油，注意小电缆与管壁的摩擦，并减小混凝土观中石灰质对铅、铝护套的腐蚀作用。

③架空铺设：电缆应有防雷保护，在一定的间隔电杆上设置壁雷地线。

8.6.4 母线的使用与安装

8.6.4.1 母线的正确排列顺序

1. 垂直：由上至下 N、L_1、L_2、L_3；

①水平：由内向外 N、L_1、L_2、L_3；

②引下：由左至右 N、L_1、L_2、L_3。

2. 支架安装端正、绝缘子牢固。

3. 母线表面无显著伤痕、焊口无裂缝，突出不太多，无凹陷。

4. 夹板未将母线"夹死"，有 1～2mm 间隙，母线每隔 20～30m 有一个伸缩补偿器。

5. 母线搭接连接处平整，搭接长度不得小于母线宽度。80mm×8mm 母线的搭接处用 4 个 M12×35 镀锌螺栓固定，螺杆由上向下穿，接头接触应紧密，接触部分涂有中性凡士林或导电膏，有振动的接头要加有弹簧垫。

6. 母线平弯时三相一致，立弯时(由内向外)第一相的外侧和第二相的内侧平行，煨弯处无扭翘现象。

7. 三相母线的焊口错开%## 以上，一档内无三个以上焊口，搭头焊缝距弯曲处不得小于 30mm，搭头处距绝缘子和分支点不得小于 50mm，弯曲处距绝缘子不得大于 0.25L(L 为两支点间距)。

8. 分支线若是导线，导线应压有鼻子，母线上的钻孔应采用螺栓联接。

9. 铜、钢母线与铝导线的连接处应搪锡。

10. 母线距接地体的距离和相间距离:低压时，室内为 75mm、室外为 200m;10kV 高压时，室内为 125mm、室外为 500mm。

11. 母线应按相序涂漆，L$_1$ 相为黄色、L$_2$ 相为绿色、L$_3$ 相为红色、零线为黑色(或接地的中性线为紫色带黑横条，不接地中性线为紫色)，而高压变(配)电设备构架为灰色。母线的下列各处不准涂漆:

连接、分支处 10mm 以内，与电气设备连接处 10mm 以内。

焊接处和距离焊缝 10mm 以内。

接地线的接地点表面! 10mm 以内。

涂有温度漆的地方。间隔内硬母线要留 50~70mm，便于停电挂接临时地线用。

8.6.5 低压配电盘的安装与维修

低压配电盘首先应根据电气接线图来确定开关、熔断器、电气元件和仪表等的数量，然后根据这些电器的主次关系和控制关系，将其均匀对称地排列在盘面上。并要求盘面上的电器排列整齐美观、便于监视、操作和维修。通常将仪表和信号灯居上，经常操作的开关设备居中，较重的电器居下。各种电器之间应保持足够的距离，以保证安全。

1. 低压配电盘的安装

(1)配电盘(箱)的盘面应光滑(涂漆)，且有明显的标志，盘架应牢固。

(2)明装在墙上的配电盘，盘底距地面高度不小于 1.2m，显示面板应装在盘上方，距地面 1.8m;明装立式铁架盘，盘顶距地面高度不得大于 2.1m，盘底距地面不得小于 0.4m，盘后面距增不得小于 0.6m;暗装配电盘底口距地面 1.4m。

(3)动力配电盘的负载电流在 30A 以上，应包铁皮。对负载电流为 30A 及以下的配电盘，装有金属保护外壳的开关，可不包铁皮。

(4)配电盘(箱)接地应可靠，其接地电阻应不大于 4

(5)主配线应采用与引入线截面相同的绝缘线;二次配线应横平竖直、整齐美观，应使用截面不小于 1.5 mm^2 的铜芯绝缘线或不小于 2.5 mm^2 的铝芯绝缘线。

(6)导线穿过木盘面时，应套上瓷套管，穿过铁盘面时应装橡皮护圈。

(7)在盘面上垂直安装的开关，上方为电源，下方为负载，相序应一致，各分路要标明线路名称;横装的开关，左方接电源，右方接负载。

(8)配电盘(箱)上安装的母线，应分相按规定涂上色漆。

(9)在配电盘(箱)上，官装低压漏电保护器，以确保用电安全。

（10）安装在室外的配电箱，应设有防雨罩;安装在公共场所的配电箱，铝门上应加锁。

2.配电盘的运行与维修一般用电场所都要通过配电盘获得电能。为了保证正常用电，对配电盘上的电器和仪表应经常进行检查和维修，及时发现问题和消除隐患。对运行中的配电盘，应作以下检查:

（1）配电盘和盘上电器元件的名称、标志、编号等是否清楚、正确，盘上所有的操作把手、按钮和按键等的位置与现场实际情况是否相符，固定是否牢靠，操作是否灵活。

（2）配电盘上表示"合"、"分"等信号灯和其他信号指示是否正确（红灯亮表示开关处于闭合状态，绿灯亮表示开关处于断开位置）。

（3）刀开关、开关和熔断器等的接点是否牢靠，有无过热变色现象。

（4）二次回路线的绝缘有无破损，并用兆欧表测量绝缘电阻。

（5）配电盘上有操作模拟板时，模拟板与现场电气设备的运行状态是否对应一致。

（6）仪表和表盘玻璃有无松动，并清扫仪表和电器上的灰尘。

（7）巡视检查中发现的缺陷，应及时记入缺陷登记本和运行日志内，以利排除故障时参考分析。

8.6.6 中间继电器的维修

1.内部与机械部分检查与维修。

（1）清洁内部灰尘，如果铁心锈蚀，应用钢丝刷刷净，并涂上银粉漆。

（2）各金属部件和弹簧应完整无损，无形变，否则应予更换。

（3）动，静触头应清洁，接触良好，若有氧化层，应用钢丝刷刷净，若有烧伤处，则应用细油石打磨光亮。动触头片应无折损，软硬一致。

（4）各焊接头应良好，如为点焊者应重新进行锡焊，压接导线应压接良好。

（5）对于 DZ 型中间继电器，当全部常闭触头刚闭合时，衔铁与衔铁限制钩间的间隙不得小于 0.5mm，以保证常闭触头的压力;但当线圈无电时，允许衔铁与衔铁限制钩间有不大于 0.1mm 的间隙。

注:DZ 系列继电器为阀型电磁式继电器，ZJ 系列继电器为静态中间继电器。型号中字母的含义:J 表示交流工作电压，Y 表示直流工作电压，L 表示电流工作，B 表示带保持，S 表示带延时。

（6）用手按住衔铁检查继电器的可动部分，要求动作灵活，触头接触良好，压缩行程不小于 0.5~1mm，偏心度不大于 0.5mm。动、静触头间直线距离要求:DZ 型不小于 3mm，ZJ、YZJ 型不小于 2.5mm。

（7）对于延时动作的中间继电器，要求其衔铁前端的磷铜片应平整，螺钉应紧固。

（8）对于出口中间继电器，应采用有玻璃窗口的外壳，以便观察其触头状况。

（9）对于外壳加装固定螺钉的继电器，应检查当外壳盖上后，动作时不应有卡塞现象。

（10）绝缘检查，可参考电流继电器有关部分。

2.线圈直流电阻检查仅对电压线圈进行直流电阻测量，继电器电压线圈在运行中，有可能出现开路和匝间短路现象，进行直流电阻测量便可发现。最简单的测量方法是用数字式万用表进行测量，比较准确的是用电桥。

3.线圈极性检查对于有保持线圈的中间继电器（直流继电器），动作线圈与保持线圈之间的极性关系非常重要，要求同极性。只有同极性才能起保持作用（因为两线圈产生的磁通方向相同）。

极性检查方法如下：假设动作线圈接直流电源正端为 1L +，接负端为 1L -；保持线圈接直流正端为 2L +；接负端为 2L -。检查时，用一节一号电池，一只万用表，使用直流电压（或毫伏）档，正极接 2L +，负极投 2L -；电池负极接 1K2，当电池的正极碰 1K1 时万用表指针右摇（正方向），就说明两线圈为同极性；若左摆，说明两者为反极性。

4. 动作、返回、保持值检验与调整维修

（1）动作、返回值检验：利用分压法由小到大调整电压（电流），使继电器动作，该值即为动作值；然后逐渐降低电压（电流），使继电器返回的最高电压即为返回值。

对于出口中间继电器，要求其动作值为额定电压的 55% ~70%，其他中间继电器的动作电压为额定电压的 30% ~70% 或不大于额定电流（或回路电流）的 70%。

关于返回电压（电流），一般要求不小于额定值的 5%；具有延时返回的中间继电器，要求其返回电压不小于额定电压的 2%。

（1）保持值检验：对于具有保持线圈的中间继电器，要求作保持线圈的保持值检验；保持线圈有电流线圈和电压线圈，要求保持电流不大于 80% 额定电流；电压线圈不大于 65% 额定电压。

（2）调整维修方法：

a. 当继电器的动作、返回、保持值不符合要求时，可调整其弹簧或电磁铁的气隙。若弹簧过弱或失效时，应更换。调整后应重新检查触点距离和压缩行程。

b. 当继电器动作、返回缓慢时，应进行机械部分检查与调整。对 DZ 型继电器应放松其弹簧，调整衔铁与上磁轭板连接的角形磷钢片。对于 ZJ、YZJ 型继电器，应检查其可动系统是否有卡塞现象。

5. 触头工作可靠性检验在相互配合动作检验时进行观察，触头断弧能力应良好。

8.6.7 时间继电器使用与维修

时间继电器在继电保护和。自动装置中作为时间元器件，起着延时动作的作用。延时时间最常见的是零点几秒至 9s，也有的长达几十秒。从电源种类上划分有直流也有交流。均属电压型，其触头，除延时常开、常闭触头外，有些继电器还有一对或几对瞬时动作的常开、常闭触头。

1. 时间继电器的使用在继电保护和自动装置中，最常用的是 DS - 120 系列直流时间继电器。交流时间继电器型号与规格更加复杂，有 DS - 120 系列、DSJ 系列、JS - 10 系列及 MS - 12、MS - 21 等。直流额定电压有 24V、48V、110V、127V、220V；交流额定电压有 110V、127V、220V 和 380V。延时时间为 0.1s - 60s，触头类型有延时常开触头、滑动触头与瞬时动作触头。

2. DS 型时间继电器的维修

（1）继电器的外壳与玻璃、外壳与底座之间均应嵌接严密牢固，内部应清洁。

（2）各部分螺钉均应紧固，各焊接头应焊接良好，不得有假焊、虚焊、脱焊与漏焊，如有点焊处应改为锡焊。

（3）内部接线应与铭牌相符。

（4）衔铁部分，手按衔铁使其缓慢动作应无明显摩擦现象，放手后衔铁靠弹力返回应动作灵活。塔形返回弹簧在任何位置时，均不允许有重叠现象，衔铁上的弯板在胶木固定座槽中滑动应无摩擦。

（5）时间机构部分，用手按下衔铁使时间机构开始走动直到标度盘的终止位置，要求在整个过程中，行走声音应均匀清晰而无起伏现象，行走速度应均匀，不得有忽快、忽慢、跳动或中途卡住等现象，否则应进行解体检查。

（6）触头部分，当衔铁按下时，动触点应在距静触头首端 1/3 初开始接触并在其上滑行到 1/2 处停止；释放衔铁时，动触头应迅速返回到原来位置。

（7）绝缘检查同中间继电器有关部分相同；线圈直流电阻测量同中间继电器有关部分相同。

8.6.8 交流接触器运行与维修

1. 运行中检查

（1）通过的负载电流是否在接触器的额定值之内。

（2）接触器的分、合信号指示是否与电路状态相符。

（3）灭弧室内有无因接触不良而发出放电响声。

（4）电磁线圈有无过热现象，电磁铁上的短路环有无脱出和损伤现象。

（5）接触器与导线的连接处有无过热现象。

（6）辅助触头有无烧蚀现象。

（7）灭弧罩有无松动和损裂现象。

（8）绝缘杆有无损裂现象。

（9）铁心吸合是否良好，有无较大的噪声，断开后是否能返回到正常位置。

（10）周围的环境有无变化，有无不利于接触器正常运行的因素，如振动过大、通风不良、导电尘埃等。

2. 检查与维护

定期做好维护工作，是保证接触器可靠地运行，延长使用寿命的有效措施。

（1）定期检查外观

1）消除灰尘，先用棉布沾有少量汽油擦洗油污，再用布擦干。

2）定期检查接触器各紧固件是否松动，特别是紧固压接导线的螺钉，以防止松动脱落造成连接处发热。如发现过热点后，可用整形锉轻轻锉去导电零件相互接触面的氧化膜，再重新固定好。

3）检查接地螺钉是否紧固牢靠。

（2）灭弧触头系统检查

1）检查动、静触头是否对准，三相是否同时闭合，应调节触头弹簧使三相一致。

2）测量相间绝缘电阻，其阻值不低于 10M 。

3）触头磨损深度不得超过 1mm，严重烧损、开焊脱落时必须更换触头，对根或银基合金触点有轻微烧损或触面发黑或烧毛，一般不影响正常使用，可不进行清理，否则会促使接触器损坏，如影响接触时，可用整形锉磨平打光，除去触头表面的氧化膜，不能使用砂纸。

4）更换新触头后应调整分开距离、超额行程和触头压力，使其保持在规定范围之内。

5）辅助触头动作是否灵活，触头有无松动或脱落，触头开距及行程应符合规定值，当发现接触不良又不易修复时，应更换触头。

（3）铁心检查

1）定期用干燥的压缩空气吹静接触器堆积的灰尘，灰尘过多会使运动系统卡住，机械破损加大。当带电部件间堆聚过多的导电尘埃时,还会造成相间击穿短路。

2)应清除灰尘及油污,定期用棉纱配有少量汽油或用刷子将铁心截面间油污擦干净,以免引起铁心发响及线圈断电时接触器不释放。

3)检查各缓冲件位置是否正确齐全。

4)铁心端面有无松散现象,可检查铆钉有无断裂。

5)短路环有无脱落或断裂,若有断裂会引起很大噪声,应更换短路环或铁心。

6)电磁铁吸力是否正常,有无错位现象。

(4)电磁线圈检查

1)定期检查接触器控制回路电源电压,并调整到一定范围之内,当电压过高线圈会发热,关合时冲击大。当电压过低关合速度慢,容易使运动部件卡住,触头焊接一起。

2)电磁线圈在电源电压为线圈电压的85%~105%时应可靠动作,如电源电压低于线圈额定电压的40%时应可靠释放。

3)线圈有无过热或表面老化、变色现象,如表面温度高于65℃,即表明线圈过热,引起匝间短路。如不易修复时,应更换线圈。

4)引线有无断开或开焊现象。

5)线圈骨架有无磨损、裂纹,是否牢固地装在铁心上,若发现必须及时处理或更换。

6)运行前应用兆欧表测量绝缘电阻,是否在允许范围之内。

(5)灭弧罩检查

1)灭弧置有无裂损,当严重时应更换。

2)对栅片灭弧罩,检查是否完整或烧损变形,严重松脱位置变化,如不易修复应及时更换。

3)清除罩内脱落杂物及金属颗粒。

(6)维护使用中注意事项

1)在更换接触器时,应保证主触头的额定电流大于或等于负载电流,使用中不要用并触头的方式来增加电流容量。

2)对于操作频繁,起动次数多(如点动控制),经常反接制动或经常可逆运转的电动机,应更换重任务型接触器,如 CJ10Z 系列交流接触器,或更换比通用接触器大一档至二档的接触器。

3)当接触器安装在容积一定的封闭外壳中,更换后的接触器在其控制回路额定电压下磁系统的损耗及主回路工作电流下导电部分的损耗,不能比原来接触器大很多,以免温升超过规定。

4)更换后的接触器与周围金属体间沿喷弧方向的距离,不得小于规定的喷弧距离。

5)更换后的接触器在用于可逆转换电路时,动作时间应大于接触器断开时的电弧燃烧时间,以免可逆转换电路时发生短路。

6)更换后的接触器,其额定电流及关合与分断能力均不能低于原来接触,而线圈电压应与原控制电路电压相符。

7)电气设备大修后,在重新安装电气系统时,应采用线圈电压符合标准电压。

8)接触器的实际操作频率不应超过规定的数值,以免引起触头严重发热,甚至熔焊。

9)更换元件时应考虑安装尺寸的大小,以便留出维修空间,有利于日常维护时的安全。

8.7 控制与安全系统的常见故障

8.7.1 控制与安全系统的故障表现

风力发电机组控制系统的故障表现形式，由于其构成的复杂性而千变万化。但总起来讲，一类故障是暂时的，而另一类则属于永久性故障。例如，由于某种干扰使控制系统的程序"走飞"，脱离了用户程序。这类故障必然使系统无法完成用户所要求的功能。但系统复位之后，整个应用系统仍然能正确地运行用户程序。还有，某硬件连线、插头等接触不良，有时接触有时不接触；某硬件电路性能变坏，接近失效而时好时坏、它们对系统的影响表现出来也是系统工作时好时坏，出现暂时性的故障。当然，另外一些情况就是硬件的永久性损坏或软件错误，它们造成系统的永久故障。

造成故障的因素是多方面的，归纳起来主要有如下几个方面。

1. 内部因素

产生故障的原因来自构成风力发电机组控制系统本身，是由构成系统的硬件或软件所产生的故障。例如，硬件连线开路、短路；接插件接触不良；焊接工艺不好；所用元器件失效；元器件经长期使用后性能变坏；软件上的种种错误以及系统内部各部分之间的相互影响等等。

2. 环境因素

风力发电机所处的恶劣环境会对其控制系统施加更大的应力，使系统故障显著增加。当环境温度很高或过低时，控制系统都容易发生故障。环境因素除环境温度外，还有湿度、冲击、振动、压力、粉尘、盐雾以及电网电压的波动与干扰；周围环境的电磁干扰等等。所有这些外部环境的影响都要认真加以考虑，力求克服它们所造成的不利影响。

3. 人为因素

风力发电机组控制系统是由人来设计而后供人来使用的。因此，由于人为因素而使系统产生故障是客观存在的。例如，在进行电路设计、结构设计、工艺设计以至于热设计、防止电磁干扰设计中，设计人员考虑不周或疏忽大意，必然会给后来研制的系统带来后患。在进行软件设计时，设计人员忽视了某些条件，在调试时又没有检查出来，则在系统运行中一旦进入这部分软件，必然会产生错误。

同样，风力发电机组控制系统的操作人员在使用过程中也有可能按错按钮、输入错误的参数、下达错误的命令等等，最终结果也是使系统出现错误。

以上这些是风力发电机组控制系统故障的原因，可直接使系统发生故障。

8.7.2 控制与安全系统常出现的硬件故障

(1)硬件故障

构成风力发电机组控制系统的硬件包括各种部件。从主机到外设，除了集成电路芯片。电阻、电容、电感、晶体管、电机、继电器等许多元器件外，还包括插头、插座、印制电路板、按键、引线、焊点等。硬件的故障主要表现在这几个方面。

1. 电气元件故障

电器故障主要是指电器装置、电气线路和连接、电气和电子元器件、电路板、接插件所产生的故障。这是下面要仔细讨论的问题，也是风力发电机组控制系统中最常发生的故障。

1)输入信号线路脱落或腐蚀；

2)控制线路、端子板、母线接触不良；

3)执行输出电动机过载或烧毁；

4)保护线路熔丝烧毁或断路器过电流保护；

5)热继电器安装不牢、接触不可靠、动触点机构卡住或触头烧毁;

6)中间继电器安装不牢、接触不可靠、动触点机构卡住或触头烧毁;

7)控制接触器安装不牢、接触不可靠、动触点机构卡住或触头烧毁;

8)配电箱过热或配电板损坏;

9)控制器输入#输出模板功能失效、强电烧毁或意外损坏。

2.机械故障

机械故障主要发生在风力发电机组控制系统的电气外设中。例如,在控制系统的专用外设中,伺服电动机卡死不动,移动部件卡死不走,阀门机械卡死等等。凡由于机械上的原因所造成的故障都属于这一类。

1)安全链开关弹簧复位失效;

2)偏航减速机齿轮卡死;

3)液压伺服机构电磁阀心卡涩,电磁阀线圈烧毁;

4)风速仪、风向仪转动轴承损坏;

5)转速传感器支架脱落;

6)液压泵堵塞或损坏。

3.传感器故障

传感器故障主要是指风力发电机组控制系统的信号传感器所产生的故障,例如,闸片损坏引起的闸片磨损或破坏,风速风向仪的损坏等等。

1)温度传感器引线振断、热电阻损坏;

2)磁电式转速电气信号传输失灵;

3)电压变换器和电流变换器对地短路或损坏;

4)速度继电器和振动继电器动作信号调整不准或给激励信号不动作;

5)开关状态信号传输线断或接触不良造成传感器不能工作。

4.人为故障

人为故障是由于人为地不按系统所要求的环境条件和操作规程而造成的故障。例如,将电源加错、将设备放在恶劣环境下工作,在加电的情况下插拔元器件或电路板等等。

(2)硬件产生故障因素——元器件失效

元器件在工作过程中会发生失效,通过对各类元器件在一定条件下,大量试验的统计结果发现,电子元器件的失效率是有一定规律的。

元器件的失效率与时间的关系,也就是失效特征其曲线形状如同"浴盆",故又称其为"浴盆"特性。

元器件失效的表现形式有多种。一种是突然失效,或称为灾难性失效。那是由于元器件参数的急剧变化造成的,经常表现为短路或开路状态。另一种称为退化失效,即元器件的参数或性能逐渐变坏。对一个硬件系统来说,尚有局部失效和整体失效,前者使系统的局部无法正常工作;而后者则使整个系统的整体无法正常工作。例如,风力发电机组控制系统的打印机接口失效,使系统无法打印是局部失效;若微型机失效,则整个系统就无法工作。

(3)使用不当

在正常使用条件下,元器件有自己的失效期。经过若干时间的使用,它们逐渐衰老失效,这都是正常现象。在另一种情况下,如果不按照元器件的额定工作条件去使用它们,则元器件的故障率将大大提高。在实际使用中，许多硬件故障是由于使用不当造成的。因此，在风力发电机组控制系统中，必须从使用的各个方面仔细考虑，合理地选择元器件，以便获得高的可靠性。

5. 注意元器件的电气性能

各种元器件，都有它们自己的电气额定工作条件，现介绍几种最常使用的元器件。

1) 电阻器：各种电阻器具有各自的特点、性能和使用场合。必须按照厂家规定的电气条件使用它们，随便乱用，肯定要出问题。电阻器的电气特性主要包括阻值、额定功率、误差、温度系数、温度范围、线性度、噪声、频率特性、稳定性等指标。在选用电阻器时，应根据系统的工作情况和性能要求，选用合适的电阻器。例如，薄膜电阻可用于高频或脉冲电路；而线绕电阻只能用于低频或直流电路中。每个电阻都有一定的额定功率；不同的电阻温度系数也不一样。因此，必须根据多项电气性能的要求，合理地选择电阻器。

2) 电容器：同电阻器一样，电容器的种类繁多，它们的电气性能参数也各不一样。电气性能参数也包括各方面的特性。例如，容量、耐压、损耗、误差、温度系数、频率特性、线性度、温度范围等等。在使用时必须注意这些电气特性，否则容易出现问题。例如，大的铝电解电容器在频率为几百 MHz 时，会呈现感性。在电容耗损大时，应用于大功率场合会使电容发热烧坏。超过电容的耐压范围使用，电容很快就会击穿。

3) 集成电路芯片：查看集成电路手册，如线性电路手册、数字集成电路(74 系列或 CMOS系列)手册，可以发现就电气性能而言，不同的芯片，不同的用途都有许多要求。例如，工作电压、输入电平、工作最高频率、负载能力、开关特性、环境工作温度、电源电流等等。同样，在选用集成电路时也必须按照厂家给定的条件，不可有疏忽。同时，应特别注意以下几个问题。

a. 74(或 54)系列集成电路的最大工作电压比较低，在使用时应特别注意。其他如温度范围、负载能力等指标也应认真考虑。

b. 为了获得最快的开关速度和最好的抗干扰能力，与门及与非门的不用的输入端不要悬空。可以把它们接高电平；也可把一个固定输出高电平的门的输出接到这些输入端上；若前面输出有足够的负载能力，则可将不用的输入端并联在有用的输入端上。对于 54LS 或 74LS 系列的与门及与非门。它们的输入端有钳位二极管，可以将其不用的输入端直接接电源电压；无钳位二极管的与门或与非门，可以通过一个几千欧姆电阻接电源电压。

c. 注意电路的驱动能力

必须保证每块集成电路的负载都是合适的。

d. 集电极开路门负载电阻的计算

一般地说，非集电极开路门是不允许将它们的输出端线"或"的。而当选择合适的集电极开路门的负载之后，就可以实现这种门输出端的线"或"。在电路设计时，需确定一个合适的负载电阻值。此电阻有一个最大值，用以保证在输出均为高电平时，能为下级门提供足够的高电平输入电流。而且也为并联的各开路门提供高电平输出电流。另外，该电阻应有一个最小值，以保证当某一集电极开路门输出为低电平时，此电阻上流过足够的电流，确保输出为低电平。

e. 使用 MOS 及 CMOS 应注意的问题

在使用 MOS 及 CMOS 器件时，要特别防止静电损坏器件。人体静电是很高的，这与人所穿衣服、地面的绝缘程度等有很大关系，通常会有数千伏甚至一万多伏。因此，必须特别注意防止静电,虽然现在许多 MOS 及 CMOS 器件都增加了防静电的齐纳二极管,起着保护器件的作用。即使如此,在使用这些器件时,仍然要十分小心。在使用这类器件中如何防止静电损坏器件,这里不再仔细说明。

使用 MOS 及 CMOS 器件时,通常采用较高的电源电压,在与 TTL 电路相连接时,注意它们之间的电平转换。具体转换方法有多种,此处不做阐述。

6. 环境因素的影响

环境因素对风力发电机组控制系统产生很大的影响。有些元器件,当温度增加 10℃ 时,其失效率可以增加一个数量级,这说明环境因素对硬件系统的影响的程度。

1)温度:温度是影响硬件可靠性的一种应力。它对系统可靠性的影响是很大的。经验告诉我们,由于温度增高,微机应用系统故障率明显增加。

2)电源的影响:电源自身的波动、浪涌及瞬时掉电都会对电子元器件带来影响,加速其失效的速度。电源的冲击、通过电源进入微机应用系统的干扰、电源自身的强脉冲干扰,同样会使系统的硬件产生暂时的或永久性故障。

3)湿度的影响:湿度过高会使密封不良、气容性较差的元器件受到侵蚀。有些系统的工作环境不仅湿度大、且具有腐蚀性气体或粉尘,或者湿度本身就是由于溶解有腐蚀性物质的液体所造成的,故元器件受到的损害会更大。

4)振动、冲击的影响:振动和冲击可以损坏系统的部件或者使元器件断裂、脱焊、接触不良。不同频率、不同加速度的振动和冲击造成的后果不一样。但这种应力对风力发电机组控制系统的影响可能是灾难性的。

5)其他应力的影响:除上面所提到的环境因素之外,还有电磁干扰、压力、盐雾等许多因素。这些均需要在风力发电机组控制系统设计时加以考虑,尽可能减少环境应力的影响。

(4)结构及工艺上的原因

硬件故障中,由于结构不合理或工艺上的原因而引起的占相当大的比重。在结构设计中,某些元器件太靠近热源;需要通风的地方未能留出位置;将晶闸管、大继电器等产生较大干扰的器件放在易受干扰的元器件附近。此外,结构设计不合理,操作人员观察、维修都十分困难。所有这些问题,均对硬件可靠性带来影响,需要加以注意。

工艺上的不完善也同样会影响到系统的可靠性。例如,焊点虚焊、印制电路板加工不良、金属氧化孔断开等工艺上的原因,都会使系统产生故障。因此,在设计及加工过程中,一定要保证质量,小心谨慎地进行。

8.8 控制与安全系统软件设计中常见故障

8.8.1 软件故障的特点

软件是由若干指令或语句构成,大型软件的结构十分复杂。在许多方面,软件故障不同于硬件故障,其特点主要有:

1. 硬件愈多,故障率也愈高。可以认为它们成线性关系。而软件故障与软件的长度基本上是指数关系。因此,随着软件(指令或语句)长度的增加,其故障(或称错误)会明显地增加。

2. 软件错误与时间无关,它不像硬件会随时间呈现“浴盆”特性,软件不因时间的加长而增加错误,原有错误也不会随时间的推移而自行消失。

3. 软件错误一经维护改正,将永不复现。这不同硬件,某芯片损坏后。换上新芯片还有失效的可能。因此,随着软件的使用,隐藏在软件中的错误被逐个发现、逐个改正,其故障率会逐渐降低。在这个意义上讲，软件故障与使用时间是有关系的。

4. 软件故障完全来自设计，与复制生产、使用操作无关。当然，复制生产的操作要正确，所用介质要良好。单就软件故障本身来说，取决于设计人员的认真设计、查错及调试。可以认为软件是不存在耗损的，也与外部环境无关。这是指软件本身而不考虑存储软件的存储媒体。

8.8.2 软件错误的来源

软件错误是由设计者的错误、疏忽及考虑不够周全等设计上的原因造成的。

1. 没有认真进行需求调查

软件设计的第一步就是用户的需求调查。这一步工作极为重要，因为如果没有弄清楚用户的要求，或者没有理解或者将用户的要求理解错了。则设计出的软件必然无法满足用户要求，错误的出现也就是料想之中的事了。用户的需求是设计软件的依据、出发点。在进行系统设计中，包括软件设计之前，一定要彻底了解用户的要求，对这些要求要逐字逐句推敲。

2. 编程中的错误

在软件设计者编写程序的过程中，经常会出现各种各样的错误。例如，在编程过程中，会出现语法错、语义错、定义域错、逻辑错、无法结束的死循环等等。在编程过程中所出现的错误，有些利用编译（汇编）、查错和测试程序可以检查出来。但有些错误，如逻辑错、定义域错只在软件执行中甚至偶尔某一次执行中发生，要发现这些错误有时需绞尽脑汁，所以在编程时，就要特别注意上面提到的错误。

3. 规范错误

在程序设计中，制定编程的规范极为重要。要将用户的需求转化成软件，这中间必定要制定一系列的规范，以便顺利编程。所谓规范就是解决问题的逻辑及算法规约。如果在制定规范时出错；或者有漏洞，考虑不周；或者出现自相矛盾，则编辑出来的软件就会出错。

4. 性能错误

性能错误是指所设计的软件性能与用户的要求相差太大，不能满足用户的性能要求。例如，软件的响应时间、执行时间、控制系统的精度等等性能指标。尽管软件可以完成所要求的功能，但性能上太差也是无法使用的。如果风力发电机组控制系统在被测控的对象发生某种故障时，需要立即做出响应，包括系统自动保护，并向操作人员报警。若是响应时间太长，系统就有可能发生严重后果。类似这样的问题，都属于软件错误，在设计软件时应加以避免。

5. 中断与堆栈操作

在软件设计中，尤其是工程应用系统的软件设计，中断和堆栈操作是极为有用的手段。在对某些事件的实时响应时，中断是必不可少的手段。一方面，在程序调用及对内存的某些快速操作中，经常会用到堆栈操作。这种操作使编程更加简单。另一方面，中断与堆栈操作很容易产生一些错误，而这些错误必须仔细地、与所采用的中断及堆栈操作联系在一起才能解决。

6. 人为因素

软件对设计人员有着极大的依赖性。设计人员的素质将直接影响到软件的质量。因此，要求设计人员具有丰富的基础知识和软件编程能力，能够熟练地运用所使用的程序设计语言，在微机的工程应用中，C语言和汇编语言等将是不可缺少的程序设计语言。要求软件设计人员具有较好的数据结构及程序设计方法的知识，以便编出效率高、错误少的软件。

同时，应用系统的软件设计人员必须能熟练地对软件进行查错和测试。通过这些手段，使软件的错误减到最少。

良好的思想素质及优秀的工作作风是软件设计的保证。粗心大意、不负责任、马马虎虎的工作态度势必造成不可收拾的后果。

8.9 减小故障出现的方法

8.9.1 元器件的选择

合理地选择微机应用系统的元器件,对提高硬件可靠性是一个重要步骤。选择合适的元器件,首先要确定系统的工作条件和工作环境。例如,系统工作电压、电流、频率等工作条件,以及环境温度、湿度、电源的波动和干扰等环境条件。同时,还要预估系统在未来的工作中可能受到的各种应力、元器件的工作时间等因素,选择合适的元器件,满足上面所考虑到的种种条件。

8.9.2 筛选

把所选择的合适元器件的特性测试后,对这些元器件施加外应力,经过一定时间的工作,再把它们的特性重新测一遍,剔除那些不合格的元器件,其过程称为筛选。

在筛选过程中所加的外应力可以是电的、热的、机械的等等。在选择器件之后,使元器件工作在额定的电气条件下;甚至工作在某些极限的条件下;甚至还加上其他外应力,如使它们同时工作在高温、高湿、振动、拉偏电压等应力下,连续工作数百小时。此后,再对它们进行测试并剔除不合格者。

使元器件在高温箱(温度一般在120℃～300℃存放若干小时,二就是高温存储筛选。

将元器件交替放在高温和低温下,称为温度冲击筛选。

其他条件的筛选,这里不再一一提及。

此外,当微机应用系统的样机做出来之后,总是先让它加电工作,为的是使它更快地进入随机失效期。

8.9.3 降额使用

降额使用就是使元器件工作在低于它们的额定工作条件以下。实践证明,这种措施对提高可靠性是有用的。

一个元件或器件的额定工作条件是多方面的,其中包括电气的电压、电流、功耗、频率等,机械的压力、振动、冲击等及环境方面的温度、湿度、腐蚀等。元器件在降额使用时,就是设法降低这些条件。

1. 电子元器件的降额使用

从电路设计来说,在设计时降低元器件的工作电参数。从系统的结构设计、热设计来说要降低机械及环境工作参数。这里主要对几种元器件的电气上的降额使用做简单说明。

对于电阻器,降额使用主要是指降低它的工作时的功率。通常使电阻工作在它的额定功率的0.1～0.6之间,其工作环境温度在45℃以下。这样的条件下,电阻器保持较低的失效率。

电容器的降额使用主要是指降低它们的工作电压。由于电容器种类繁多,所用材料也不一样。因此,降额使用的标准也有差别。一般工作电压选择在小于其额定电压的60%,环境温度不高于45℃。

整流二极管及晶闸管器件,降额是指降低其电流。稳压二极管、晶体管,降额是指降低其功率损耗。一般工作在额定值的一半或更小。环境温度亦最好在45℃以下。

集成电路的降额使用也需从电气及环境等方面来考虑。在电气上,主要考虑降低功耗,在保证工作的条件下，适当降低工作电压。同时，减少其输出的负载。在它们的工作环境下，环境温度、湿度、振动、干扰等都应保持在较好的水平上。

对于其他元器件的降额可以参照上面所提到的方法进行，这里不再说明。

2.机械及结构部件上的降额

在风力发电机组控制系统中也可能会遇到一些机械或结构部件的设计。在设计中，为提高可靠性，同样采用降额的方法。首先，根据使用条件并进行一些必要的实验，以便确定机械的应力强度。在设计时采用降额使用的办法。

总之，在设计风力发电机组控制系统时，从各个方面采取降额措施。据文献介绍，合适的降额使用，可使硬件的失效率降低！到2个数量级。

8.9.4 可靠的电路设计

在电路设计中，要采用简化设计。我们知道，完成同一个功能，使用的元器件愈多、愈复杂，其可靠性就愈低。在设计中，尽可能简化。在逻辑电路设计中，采用简化的方法进行设计，必能获得提高可靠性的结果。

瞬态及过应力保护。在电路工作过程中，会发生瞬态应力变化甚至出现过应力。这些应力的变化，对电路元器件的工作是极为不利的。

减少电路设计中的误差和错误。在进行电路设计时，由于人为的原因，使设计误差太大，以致使系统投入运行后出现故障。更有甚者，在设计上有错误而没有检查出来，当系统投入运行后会产生灾难性后果。

8.9.5 冗余设计

所谓冗余，就是为了保证整个系统在局部发生故障时能够正常工作，而在系统巾设置一些备份部件，一旦故障发生便启动备份部件投入工作，使系统保持正常工作的方法。

硬件冗余可以在元器件级、部件级、分系统级乃至系统级上进行。利用这种措施，提高可靠性是显而易见的。但是，硬件冗余要增加硬件，同时也要增加系统的体积、重量、功耗及成本。在采用冗余技术时，要看到它的利也要看到它的弊。

1.两种结构

有两种基本结构形式。将若干个功能相同的装置并联运行，这种结构称为并联系统。而若干个部件串联运行构成的系统称为串联系统。

在并联系统中，只要其中一个装置（部件）正常工作，则系统就能维持正常功能。对于 n 个装置的串联系统，其中任何一个装置出现故障，则整个系统就无法工作。根据上述基本结构，还可以构成串并联系统。同样，系统还可以构成并串联系统。若已知各部件的可靠性，利用算法可以计算各系统的可靠性。

2.并联冗余

（1）部件级的冗余:在某些系统中，对某种部件的可靠性要求特别高，用一个部件又难以达到那样高的要求，则可以采用多个同样的部件并联冗余。利用并联冗余措施，在部件级上实现的。

（2）微控制器双机并联:一种微型机双机并联系统中两个微型计算机是相互独立的，各自都有自己的 CPU、内存、总线和输入输出接口。对系统的检测控制对象来说，两个微型机中只有其中一个用来完成用户的检测控制任务，另一个处于并行工作的待命状态。它与另一微型机执行同样的程序且两个微型机在运行用户程序时是同步进行的。一旦发现主控机出现故障,则处于待命状态的备份机立即自动切换上去,代替原主控机的工作,使整个检测控制系统维持正常工作。这时可对出故障的微型机进行检修。这种工作方式有时也称为双机热备份工作。显然,这比提供一台冷备份微型机要好得多。因为冷备份机在进行代换时,必然对系统的正常工作产生影响,而热备份可以实现双机的无扰动切换。

3.三机表决系统:在前面双机并联系统中,如果两个微型机执行某个事件结果不一致,我们难以判别是哪一台微型机出现了故障。如果采用3个微型机并联工作,对故障机做出判断就容易得多。理论和实践已证明,3台微型机中,两台或两台以上,同时出现故障的概率较其中某一台出现故障的概率要小得多。因此,3机并联系统中,采用表决的办法来解决故障检测问题。

4.冷备份:冷备份也是一种简单的冗余手段。冷备份可以备份部件,也可以备份系统。所备份的部件或系统平时不加电,而是将它们保存在仓库中。只是在系统的部件或系统出现故障时,才用它们代替故障部件或故障系统。在我国目前条件,许多用户单位可能没有冷备份部件和系统。只能备份一些元器件,在发现系统有故障时,需要判断是哪一个元器件故障。以便代换新的元器件。

5.其他冗余手段:在风力发电机组控制系统设计中,有时要增加一些硬件来提高可靠性,而这些硬件并不是系统所必需的。下面的例子就属于这种情况。如,为了指示输入输出接口的工作状态,可以增加发光二极管显示。利用这些发光二极管,可为检查、发现故障提供了方便。又如,在某一控制系统中,前一步动作未执行时,不允许后一步动作提前执行。这可以利用软件采集状态反馈信号,确知前者已经发生,再执行下一步。

工程案例: Freqcon 变流器_现场故障信息记录表

用万用表检查 IGBT 方法

1.目的:当变流柜内功率模块出现损坏后,必须对柜内除 IGBT4 上半桥以外的所有 IGBT进行测量,防止故障扩大化。

2.工具:万用表

3.操作方法:

注意:所有操作必须在主断路器断开,正、负直流母排放电完毕后才可进行!

打开 IGBT 柜门,用直流电压档测量直流母线电压,确认电压低于24V。然后将万用表设为二极管档位,按照下表测量功率模块,并记录数据。

表格 1 IGBT 模块压降测量

红表笔接模块交流端 AC	黑表笔接模块正母排 DC +	0.2～0.3V
	黑表笔接模块负母排 DC −	示数不断增加
黑表笔接模块交流端 AC	红表笔接模块正母排 DC +	示数不断增加
	红表笔接模块正母排 DC −	0.2～0.3V

注:二极管导通压降为 0.2～0.3V 左右,请在《国产 Freqcon 变流器_现场故障信息记录手册_20100408_A0》中记录所有模块上下桥臂二极管导通压降。IGBT4 上桥臂与制动电阻并联无法测试反并联二极管导通压降,可测阻值为 0.9ohm。如要测量导通压降可将 IGBT4 交流端 AC 连线断开。

表格 2 DIODE 模块压降测量

红表笔接模块正母排 DC +	黑表笔接模块负母排 DC −	示数不断增加
红表笔接模块负母排 DC −	黑表笔接模块正母排 DC +	0.3 ~ 0.4 V

如果现场测量与上述现象不符，则 IGB 模块损坏，请更换模块并和电控联系。

4. 测量实例（IGBT7）

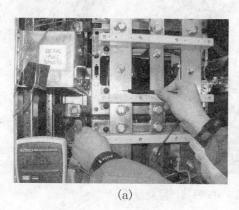 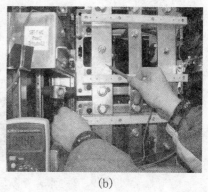

(a)　　　　　　　　　　　　　　(b)

图 9 - 22　IGBT 上桥臂压降测量

图 9 - 22 所示为对 IGBT7 模块上桥臂测量。（a）图中红表笔接模块交流端 AC，黑表笔接模块直流端 DC +，万用表显示上桥臂反向并联二极管导通压降稳定值为 0.255V。（b）图中黑表笔接模块交流端 AC，红表笔接模块直流端 DC +，万用表显示上桥臂正向压降值不断增大。

 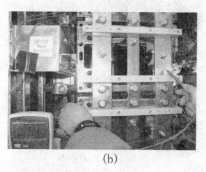

(a)　　　　　　　　　　　　　　(b)

图 9 - 23　IGBT 上桥臂压降测量

图 9 - 23 所示为对 IGBT7 模块下桥臂测量。（a）图中红表笔接模块交流端 AC，黑表笔接模块直流端 DC −，万用表显示下桥臂正向压降值不断增大。（b）图中黑表笔接模块交流端 AC，红表笔接模块直流端 DC −，万用表显示下桥臂反向并联二极管导通压降稳定值为 0.254V。

值得注意的是，如果与模块直流母排相连的快熔断开（快熔上指示触点会弹出）采用上面方法会得到错误结果，此时需要将接直流母排的表笔移到与快熔另一端相连的铜排上，如图 9 - 24 红圈所示。

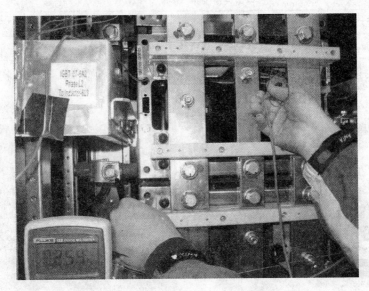

图9-24　快熔熔断后 IGBT 桥臂压降测量图

5. 测量实例（DIODE1）

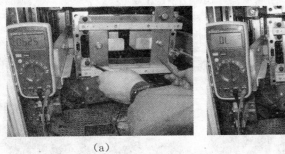

　　　　　（a）　　　　　　　　　　　　　　　（b）

图9-25　DIODE 模块压降测量

　　图9-25 所示为对 DIODE1 二极管整流模块进行测量。(a)图中黑表笔接 DIODE 模块正母排 DC＋，红表笔接负母排 DC－，万用表显示二极管稳定导通压降为 0.625V。(b)图中红表笔接 DIODE 模块正母排 DC＋，黑表笔接负母排 DC－，万用表显示压降不断上升。需要说明的是上图中是在两支二极管 DIODE1 和 DIODE2 正母排 DC＋未连在一起情况下测得导通压降为 0.625V。现场接线完成的机组两支二极管模块正母排已相连，因此测试得到的二极管导通压降实为两支二极管并联后导通压降，在 0.3－0.4V 间。

【思考分析】

1. 风力发电机组的年度例行维护周期是如何规定的？

2. 详细叙述风力发电机组的维护的主要内容。

3. 风力发电机组因异常需要立即进行停机操作的顺序是怎样的？

4. 当风力发电机组发生事故后，应如何处理？

附录一 变桨距液压系统原理图

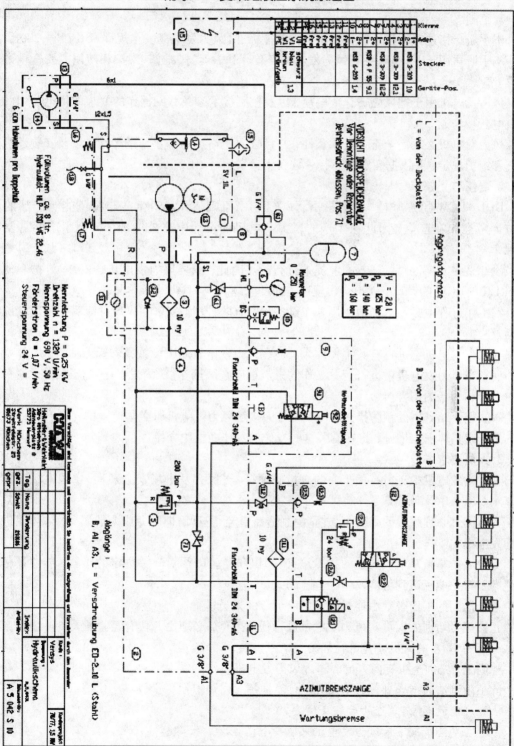

附录二　风力发电机安全手册

1. 范围

本手册严格遵守中华人民共和国电力行业标准《风力发电场安全规程》DL 796—2001。

本手册适用于 FL1500 系列风力发电机安装、调试、运行、维修、维护和使用的安全生产全过程。

风力发电机用于把风能转化成电能，以及按照技术参数并网操作的要求向供电公司的电网供电。

风力发电机必须完全符合技术条件，并且必须严格按照本手册的要求，以及安装、运行、检查和维护规定，并依据商定的运行参数和用途来运行。

2. 责任与义务

DHI·DCW 始终坚持"安全第一、预防为主"原则，将安全生产与绿色能源产品的结合方向考虑放在首位，因此在生产的风力发电机的设计中充分体现了安全生产的需要和环保理念。

设计是在安全、可靠、高效的前提下进行的。因此，只要风力发电机的安装、维护和使用遵照 DHI·DCW 的设计，就不会出现这方向的问题。

在工作过程中必须正确地使用工作设备和所有防护性设备，在出现可能遇到危险情况时必须及时报告。

在风力发电机中进行有关工作的人员应在风力发电机周围设置警告标志。

所有在风力发电机中进行有关工作的人员都应必须遵守《风力发电场安全规程》，避免产生对人身和设备的伤害。

本文档介绍基本的预防措施，在安全方面接触风力发电机时必须遵守的义务和程序。不同的工作有具体安全措施，将在有关这些操作的具体文档中介绍。

3. 人员要求

在风力发电机中进行有关工作的人员必须符合《风力发电场安全规程》中风电场工作人员基本要求，并得到切实可行的保护。

只有读过并理解说明书要求、并且由制造商指定、经过培训的专业人员人员，才可以进行风力发电机的工作。

专业人员是指基于其接受的技术培训、知识和经验以及对有关规定的了解，能够评估交给他的工作并能意识到可能发生的危险的人员。

高于地面的工作必须由经过攀爬塔筒训练的人员进行。

正在接受培训的人员对风力发电机进行任何工作，必须由一位有经验的人员持续监督。

只有满 18 岁的人员才允许在风力发电机上独立工作。

原则上，必须至少有两人同时进入风力发电机工作。

除了由制造商指导外，工作人员还必须具备下列知识：

　　　　可能的危险、危险的后果及预防

　　　　在危险情况下对风力发电机采取安全措施

　　　　使用人员防护设施

安全设备

遵守操作要求

与风力发电机有关的可能的故障和问题

正确使用工具,并完成急救培训

不具备这些知识或者不能正确操作风力发电机的人员不得操作风力发电机。

如果与 DHI·DCW 签定了维护合同,那么只有 DHI·DCW 的人员才有权进行各项维护和修理工作。

4.安全及防护设备

4.1.安全必备设备

在对风力发电机进行工作之前,每个工作人至少应该理解如下设备的使用说明。攀登塔筒的工作人员必须使用合格的安全带、攀登用的安全辅助设备或者适合的安全设施。如果风力发电机位于近水地点,应穿救生衣。攀登塔筒时应穿戴下列用品:

	1.	安全带及相关装备,如安全钢丝绳、快速挂钩、两个脚踏套环;安全带用肩带、胸带,肚带和腿带系在人员的身体和两条腿上
	2.	在风力发电机内部工作时,要戴上有锁紧带的安全帽
	3.	防护服可以防止受伤和油污
	4.	手套可以防止手受伤和油污
	5.	橡胶底防护鞋
	6.	耳塞,防止大风和设备噪声的影响
	7.	手电筒,应急时使用
	8.	护目镜,特殊工作时需要
	9.	在室外低温条件下,要穿保暖衣服

除了上面指出的设备外,每个维护或者检查小组必须具有如下物件:

紧急下降设备;灭火器(在运输工具中有);移动电话或与控制室的对讲通讯设备;建议在上升设备中准备手电筒、安全眼镜和保护性耳塞,这取决于要完成的工作(是对正在运行的风力发电机的检查还是维护)。操作者必须正确使用安全设备并在使用之前和之后都对安全设备进行检查。对安全设备的检查,必须由经授权的维修公司进行,并且必须记录在设备的维护记录中。不要使用任何有磨损或撕裂痕迹的设备或者超过制造商建议的使用寿命的设备。

在上、下筒塔时，必须将身上的安全带系到救生索（缆）上。利用安装在塔筒内部的梯子攀登塔筒。攀登塔筒时两个人之间必须至少相距 5 米。安装有休息平台，用于休息和等待。防护设备必须适于期望的功能，符合现行法律和标准，且具有 CE 标识，符合性声明和使用说明。在风力发电机内部还是在和风力发电机外部周围工作时要穿戴下列用品：

	1.	戴上有锁紧带的安全帽，以防止下落物品砸伤；
	2.	橡胶底防护鞋

所有将要对风力发电机进行特殊或者未预见过的操作，都必须经过 DHI · DCW 同意，DHI · DCW 将决定是否需要用到特殊的设备及这些设备的使用条件。

4.2.用于紧急下降的设备

当正在风力发电机上工作时，操作员手边必须有紧急下降设备，以使他们可以快速撤离到安全环境下。在需要撤离的紧急情况下，操作员必须对设备及其使用说明非常熟悉。在任何时候，紧急下降设备的使用说明书都必须与设备放在一起，且必须在不打开设备的情况下可以查看说明书。在机舱后门的上框架上有一吊环螺栓，可用于紧急下降设备的悬挂。

防护设备必须适于期望的功能，符合现行法律和标准，且具有 CE 标识，符合性声明和使用说明。

4.3.风力发电机上的安全标志及标志牌

风力发电机底部安有下列标志。这些标志应定期检查，不清楚妨碍阅读时应立即更换标志。

风力发电机上的安全标志和标牌

安全标志/标志牌	表示含义	位置
	电击危险	开关柜、变桨控制开关柜，和扼流圈罩子处
	戴安全帽！	塔筒底部标示牌
	戴耳塞！	塔筒底部标示牌
	穿防护服！	塔筒底部标示牌
	戴保护手套！	塔筒底部标示牌
	系安全带！	塔筒底部标示牌

续表

	穿防护鞋!	塔筒底部标示牌
	禁止明火!	塔筒底部标示牌
	禁止吸烟!	塔筒底部标示牌
线路有人工作 禁止合闸	禁止合闸!	塔筒底部标示牌

5. 操作基本安全注意事项

5.1 概述

在运行风力发电机时,应遵守有效的健康卫生规范、劳动安全规程、事故防范规定、防火及环保规范。风力发电机的工作人员必须熟悉这些规定。在对风力发电机以执行任何操作之前,必须告知负责风力发电机控制的人员风力发电机的准确位置和标志以及将要执行的操作或者说工作的类型和范围。负责风力发电机控制的人员将准许或者拒绝要执行的工作。

在开始工作之前,操作员必须知道当地的电话号码以备紧急情况下要用到。在风力发电机上工作必须总是小心谨慎。在风力发电机内执行任何操作时候,在风力发电机内必须至少有两个人。风力发电机的工作人员必须随时有使用说明书可用。工作人员必须备有急救箱和通讯设备。开始任何工作之前,必须确保工作人员和安全及防护设备符合要求。如果风力发电机的工作状态有异常变化,必须立即切断电源,确保安全后再重新启动。在进入到轮毂内或进行有关机舱的转动部件的工作之前,必须用锁定系统将齿轮箱主轴锁住。

在风力发电机内工作内执行任何操作时候,必须断开远程监控系统,在结束工作后离开风力发电机前接通远程监控系统在风力发电机上工作可能会发生危险。风力发电机运行必须:用于规定的用途;技术方面无故障;使用者清楚安全措施和危险;妨碍安全的故障必须立即排除。要遵守下述安全警示:

5.2 机械危险

身体部分有被卷入的危险!

以下移动部件有卷入身体部分造成伤害的危险。

风轮与齿轮箱连接处

联轴器和制动器

齿轮箱轴

叶片变桨驱动器

偏航驱动器

风力发电机内使用的材料和润滑剂可能有侵蚀性，应该避免接触到皮肤或者衣服(如果是检查齿轮箱，去掉一个齿轮箱盖且油液仍然是热的时，注意不要吸入热油的蒸气)。

人员必须将长发扎起，禁止衣服松散，或佩带饰物。

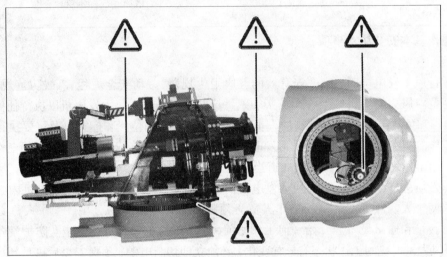

	坠落危险！ 在塔筒内部攀爬时会有坠落危险，机舱处有个门，用于传递工具。在门打开时会有从机舱中坠下的危险！门要保持紧闭，只有传递物品时才打开。
	在风力发电机内部和外部会有物体掉落砸伤的危险！ 在风力发电机机舱和轮毂内外工作时会有物体掉落砸伤的危险。
	为防止被掉落物体砸伤，在高空作业时不要进入危险区域，并且要用警示标志和红白相间的障碍物将危险区域围起来。危险区域的范围取决于掉落物体的高度。

掉落物体的危险区域范围：

物体高度 h [m]	危险区域半径	最小安全半径 [m]
<100	H/5	12.5
100 - 150	H/6	20.0

1. 当风力发电机处于运行状态时，如果要检查齿轮箱的噪声等级、机械部件和发电机时，只可进入机舱。

  2. 由于机舱的布局及较小的尺寸的原因，在机舱内移动时必须特别小心以防被绊倒。

3. 未经授权的人员在任何情况下都不可去掉电气或者旋转元件的外罩。在风力发电机中工作时，注意不要让系索掉到转动着的轴上。

4. 必须立即清除掉机舱内所有的油污渍以免掉下的危险。

每次在检查设备时，彻底检查有没有油液泄漏和螺母及螺栓松动。设备表面脏物必须用布清除掉。如果不这样做的话，将很难检测有没有严重的渗漏。

严重的渗漏意味着有油从齿轮箱里滴出。这类渗漏表明油的损耗达到了一个需要修理的程度。在结构中螺栓的缺失意味着危险。螺栓必须立即拧紧。如果有多个螺栓出现问题，或者反复出现，请立即与 DHI · DCW 的售后服务部门联系。

5. 对机器或者工具的使用仅限于经授权的操作人员，因为他们熟悉使用方法。

5.3 电气危险

打开开关柜和对任何带电部件工作前，风力发电机必须处于断电状态。为此风力发电机上符合 IEC 要求的主电源开关和控制系统电源开关将被断开。必须确保遵守以下五项安全规定，实现断电。

1. 切断风力发电机的电源！

2. 上锁防止意外启动，在开关柜上要有重新启动警示标记。

3. 检查是否断电。

4. 接地和短路。

5. 盖上或隔离临近的带电元件。

6. 不良连接和损坏的电缆要立即拆除

有电危险！

如果接触了带电部件，系统的工作电压可以致命。为此，绝对禁止带电工作。

发生短路时会损坏设备和起火的危险。

系统的连线必须安全可靠，防止过载。

如果发生供电故障，必须立即停机。

只能使用符合规定电流值的保险！

电气系统必须保持在安全的状态。要定期维护，例如连接松动等情况必须立即报告并纠正。

开关柜、端子箱和接线箱必须保持关闭。只有经授权的人员才可以对电气元件进行维护和服务。

电气设备中的带电元件必须通过绝缘、摆放位置、布置或辅助设备等方式加以保护，防止直接接触。具体保护措施取决于带电部件的电压，频率，用途和工作位置。

电气设备必须根据其电压，用途和工作位置进行保护，防止间接接触。这样即使在电气元件发生故障时，也可以防止危险电压造成损坏。

辅助设备和工具必须绝缘，每次使用前要检查是否有问题。

电气设备的带电部件和在带电条件下工作的材料，只能在下列情况下，才可以对其进行工作：

接触电压低于接地线电压、工作电压 <24V(AC)

工作位置的短路电流总计最大 AC3mA(有效值)或 DC12mA

工作位置的电能总计不超过 350mJ

5.4 液压油造成的危险

必须遵守液压系统最大工作压力！过高压力会对承压部件产生极大的载荷，会使液压系统爆裂。液压油在加压状态下会造成危险！

在开始对液压系统工作之前，关闭液压装置！释放系统压力！

不要堵住冷空气进入液压装置的通道。保持冷却装置清洁，以确保最佳冷却效果。不要在进气口和排气口周围存放物品！

液压油是一种在长时间接触皮肤后会导致过敏反应的化学物质。接触眼睛会导致失明！

在处理液压油时，还要遵守本说明书附录中的安全参数表。

系统在工作时，液压油会加热至约90℃。当心灼热的液压油(注意不要吸入热油的蒸气)！

在开始维护，检查，修理工作前，要使液压油充分冷却。液压油如果泄露会造成很严重的环境危害，并且会有滑倒危险。要遵守液压油厂家的安全参数表。

工作结束后必须将设备表面液压油擦拭干净，这是非常重要的。

5.5 其他特殊操作

所有将要对风力发电机进行特殊或者未预见过的操作，都必须经过 DHI·DCW 同意，DHI·DCW 将决定是否需要用到特殊的设备及这些设备的使用条件。

对机器或者工具的使用仅限于经授权的操作人员，因为他们熟悉使用方法。

5.6 暴风雨/雷电的危险

在雷雨时绝不能接近风力发电机。

如果当发生雷雨时，人员位于塔筒或机舱中，要立即爬下离开。

5.7 当风力发电机发生飞车时的危险

当风力发电机发生飞车时人员立即离开风力发电机并切断所有电源，不能在附近地区滞留。

5.8 操作不当

将风力发电机作其它用途为不当使用，是禁止的。

风力发电机不允许脱离电网运转。

未经制造商许可，不得对风力发电机进行结构上的修改。

禁止干扰和修改控制软件。

不允许采用不合格人员进行风力发电机工作。

由于使用不当造成的损失，仅由使用者自己负责。

备件必须符合制造商的技术要求。原装备件可以保证能够符合要求。

6. 安全设备

风力发电机装有以下安全设备：

安全设备功能

编号	安全设备	数量	功能
27	止动螺栓	1	固定吊车
28	吊车操作装置上的紧急停止按钮	1	立即停止吊车并切断电流
29	紧急停止开关	7	使风力发电机停机并切断电流
30	保护罩	1	防止进入偏航齿圈
31	保护罩	1	防止进入制动连轴器
32	风轮锁定	2	锁定风轮
33	带有踢脚板和活门的平台	2 – 3	防止站在下方的人员被掉落物体砸伤
34	抓卡装置	2	防止攀爬人员掉落
无图	紧急下降辅助装置	1	在紧急情况下从机舱中逃出

7. 安全链

7.1 综述

安全链是一个硬件组成的链条。安全链的状态由 SPC 监控，可监测安全链上的哪个部分被触发了。

安全链可以由以下因素触发：

机舱内的紧急停止按钮(齿轮箱两侧各一个，机舱柜有一个)

塔筒底部紧急停止按钮(在变频柜上)

超速控制开关(旋转速度)

振动开关(在主机架上)

变桨处的工作位置开关(变桨角度 < -3°)

制动信号

7.2 自动复位方法

由紧急停止开关触发安全链时,只能手动复位。

由其他方式触发安全链可以通过操作系统复位。

8. 紧急事故下的工作程序

(1)按下或启动紧急停止按钮,将风力发电机停机。确保风力发电机不被重新启动。

(2)保护受伤人员。

(3)通知医疗人员,必要时通知消防部门。

(4)确定事故的程度和类型。

(5)改正引发事故的原因。

(6)只有当事故原因被改正后,方可重新启动风力发电机。向逆时针方向旋转松开紧急停止按钮。

9. 发生火灾时的做法

发生火灾时要立即将风力发电机停机(紧急停止按钮),立即离开风力发电机并通知消防队。

紧急出口在塔筒底部。

发生火灾时,可以使用塔筒外部的吊绳装置离开机舱。

风力发电机采用高度易燃材料制成:钢材,金属和 GRP(玻璃纤维强化塑料)。

发生火灾时必须只能用风力发电机内的灭火器灭火。

风力发电机内有二个灭火器:

一个灭火器在塔筒底部入口

一个灭火器在最上面的塔筒平台上

发生火灾时,有时难以保持最短距离灭火,所以只有合格的人员才应试图灭火。

如果机舱，风轮或塔筒上部燃烧，燃烧物品会掉落发生危险。应立即停机（紧急停止按钮）并离开。

发生火灾时，风力发电机至少250米的半径范围内疏散人群、周围区域必须封闭。

必须记住，由于安装的特点，在风力发电机内部发生火灾时，操作人员的最大危险是缺氧和吸入烟雾，这将导致事故发生时仍在现场但没有发现火情的人员的窒息死亡。

由于火灾产生的烟雾将很快充满风力发电机的内部空间，由于风力发电机安装的管状产生的烟囱效果，更加速了这一过程。

在发生火灾时，在具有这样特点的一个地方使用灭火器而不戴氧气罩的话，会使缺氧的情况恶化。

考虑到以上几点，在风力发电机内部检测到由于火灾存在烟雾时，当时在内部的人员，在比火高一点的地方，必须遵循如下步骤：

保持冷静——不要惊慌。

不要试图收拾工具或者任何个人物品。

按照说明装好紧急降落设备，在接触发电机之前就应该熟悉这些紧急降落设备的使用说明，且说明书应该与设备放在一起。

将紧急降落设备悬到机舱外部并按照说明将安全装置固定到紧急降落设备。

着地后，松开挂钩，第二个人可以开始降落。

断开风力发电机的主开关，或者条件允许的话，通知控制人员断开主开关。

用最快的方式通知风场的人员和火警。

人员从风力发电机撤离后，研究用风场的分站内可用的灭火设备灭火的可能性，进入风力发电机的内部时应该戴氧气罩，并且应该在火警的组织下。

如果遇到风力发电机内或附近的火势无法控制的情况，风力发电机必须与电网断开。区域至少应该在半径为250m的范围内用警戒线隔开并将里面的人员撤离出来。

在使用灭火器时，应该记住风力发电机内存在高电压，因此，灭火器应该适合于扑灭由电引起的火灾。火必须用CO_2或者干粉灭火器。在任何情况下都不能用水。

记住在一个小的封闭的环境，在没有使用氧气罩时，切不可用二氧化碳灭火器。

在使用辅助发电机时，在附近应该有灭火器。

在进行会引起火花的工作之前，应该得到DHI·DCW的特别准许。在进行这样的工作之前，区域内应该没有油，在现场应该有轻便灭火器和灭火毯。

所有的维修或检查运输工具都应该有轻便灭火器，它可用于风力发电机塔的底层平台内的小火。

10. 叶片冻冰、不能平衡时的做法

在某种气流和气候条件下，叶片上会结冰。叶片上因冰产生的额外的重量会导致风轮不能平衡。通过控制系统检测结冰情况，并使风力发电机停机。

在检测到可能结冰时，工作程序如下：

10.1 平衡控制

塔筒顶部的振动传感器能够检测塔筒的振动速度。当达到临界值时停机。

10.2 湿度和温度（备选）

在达到临界温度——湿度时（露点，有结冰危险），风力发电机自动停机并显示"有结冰危险"报警。

在风力发电机外有冰块掉落的危险!

为防止被掉落物体砸伤,请勿接近危险区域。危险区域的半径取决于掉落物体的高度。

表格 掉落物体的危险区域

物体的高度 h [m]	危险区域的半径	最小安全半径 [m]
< 100	R > h + 3d	400
100 – 150	R > h + 3d	400

h:高度;d:风轮直径

11. 因气候而造成时的作法

11.1. 风速过大时的做法

通常,在风速超过 20 ~ 25m/s 时,不必对机器进行什么工作。

负责人在决定是否进行或暂停工作时,必须参考如下因素加以考虑:风速(这是决定性因素)、阵风、雨、任务的情况和特点、操作员的经验、所用机器的特点等。

基本的安装工作和主要的修正工作需要吊起部件:14m/s

维修任务,这时制动器不能用:10m/s

要执行具体的维修任务,必须考虑到相应任务的说明。

11.2. 雷雨时的做法

闪电危险!

在雷雨中或者要发生雷雨时,绝不能接近风力发电机!

如果在塔筒或机舱内时发生雷雨,要立即爬下风力发电机离开。

11.3. 发生沙暴时的做法

如果在塔筒或机舱内工作时发生沙暴,应立即爬下风力发电机离开!

11.4. 发生地震时的做法

如果在塔筒或机舱内工作时发生地震,应立即爬下风力发电机离开!

12. 紧急出口

紧急出口在塔筒底部。

可以利用安全攀登设备将受伤人员从机舱中救出。受伤人员必须由另一人陪护。

13. 发生人身伤害事故时急救和做法

13.1 发生人身伤害事故时急救

急救,从字面意思理解,就是对事故的受害者或者突然生病的病人的现场初步护理,直到等到专业人员来到现场,或者直到病人被送到医疗中心。

病人健康的发展情况将取决于急救。

在实施急救时,必须遵循如下的一些基本指导原则:

保持镇静——不要惊慌。

动作迅速,但不要急躁。

先思后行。

对患者做出初步现场诊断。

不要试图做任何自己不懂的事情。

让患者保持温暖。

如果患者意识清醒，使患者保持镇静。

除非必须撤出患者，不要挪动患者。

如果患者昏迷过去，不要让患者吃或者喝东西。

以最快的方式通知紧急救护。

13.2 发生人身伤害事故时做法

1. 立即停机。

2. 实施紧急救助/急救。

3. 按照现场的施救方案执行。

4. 通知现场的同事并开始施救，必要时使用施救设备。

5. 保护受伤人员并将其置于稳定体位。

6. 平静地对伤者说话。

7. 打电话或通过无线电报警:消防队，救助服务(医生)。

8. 简短准确地告知详情:

您本人的电话号码;

名字;

事故过程 ;

事故地点;

受伤人数;

受伤型式;

告知准确地点;

确保由施救队挂断电话。

不要自行试图移动伤者!

9. 通知公司管理层。

10. 保持通道畅通。

13.2.1 摆放伤者的施救要求

如果伤者经过自由吊挂,禁止将受伤人员置于休克体位!

有血管破裂的危险!

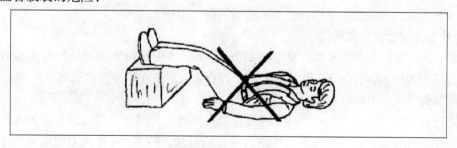

禁止以休克体位安置!

13.2.2 如果伤员有反应,将其置于蹲位。

如果伤员失去知觉,禁止将其置于蹲位!

蹲位

13.2.3 使伤员平躺或置于稳定的侧卧体位。

14. 发生电气设备事故时的做法

14.1 保护好自己，并将伤者从危险区域救出来！立即切断风力发电机的电流和电压。如果不行，要确保自己站在干燥位置，并用非导电物体将事故人员与电流源分离开(例如木棒)。

14.2 将伤者置于稳定体位。

14.3 平静地对伤者说话

14.4 进行紧急救助(用水冷却灼伤，如果没有呼吸和脉搏要采取心肺复苏措施)

14.5 打紧急电话或通过无线电报警:消防队，救助服务(医生)。

简短准确地告知详情:

您本人的电话号码;

名字;

事故过程;

事故地点;

受伤人数;

受伤型式;

告知准确地点;

确保由施救队挂断电话。

不要自行试图移动伤者！

14.6 通知公司管理层。

14.7 保持通道畅通。

14.8 生电击，要通知事故救助医生，必要时做心电图。

15. 发电机附近逗留和活动

除非非常必要，不要进入风力发电机 120m 的半径之内。如果必须从地面上检查一台正在运行的风力发电机，不要站在叶片所在的平面内，应该站在风力发电机的上风向。

在风暴天气里，不要留在塔内或塔的邻近地区。

在进行有关风力发电机的工作时，确保在风力发电机的附近或周边没有无关人员。

必须注意没有小孩在风力发电机的附近或在附近玩。例如，可在风力发电机底座的周围围上围栏。必须使外人不可能接触到风力发电机的地面控制器，以防闯入者由于误用地面控制器而起动或者停止风力发电机

16. 机舱工作时要注意

在上塔时，检查确保下面没有人。

如果在无法控制的情况下有材料需要借助梯子升起或降下(在正常情况下绞盘应该用于这一目的),材料必须装在固定到安全装置的袋子(或装在工具袋)中运送。不要在运送材料的的人下面上塔或下塔并一直保持起码的安全距离。

在上塔时,系索必须连接到救生索上。梯子的铝制台阶不够稳,不能将系索的挂钩连接到它们上面。使用梯子的固定附件实现这一目的,而不是铝制台阶。

在偏转环区域向上上时,因为这里是铝梯的末端,在松开救生索之前,固定系索的挂钩到稳定固定点。不要固定挂钩到铝梯的台阶。

在从平台的活板门通过后,必须将它们关闭。

在机舱中工作时必须确保风力发电机下面没人(即使是一个小扳手当它从 60m 或者更高的高度掉下来时也是危险的)。

由于机舱的布局及较小的尺寸的原因,在机舱内移动时必须特别小心以防被元件绊倒。

在开后门之前,且在后门附近或者机舱的上面部分工作时,操作人员必须用系索将自己固定到至少一个可靠的固定点上且门口的安全条必须在位。

用绞盘吊起紧急下降设备。在机舱内执行任何操作时都必须吊起该设备,在进行有些危险的工作之前,应该将这一设备放置到位。

未经授权的人员在任何情况下都不可去掉电气或者旋转元件的外罩。

17. 提升装置的操作

在使用提升绞盘前,你必须使用至少一根安全绳使自己处于安全状态下。

打开门并将它锁定在把手上,使它处于安全状态下。

松开旋转臂,旋转它至门外并将门闩锁住。

当提升绞盘处运行状态时,你一定不要碰到周围的链条,钩子钩紧地面的提升绞盘的法兰。

附录三　风电场应具备的技术图纸和图表

一、图纸

1. 一次系统接线图；

2. 风电场平、断面图；

3. 继电保护及自动装置原理及展开图；

4. 场用电系统接线图；

5. 直流系统图；

6. 正常和事故照明接线图；

7. 电缆敷设图（包括电缆芯数、截面、走向）；

8. 接地装置布置图；

9. 直击雷保护范围图。

二、资料

1. 设备的主要运行参数；

2. 有权接受调度操作指令人员名单；

3. 有权签发工作票人员名单；

4. 有权单独巡视高压设备人员名单；

5. 有权担任监护人员名单；

6. 事故处理紧急使用电话表

7. 定期巡视路线图；

8. 设备专责分工表。

三、风电场应具备的各种记录簿

1. 倒闸操作票；

2. 两票管理记录；

3. 风场发电量每月报表；

4. 风场生产周报；

5. 调度命令接转记录；

6. 风电场运行日志；

7. 设备缺陷记录；

8. 设备实验记录。

附录四　风电场工作具备的票种

1　　　　　　　　　　　　　倒闸操作票

发令人			受令人		发令时间：　　年　月　日　时　分	
操作开始时间：　　年　月　日　时　分				操作结束时间：　　年　月　日　时　分		
（　）监护下操作　　　　　　（　）单人操作　　　　　　（　）检修人员操作						
操作任务						
操　作	顺　序	操　作　项　目				模拟
备注：						
操作人签名：　　　　　　监护人签名：　　　　　　值班负责人签名：						

2 第 一 种 工 作 票 第 号

_____站

作业地点及内容	
工作时间	自 年 月 日 时 分至 年 月 日 时 分止
工作领导人	姓名： 安全等级：

作业组成员及安全等级（安全等级填在括号内）	( )	( )	( )	( )
	( )	( )	( )	( )
	( )	( )	( )	( )
	( )	( )	( )	( )
共计 人				

必须采取的安全措施（本栏由发票人填写）	已经完成的安全措施（本栏由值班员填写）
1.断开的断路器和隔离开关：	1.已经断开的断路器和隔离开关：
2.安装接地线位置：	2.接地线装置的位置及其号码：
3.装设防护栅、悬挂标示牌的位置：	3.防护栅、标示牌的装设的位置：
4.注意作业地点附近有电的设备是：	4.注意作业地点附近有电的设备是：
5.其他安全措施：	5.其他安全措施：

续表

发票日期：＿＿＿年＿＿月＿＿日　　　　　　　　　发票人：＿＿＿＿＿＿＿＿＿＿

根据电力调度员的第 号命令，准予在＿＿＿＿年＿＿月＿＿日＿＿时＿＿分开始工作。

　　　　　　　　　　　　　　　　　　　　　　　值班员＿＿＿＿＿＿＿＿＿＿

经检查安全措施已做好，实际于＿＿＿＿＿年＿＿月＿＿日＿＿时＿＿分开始工作。

　　　　　　　　　　　　　　　　　　　　　　工作领导人：＿＿＿＿＿＿＿＿

变更作业组成员记录：＿＿＿＿＿＿＿＿＿＿＿＿＿＿＿＿＿＿＿＿＿＿＿＿＿

　　　　　　　　　　　　　　　　　　　　　　　发票人：＿＿＿＿＿＿＿＿＿＿

　　　　　　　　　　　　　　　　　　　　　　工作领导人：＿＿＿＿＿＿＿＿

经电力调度员＿＿＿＿＿＿同意工作时间延长到＿＿＿＿＿年＿＿月＿＿日＿＿ 时＿＿分。

　　　　　　　　　　　　　　　　　　　　　　　值班员＿＿＿＿＿＿＿＿＿＿

　　　　　　　　　　　　　　　　　　　　　　工作领导人：＿＿＿＿＿＿＿＿

工作已于＿＿＿＿＿年＿＿月＿＿日＿＿时＿＿分全部结束。

　　　　　　　　　　　　　　　　　　　　　　工作领导人：＿＿＿＿＿＿＿＿

接地线共　　　组和临时防护栅、标示牌已拆除，并恢复了常设防护栅、标示牌、工作票于＿＿＿＿＿年＿＿ ＿＿月＿＿日＿＿时＿＿分结束。

　　　　　　　　　　　　　　　　　　　　　　　值班员＿＿＿＿＿＿＿＿＿＿

3　　　　　　　　　　　　第 二 种 工 作 票

1. 工作负责人（监护人）：＿＿＿＿＿＿＿＿＿＿＿＿＿＿＿＿ 班组：＿＿＿＿＿＿ 共人 ＿＿＿＿＿＿

　　工作人员：＿＿＿＿＿＿＿＿＿＿＿＿＿＿＿＿＿＿＿＿＿＿＿＿＿＿＿＿＿＿＿＿＿＿

2. 工作任务：＿＿＿＿＿＿＿＿＿＿＿＿＿＿＿＿＿＿＿＿＿＿＿＿＿＿＿＿＿＿＿＿＿

＿＿＿

＿＿＿

＿＿＿

3. 计划工作时间：自＿＿＿＿年 ＿＿月 ＿＿日＿＿时 ＿＿分至＿＿＿＿年 ＿＿月 ＿＿日 ＿＿时 ＿＿分

4. 工作条件（停电或不停电）：＿＿＿＿＿＿＿＿＿＿＿＿＿＿＿＿＿＿＿＿＿＿＿＿＿

＿＿＿

5. 注意事项（安全措施）：＿＿＿＿＿＿＿＿＿＿＿＿＿＿＿＿＿＿＿＿＿＿＿＿＿＿＿＿

＿＿＿

＿＿＿

＿＿＿

　　　　　　　　　　　　　　　　　　　　　　工作票签发人签名：　＿＿＿＿＿＿＿＿＿＿

6. 许可工作时间：＿＿＿＿年 ＿＿＿ 月＿＿ 日＿＿ 时＿＿＿分

工作许可人(值班人)签名：_____　　　　　　　工作负责人签名：_____

7. 许可终时间：_____年 ____ 月____ 日 ____时____分

工作负责人签名：_____　　　　　　　工作许可人(值班人)签名：_____

8. 备注：_____

_____

_____

_____

附录五 风电场发电量每月报表

＊＊＊＊＊＊＊＊风力风电场电表底数报表

_____年 ___月 ___日

底数及倍数 电量类型		年 月 日 (上月)24:00 表底数	年 月 日 (本月)24:00 表底数	倍率
售电量	1#主变送有功 （关口表）			
	1#主变送有功 （场计量表）			
用网 电量	1#主变受有功 （关口表）			
	1#主变受有功 （场计量表）			
场用 电量	场变			
	场备变			

填报单位:＊＊＊＊＊＊＊＊风力风电场　　　　　报出日期： 年 月 日

1 场生产周报 1份

风电场生产周报

周数:　　　　　　　　　　　　　　　　　　　　　　月 日至 月 日

装机容量 （MW）	年累计 上网电量 （万千瓦时）	月累计 上网电量 （万千瓦时）	年累计 发电量 （万千瓦时）	月累计 发电量 （万千瓦时）	本周 发电量 （万千瓦时）	与上年同期比较	
						上年同 期发电量	同比%
本周工作总结							
风电场及线路							
风电机							
其他							

填表人:　　　　　　　　　审核人:　　　　　　　　　填表日期:

备注:每周日零点整读取本周发电量

2 场生产月报 1份

＊＊＊＊＊＊风电场月度综合报表

201＿年＿月 单位:万千瓦时、米/秒、万元、%

装 机 容 量			运 行 容 量		
发 电 量	月 计		售 电 量	月 计	
	累 计			累 计	
用网电量	月 计		售电金额	月 计	
	累 计			累 计	
综合厂用电量	月 计		综合厂用电率	月 均	
	累 计			累 均	
容量系数	月 均		平均风速	月 均	
	累 均			累 均	

电量收购单位

填表人: 审核人: 填报日期:

综合厂用电率 $= \dfrac{(发电量 - 售电量) + 用网电量}{发电量} \times 100\%$

容量系数 $= \dfrac{发电量}{装机容量 \times 当月总时数}$

风电场生产情况表

表号：＊电统 103 表
制表机关：
批准机关：＊省统计局
批准文号：＊
有效期限：

2 报表　　1 份

填报单位：＊＊＊＊风力风电场

序号	指标名称	计算单位	年目标 计划	实际 本月	累计	序号	指标名称	计算单位	年目标 计划	实际 本月	累计
1	股权比例	%				19	一次最大静风间隔时间	小时			
2	发电机台数	台				20	月发电平均利用小时	小时			
3	月末发电设备容量	千瓦				21	风电场海拔高度	米			
4	发电量	万千瓦时				22	月平均风速	米/秒			
5	试运发电量	万千瓦时				23	去年同期月平均风速	米/秒			
6	上网电量	万千瓦时				24	平均气温	0C			
7	上网电价	元/千瓦时				25	最低气温	0C			
8	累计平均利用小时	小时				26	最高气温	0C			
9	累计平均生产全部耗用电量	千瓦时				27	平均气压	Mpa			
10	电厂生产全部耗用电量	万千瓦时				28					
11	风电场用电率	%				29					
12	主导风向					30					
13	发电平均风速	米/秒				31					
14	发电最大风速	米/秒				32					
15	发电最小风速	米/秒				33					
16	超速停机时间	小时				34					
17	风电机最小启动风速	米/秒				35					
18	静风间隔时间	小时				36					

台风及风暴潮编号为：

单位负责人：　　统计负责人：　　最大风速发生时间

台风及风暴潮情况：

最大风速发生时间　　日　时至　日　时，影响风电机停机　　小时

填表人：　　填报日期：　　年　月　日

附录六　记录簿格式
调 度 命 令 接 转 纪 录

风电场　　　　　　　　　　　　　　　　　　　　　　　　编号：0001

调度 下令人		监控 接令人		调度归属	
调度下令时间：　年　月　日　时　分					
调度命令内容：					
调度转令时间：　年　月　日　时　分					
监控 转令人		现场 接令人		转令 监护人	
现场 交令人		监控 回令人			
操作终了时间：　年　月　日　时　分					
备 注					

运 行 日 志

	200　年　月　日		星期　　天气
交接班终了 时间		安全运行无事故　　天	
		安全运行无责任事故　　天	
交班人：			
值班人：			
运行方式：			
备注:母线电压　　　　　电池电压 　　　　整流电压　　　　　整流电流 今日工作：			

设 备 缺 陷 记 录 簿

编号	发现日期及时间	设备名称	缺陷详情	发现人	处理意见	站长	上报日期	处理结果,日期及处理负责人

两票管理纪录

年　月

姓名	操作票				第一种工作票		第二种工作票	
	任务	步骤	差错张数	合格率	张数	合格率	张数	合格率
合计								

设备实验记录

设备单元名称：_____

日期	设备名称	实验性质	实验项目	不合格要点	初步结论	实验负责人	值班负责人		备注
							甲值	乙值	

附录七　风电场定期维护周期表

日期	内　容	要　求	完成情况	维护人	值班负责人
1	蓄电池检测维护和室内清扫。	测量单个电池电压,检查电池外无溶液,室内地面及台板清洁。			
2	110千伏及主变场地端子箱及机构箱检查清扫。	端子箱内应干燥,无孔洞,机构箱内无杂物。			
3	35kV配电室高压开关柜屏面清擦。	屏面无积灰,无蛛网。			
4	安全工具及常用工具检查,整理,清点。	封存、修理不合格的安全工具,工器具摆放整齐,便于取用,工具室内应整洁。			
5	主变压器冷却装置电源回路及保险检查。	检查冷却装置工作、备用电源能否自动切换投入,换坏保险。			
6	对门锁及防误闭锁装置进行检查。	锁开启灵活,无锈蚀现象,隔离开关及遮栏门上锁齐备;防误闭锁装置完好。			
7	直流屏检测及盘面、盘后清扫。	蓄电池运行方式正确,各馈线供电合理,屏上保险检查导电良好,盘前后整洁。			
8	事故照明回路检查。	对事故照明进行切换检查,更换灯泡。			
9	110千伏及主变场区照明检查。	开灯检查,换坏灯泡。			
10	35千伏配电室照明检查。	开灯检查,换坏灯泡。			
11	照明检查(控制室、蓄电池室、站用电室、走廊)。	开灯检查,换坏灯泡。			
12	站用电室维护、清扫、检测。	站用电运行方式合理,各馈线保险完好,盘面清洁、室内干净。			
13	消防用具、防火设施检查。	消防设备保管妥善,存放整齐、合格。			

续表

14	检查全站门窗、孔洞及防小动物措施。	所有配电室门窗关闭严密，孔洞确已堵严，玻璃完整无缺。			
15	对主控室所有保护压板位置进行核对性检查，盘面清扫。	保护压板投退位置应符合调度要求，压板接触良好。盘面无积灰。			
16	主变油位检查，呼吸器硅胶颜色正常，冷却器将备用切换投入。	硅胶变色立即更换，备用和运行的冷却器进行启、停检查，并投入运行。			
17	检查全站设备接点。	对满负荷及过负荷设备接点进行测温。			
18	对全站重合闸检查、测试。	试验重合闸动作良好，信号掉牌正确。			
19	对室外断路器合闸保险检查、测试。	合闸保险接触良好，无熔断现象。			
20	对室内断路器合闸保险检查、测试。	合闸保险接触良好，无熔断现象。			
21	对主控制室控制保险检查、测试。	控制保险接触良好，无熔断现象。			
22	对通信总机、分机及录音机进行维护。	各电话畅通，录音机收录正常。			
23	对主控制室继电保护定值核对。	保护定值应符合调度要求。			
24	配电室继电保护定值核对。	保护定值应符合调度要求。			
25	对室外所有隔离开关锁开启或防误闭锁装置检查，锁头注油。	防误闭锁装置完好，锁开启灵活，无锈蚀现象，刀闸及遮栏门上锁齐备。			
28					
29					
30					

附录八 风电场各级人员岗位职责

1.风电场场长的职责：

1.1 场长是安全第一责任人，全面负责风电场的安全工作、贯彻执行场各项工作精神，落实完成场各项工作任务，贯彻执行党的路线、方针、政策及国家的法律、法规、部颁标准及有关规定。

1.2 贯彻执行场发布的技术、管理、工作和考核标准及上级指示和规定。

1.3 根据工作需要，结合本部门的实际，组织制定和编写年、季、月实施计划和工作总结，向主管领导和职能部门报告的工作情况。

1.4 制定和组织实施控制异常和未遂的措施，组织风场安全活动，开展季节性安全大检查、安全性评价、危险点分析等工作。参与风场事故调查分析，主持风场障碍、异常和运行分析会。

1.5 定期巡视设备，掌握生产运行状况，核实设备缺陷，督促消缺。签发并按时报出总结及各种报表。

1.6 做好新、改、扩建工程的生产准备，组织或参与设备验收。

1.7 检查、督促"两票"、"两措"、设备维护和文明生产等工作。

1.8 主持较大范围的停电工作和较复杂操作的准备工作，并现场把关。

1.9 组织进行班组建设、技术培训、定员、定岗和管理，督促班组建立健全图纸资料、原始记录的收集和管理。

1.10 健全和完善并督促落实岗位责任制、经济责任考核制，提高全部门的管理水平、人员素质和文明生产水平。严肃考核制度，考核与奖励做到公开、公正、集体决定。

1.11 主持召开部门的行政及生产工作会议，研究解决生产及工作中存在的重大问题。

1.12 负责对部门管理人员工作的检查与考核。

1.13 按各职能部门的要求，组织编写本部门的年工作计划，并组织落实，并按场要求及时做出年工作总结。

1.14 每月初按公司计划任务书要求，组织编写部门的月工作计划任务书，并组织落实和检查完成情况。月底组织编写月工作总结，报给有关部门。

1.15 搞好部门的安全生产、文明生产、班组建设，坚持全面质量管理，提高现代化管理水平，确保全部门各项工作的全面完成

1.16 组织做好全站设备维护、文明生产等工作。

2.风电场副场长职责：

2.1 协助场长工作，负责分管工作，完成场长指定的工作，场长不在时履行场长职责。

2.2 协助场长执行场发布的技术、管理、工作和考核标准及上级指示和规定。

2.3 根据工作需要，协助场长组织制定和编写年、季、月实施计划和工作总结，向主管领导和职能部门报告部门的工作情况。

2.3 协助场长组织进行班组建设、技术培训，定员、定岗和管理。督促班组建立健全图纸资料、原始记录的收集和管理。

4 协助场长负责对部门管理人员工作的检查与考核。

2.5 协助场长按各职能部门的要求,组织编写本部门的年工作计划,并组织落实,并按场要求及时做出年工作总结。

2.6 协助场长搞好部门的安全生产、文明生产、班组建设,坚持全面质量管理,提高现代化管理水平,确保全部门各项工作的全面完成。

3. 风电场值长的职责:

3.1 值长是本值安全生产的第一责任人,负责当值的各项工作;完成当值设备的维护、资料的收集工作;参与新、改、扩建设备验收。

3.2 领导全值接受、执行调度指令,正确迅速地组织倒闸操作和事故处理,并监护执行倒闸操作。

3.3 及时发现和汇报设备缺陷。

3.4 审查工作票和操作票,组织或参与设备验收。

3.5 组织做好设备巡视、日常维护工作。

3.6 审查本值记录。

3.7 组织完成本值的安全活动、培训工作。

3.8 按规定组织好交接班工作。

4. 风电场主值的职责:

4.1 主值是本场当值运行工作的直接负责人。

4.2 掌握风场有关的风机运行、输配电方式和风场设备的运行情况。

4.3 接受和执行调度命令、上级指示,并做好记录。

4.4 审查和办理工作票,负责安排风场内的倒闸操作和检修试验的安全措施的设置。

4.5 做好设备巡视检查工作,对风场内发现的缺陷要认真做好记录,及时上报。

4.6 负责处理风场内发生的设备事故和异常情况,根据气候条件做好运行分析。

4.7 根据负荷情况及母线电压决定补偿电容器的投切,降低损耗,提高供电质量。

4.8 负责风场内新设备和检修后的设备验收,做好交接资料工作。

4.9 填写风场各种记录、报表,内容要准确,字迹清晰,按时抄录各种运行数据。

4.10 做好图纸、资料、记录及工具整理工作,认真做好交接班。

4.11 场长、副场长不在时应代理场长职责,所处理的问题,事后应向场长报告。

5. 风电场副值的职责:

5.1 副值是当值运行工作的助手,应掌握有关的系统和设备运行情况;认真执行各种规章制度,积极协助主值搞好运行管理和设备维护工作。

5.2 积极协助主值做好检修前的准备及安全措施的设置工作。

5.3 根据调度命令填写操作票,进行倒闸操作。协助主值做好事故、异常情况的处理。

5.4 帮助主值填写各种记录、报表、做好图纸、资料、记录的整理工作。

5.5 协助主值做好设备的巡视和特殊巡视工作。

5.6 发现设备异常应立即报告主值,不得擅自处理,(对明显威胁人身和设备安全时除外)。

5.7 坚守工作岗位,按时交接班,因事离场要请假。

5.8 做好场内卫生清扫工作。

6. 风电场值班员职责:

6.1 在值班长领导下负责上岗期间的各项工作,协助值班长搞好本值运行管理工作。

6.2 负责监视设备正常运行，掌握运行方式和负荷变化情况，在值班长的指令下正确迅速地进行倒闸操作和事故处理。

6.3 正确执行"两票三制"，并保证"两票"合格率100%。

6.4 对威胁人身和设备安全的调度令有权拒绝执行。

6.5 搞好本值文明生产，做到场容整洁。

6.6 风场值班员担负风场运行值班、倒闸操作、事故处理、巡视检查、设备维护、文明生产等各项工作，确保风场安全、稳定、经济运行。

6.7 负责监视设备正常运行，掌握运行方式和负荷变化情况。在值长的领导下，迅速地进行倒闸操作和事故处理。

6.8 接受调度命令，正确填写操作票，担当全部操作中的监护人和操作人。

6.9 按规定正确办理工作票，布置安全措施，负责开工、收工。

6.10 负责抄录电度，正确计算电量，发现问题及时汇报。

6.11 按时巡视检查设备。巡视到位率100%，发现问题及时汇报。

6.12 协助值长做好运行技术管理工作，使风场各种记录准确清楚。

6.13 对新投和检修后的设备进行验收。

6.14 保管好工具材料、用具、钥匙等，爱护公用工器具。

6.15 团结协作，互帮互学，认真完成场长和值长交给的各项任务。

附录九　风力发电场文明生产要求

1. 风电场室内外环境整洁，设备场地平整，搞好绿化，生产场地不存放与运行无关的闲散器材和与工作无关的私人物品。

2. 保持设备整洁，充油设备无渗漏，设备外壳、构架无腐蚀，房屋不漏雨。

3. 风电场电缆沟内干净，盖板齐全、平整，防火隔墙完好并有明显标志。

4. 风电场有醒目的巡视路线及定点巡视标志。

5. 各种图表摆放整齐，资料装订按档案管理要求进行，有专柜存放。

6. 室内外运行设备，按国家电力公司标准化要求标志齐全、清楚、正确，设备上不准粘贴与运行无关的标语。

7. 风电场内外照明充足，安全围栏设施完好。

8. 风电场内生产场区严禁饲养家禽家畜，设备场区不准种农作物。

9. 检修人员到风电场进行设备检修时，现场的工、器具，拆下的零件及材料备品，应摆放整齐，严禁将设备用油洒入草地内。每日收工，均应将工作现场收拾干净，工作完毕后，负责修复因检修损坏的场地。

10. 风电场的工器具、备品备件，要求摆放有序、有编号，实行定置管理。风电场盘上仪表应标有极根红线。

11. 安全设施布置应完善严密，警告牌、标示牌、遮栏绳设置得当、醒目。设备网门完整，加锁关闭。

12. 主控制室、高压室严禁储放粮食或遗留食物，防小动物措施完备，防鼠挡板完整无损，孔洞封堵严密。

结　语

我国风电场建设在近几十年中得到了突飞猛进的发展，主要特点是：

1. 容量大、主机型号多。大规模风电场的建设主要是近几年来通过特许权开发的项目，在统一的规划的原则下，通过省级发改委按每期不大于5万千瓦的规模进行审批和建设。由于实施阶段不同，同一机组在供货及价格等方面的原因，导致多期项目，多种机型风电场的形成；

2. 区域大，电气系统复杂。项目规模大，机组台数多，导致占地面积增加，管理区域越来越大，场内电气系统电压等级高、电气设备日趋复杂化。基于上述特点，早期的"运检合一、一岗多能"模式已不能适应现代化电场运行管理的要求，也就无法实现"保可用率、保电能质量、保安全生产"的三保原则。

随着风电快速发展，各级政府和各电力企业不断强化管理，取得了一定成效。但是，受主客观因素制约，风电在建设运行中仍然存在一些问题，主要表现在以下几个方面：

（一）大规模风电并网对电能质量和电力系统安全运行的影响正在显现

风电机组的出力具有一定的随机性和间歇性，从理论分析和实际运行情况看，风电并网对系统电压、频率和稳定性等都会产生一定影响。

从调研情况看，随着风电装机容量的迅速增加，风电并网对电能质量和电力系统运行安全的影响已初步显现。如内蒙古西部锡林郭勒盟灰腾梁风电基地沿线变电站220千伏母线电压接近额定电压的1.1倍，大、小负荷方式下电压差值达16千伏；新疆达坂城风电变电站220千伏母线电压基本在238千伏以上。2008年2月11日期间，新疆风电在30分钟内发电出力波动超过9万千瓦达347次。此外，部分地区风电的反调峰特性增加了电网调峰压力。随着风电快速发展、风电装机在电网中所占比例不断提高，风电对电能质量和电力系统运行安全的影响将更加突出。

（二）风电技术装备水平尚有差距，技术创新能力不足

一是风电机组关键技术研发水平和创新能力与国外相比明显落后，仍局限于材料的选用和局部工艺改进，没有形成掌握风电整机总体设计方法的核心技术和人员队伍，变流器、轴承、变桨距系统等关键设备和技术主要依赖进口。

二是国产兆瓦级风电机组短期内投入规模化生产，产品质量和运行可靠性存在一定问题。从调研情况看，国产机组可利用率与国外同类机型机组相比明显偏低。

三是已投运风电机组对电网故障和扰动的过渡能力不强，多数机组还不具备有功、无功

调节性能和低电压穿越能力。

（三）风电运行和调度管理经验不足

一是我国风电大规模投运时间短，风电运行管理主要参照火力发电运行的经验，尚未形成适合风电场特点的管理模式，安全生产管理制度不完善。目前，大量风电机组处在质保期内，设备检修维护主要依靠生产厂家；由于缺乏对核心技术的掌握，国内还没有形成成熟的专业检修队伍。

二是现行的水、火电调度运行管理制度对风电场并不完全适用，调度机构缺乏对风电的调度管理经验和手段。

三是风电机组稳定计算模型有待深入研究。如内蒙古电网公司在2009年稳定计算中较大比例地使用了基于个别进口机型的变速恒频双馈风力发电机组模型，而内蒙古电网内运行的双馈风力发电机组尚不能达到该机型调节性能。

（四）风电建设与电网发展不配套，风电送出不落实

一是风电发展规划侧重于资源规划，与电网发展规划不协调。在一些地区的风电发展规划中缺乏具体的风电送出和电力消纳的方案。如在国家规划中内蒙古蒙东和蒙西有两个千万千瓦级风电基地，但是内蒙古风电的送出方式和落点至今未落实。大规模风电基地建设需要从国家层面统筹考虑输送线路、网络结构及落点等问题。

二是电网建设和风电场建设不协调，造成部分风电场不能及时并网或并网后出力受限。如甘肃酒泉已经投运的46万千瓦风电装机最大发电出力只能达到65%左右。

三是风能资源开发与水、火电等其他电源还存在不配套的现象，调峰容量不足。如2009年春节期间，为保证居民供暖，必须优先保证供热机组运行，导致内蒙古风电场全部停发，吉林风电场部分停发。甘肃嘉酒电网为保风电送出，玉门地区水电限出力运行。目前大规模风电基地建设需要高电压等级线路外送，不配套其他电源，仅外送风电显然不经济。

此外，风能资源开发规划与国土空间规划及主体功能区划确定、环境保护规划还存在不协调的地方。个别地方风电场建设后，在风电场区域内又建设了工业园区，改变了地形地貌，降低了风电场效率。

（五）技术标准及规范不健全

一是部分现行国家、行业标准急需修订。如风电场接入电网的技术标准有效期已过，运行、检修、安全规程都是2001年前制定，其内容不能满足风电大规模开发的需要。

二是风电机组制造、检测和调试方面的标准还没有形成完整的体系，多数关键零部件的相关标准还未发布。

（六）认证检测工作还需要加强

当前，我国风电设备和风电场的认证检测工作尚处在起步阶段，大部分风电机组功率曲线、电能质量、有功和无功调节性能、低电压穿越能力没有经过认证。目前，我国风电企业在设备选购时没有对机组的型式认证提出明确要求。

（七）风电场普遍经营困难

从调研情况看，受风能资源评估偏差、电网建设与风电场建设不配套、设备选型不当和风电场布局不合理等因素影响，风电场等效满负荷运行小时数普遍低于可研报告中的预测设计

值，这导致风电场经营困难，甚至亏损。此外，国家特许权项目中标电价相对较低，也是造成部分风电场经营困难的一个重要因素。

（八）人才匮乏且不稳定

风电建设规模的快速增长必然带来风电各专业人才的稀缺。风电专业人才的竞争已基本到了白热化的程度，即使是现有已运行的风电场，在专业人员的管理方面也面临条件艰苦且身份不明确的困扰。

风电项目自身的特点决定了项目所在地大多地处远离城市、自然环境恶劣、生活条件艰苦的地区。高学历专业人才千金难求。即使是基于眼前就业压力而进入风电场来的，也仅仅是把风电场做为过渡，一旦有了较好的发展机遇和其它符合自身追求的目标就会离去。有些本地化的一线工人也基于用人单位人事劳资管理方面的因素，大多采用劳务关系的方式，使运检一线人员深受无归宿感的困扰，无法安心服务于风电场。

（九）备件不足难保可用率

对于已投运的风电机组，一般考核有两个95%，即功率曲线达设计能力的95%和单机可用率达成95%。对于前一个考核指标，一般厂家都可以达到，但对可用率达95%则受到备件缺乏和供应不及时的严重制约。产生这一问题的主要原因一方面是主机招标采购时随机配备的数量不足和品种不全；另一方面主机供货商上游供应链紧张。多数情况下一件不很重要的部件导致停机时间多则可达数月，少则也要数周。特别是进口机组在这方面的问题就更加严重。因此，要达到可用率95%以上，解决备件供应的及时性是首要问题，对于国产设备应在主机招标阶段不单纯计较主机的千瓦报价，而应高度重视随机备件是否充足和齐全；对于进口设备，解决备件的唯一出路应该是在专业科研机构的指导下，早日实现本地化和可替代化，否则，不仅可用率难保，价格方面也难以承受。

参考文献

1. 熊礼俭.《风力发电新技术与发电工程设计、运行、维护及标准规范实用手册》.北京:中国科技文化出版社, 2005.8

2. 宋海辉主编.《风力发电技术及工程》.北京:中国水利水电出版社, 2009

3. 宫靖远主编.《风电场工程技术手册》.北京:机械工业出版社, 2005.7

4. 能源技术期刊——第29卷第6期《三种风力发电机组的建模与仿真》.2008.12

5. 刘其辉,贺益康,卞松江.《变速恒频风力发电机空载并网控制》[期刊论文].中国电机工程学报, 2004.3

6. 林成武,王凤翔,姚兴佳.《变速恒频双馈风力发电机励磁控制技术研究》[期刊论文].中国电机工程学报, 2003.11

7. 戈宝军,梁艳萍,周垂有.Powerformer——21世纪新兴的发电装置《电力系统自动化》

8. 叶杭治等著.《风力发电系统的设计、运行与维护》.北京:电子工业出版社, 2010.4

9. 井惟如.《风力发电技术文献汇编》.国电华北电力设计院工程有限公司, 2003.09

10.《双馈式风力发电机组发展情况概述》.中国经济网, 2010.11

11. 王承煦,张源.《风力发电》.中国电力出版社, 2003

12. 易良集—简易振动诊断现场实用技术.北京:机械工业出版社, 2003

13. 钟秉林,黄仁.《机械故障诊断学》.北京:机械工业出版社, 1997

14. 丁康,李魏华,朱小勇.《齿轮及齿轮箱故障诊断实用技术》.北京:机械工业出版社, 2005

15. 张来斌,王朝晖,张喜延,樊建春.《机械设备故障诊断技术及方法》.北京:石油工业出版社, 2000

16. 徐敏,黄昭毅.《设备故障诊断手册》.西安:西安交通大学出版社, 1998